Triunfar

# Eureka Math®

## 1.er grado
## Módulos 1, 2 y 3

**Publicado por Great Minds®.**



Impreso en los EE. UU.
Este libro puede comprarse en la editorial en eureka-math.org.
5 6 7 8 9 10 CCR 26 25 24

ISBN 978-1-64054-869-5

GK-SPA-M1-M3-S-05.2019

# Aprender • Practicar • Triunfar

Los materiales del estudiante de *Eureka Math*® para *Una historia de unidades*™ (K–5) están disponibles en la trilogía *Aprender, Practicar, Triunfar*. Esta serie apoya la diferenciación y la recuperación y, al mismo tiempo, permite la accesibilidad y la organización de los materiales del estudiante. Los educadores descubrirán que la trilogía *Aprender, Practicar y Triunfar* también ofrece recursos consistentes con la Respuesta a la intervención (RTI, por sus siglas en inglés), las prácticas complementarias y el aprendizaje durante el verano que, por ende, son de mayor efectividad.

## Aprender

*Aprender* de *Eureka Math* constituye un material complementario en clase para el estudiante, a través del cual pueden mostrar su razonamiento, compartir lo que saben y observar cómo adquieren conocimientos día a día. *Aprender* reúne el trabajo en clase—la Puesta en práctica, los Boletos de salida, los Grupos de problemas, las plantillas—en un volumen de fácil consulta y al alcance del usuario.

## Practicar

Cada lección de *Eureka Math* comienza con una serie de actividades de fluidez que promueven la energía y el entusiasmo, incluyendo aquellas que se encuentran en *Practicar* de *Eureka Math*. Los estudiantes con fluidez en las operaciones matemáticas pueden dominar más material, con mayor profundidad. En *Practicar*, los estudiantes adquieren competencia en las nuevas capacidades adquiridas y refuerzan el conocimiento previo a modo de preparación para la próxima lección.

En conjunto, *Aprender* y *Practicar* ofrecen todo el material impreso que los estudiantes utilizarán para su formación básica en matemáticas.

## Triunfar

*Triunfar* de *Eureka Math* permite a los estudiantes trabajar individualmente para adquirir el dominio. Estos grupos de problemas complementarios están alineados con la enseñanza en clase, lección por lección, lo que hace que sean una herramienta ideal como tarea o práctica suplementaria. Con cada grupo de problemas se ofrece una Ayuda para la tarea, que consiste en un conjunto de problemas resueltos que muestran, a modo de ejemplo, cómo resolver problemas similares.

Los maestros y los tutores pueden recurrir a los libros de *Triunfar* de grados anteriores como instrumentos acordes con el currículo para solventar las deficiencias en el conocimiento básico. Los estudiantes avanzarán y progresarán con mayor rapidez gracias a la conexión que permiten hacer los modelos ya conocidos con el contenido del grado escolar actual del estudiante.

# Estudiantes, familias y educadores:

Gracias por formar parte de la comunidad de *Eureka Math*®, donde celebramos la dicha, el asombro y la emoción que producen las matemáticas.

En las clases de *Eureka Math* se activan nuevos conocimientos a través del diálogo y de experiencias enriquecedoras. A través del libro *Aprender* los estudiantes cuentan con las indicaciones y la sucesión de problemas que necesitan para expresar y consolidar lo que aprendieron en clase.

## *¿Qué hay dentro del libro* Aprender?

**Puesta en práctica:** la resolución de problemas en situaciones del mundo real es un aspecto cotidiano de *Eureka Math*. Los estudiantes adquieren confianza y perseverancia mientras aplican sus conocimientos en situaciones nuevas y diversas. El currículo promueve el uso del proceso LDE por parte de los estudiantes: Leer el problema, Dibujar para entender el problema y Escribir una ecuación y una solución. Los maestros son facilitadores mientras los estudiantes comparten su trabajo y explican sus estrategias de resolución a sus compañeros/as.

**Grupos de problemas:** una minuciosa secuencia de los Grupos de problemas ofrece la oportunidad de trabajar en clase en forma independiente, con diversos puntos de acceso para abordar la diferenciación. Los maestros pueden usar el proceso de preparación y personalización para seleccionar los problemas que son «obligatorios» para cada estudiante. Algunos estudiantes resuelven más problemas que otros; lo importante es que todos los estudiantes tengan un período de 10 minutos para practicar inmediatamente lo que han aprendido, con mínimo apoyo de la maestra.

Los estudiantes llevan el Grupo de problemas con ellos al punto culminante de cada lección: la Reflexión. Aquí, los estudiantes reflexionan con sus compañeros/as y el maestro, a través de la articulación y consolidación de lo que observaron, aprendieron y se preguntaron ese día.

**Boletos de salida:** a través del trabajo en el Boleto de salida diario, los estudiantes le muestran a su maestra lo que saben. Esta manera de verificar lo que entendieron los estudiantes ofrece al maestro, en tiempo real, valiosas pruebas de la eficacia de la enseñanza de ese día, lo cual permite identificar dónde es necesario enfocarse a continuación.

**Plantillas:** de vez en cuando, la Puesta en práctica, el Grupo de problemas u otra actividad en clase requieren que los estudiantes tengan su propia copia de una imagen, de un modelo reutilizable o de un grupo de datos. Se incluye cada una de estas plantillas en la primera lección que la requiere.

## *¿Dónde puedo obtener más información sobre los recursos de* Eureka Math?

El equipo de Great Minds® ha asumido el compromiso de apoyar a estudiantes, familias y educadores a través de una biblioteca de recursos, en constante expansión, que se encuentra disponible en eureka-math.org. El sitio web también contiene historias exitosas e inspiradoras de la comunidad de *Eureka Math*. Comparte tus ideas y logros con otros usuarios y conviértete en un Campeón de *Eureka Math*.

¡Les deseo un año colmado de momentos "¡ajá!"!

Jill Diniz

Jill Diniz
Directora de matemáticas
Great Minds®

# Contenido

## Módulo 1: Sumar y restar hasta 10

# Módulo 3: Ordenar y comparar medidas de longitud como si fueran números

# 1.er grado

# Módulo 1

1. Encierra 5 en un círculo. Luego, haz un vínculo numérico.

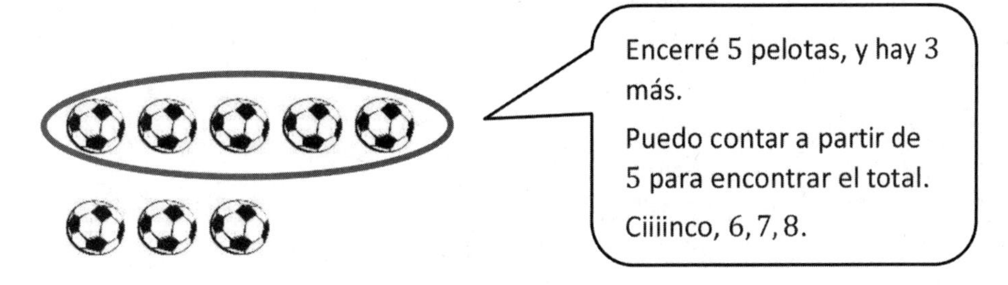


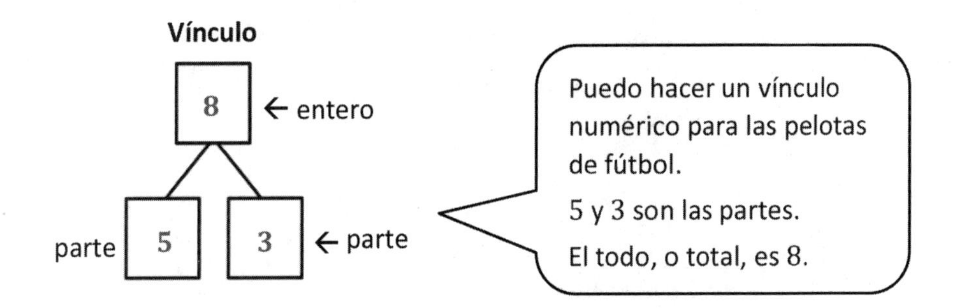


2. Haz un vínculo numérico para el dominó.

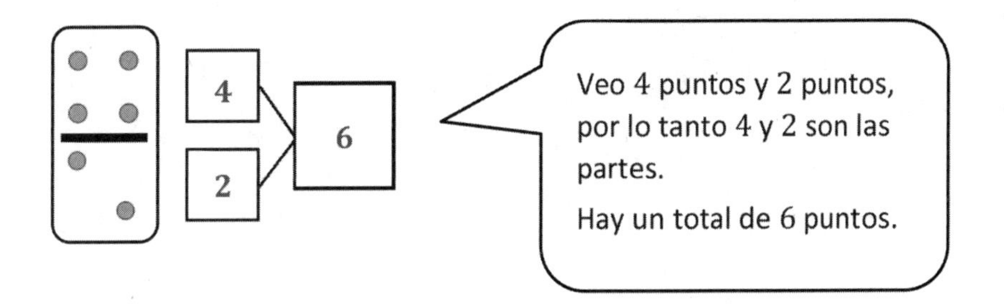

Nombre ______________________ Fecha ____________

Encierra en un círculo 5 figuras y después realiza un vínculo numérico.

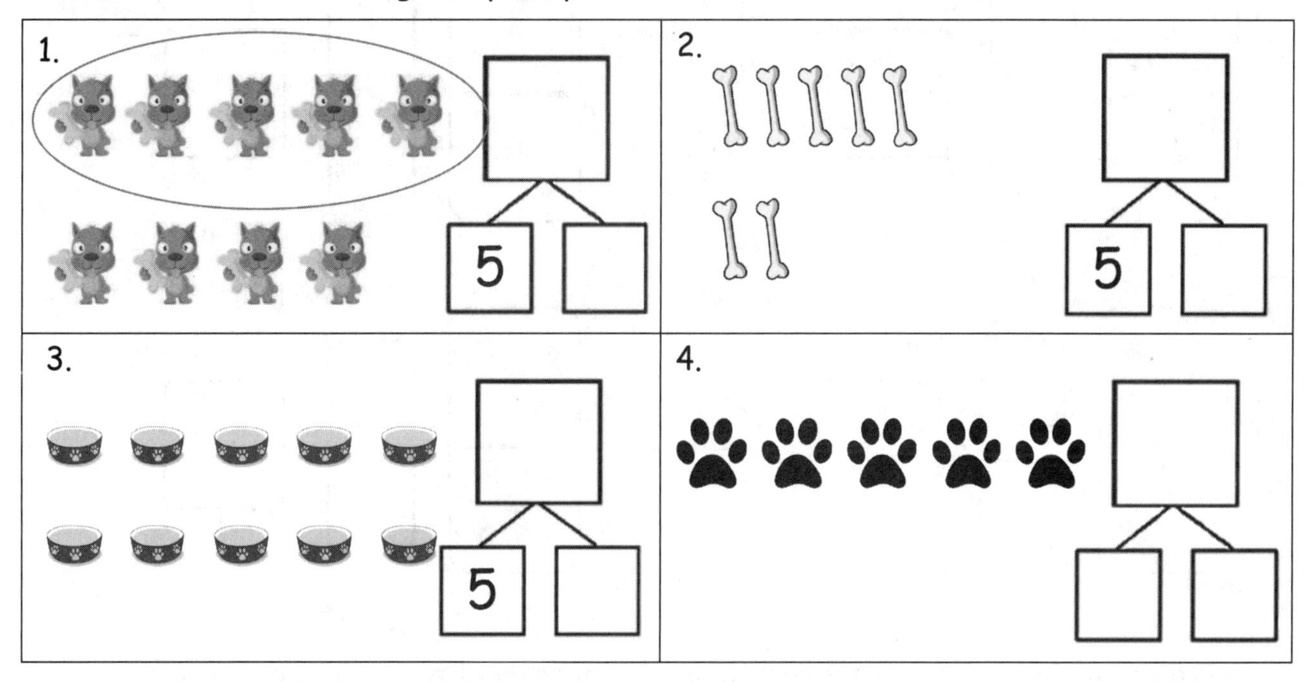


Haz un vínculo numérico que muestre el 5 como un término.

5.

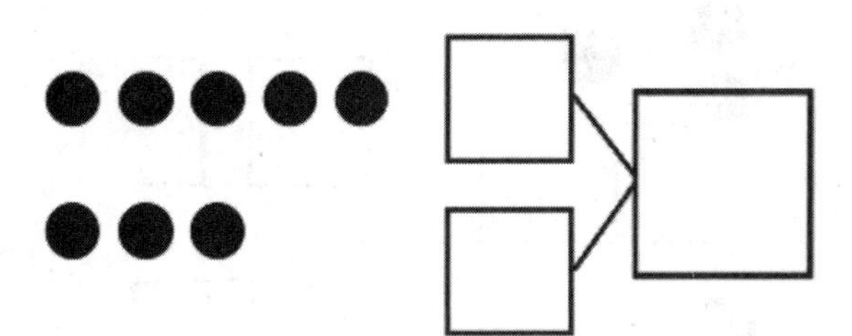

6.

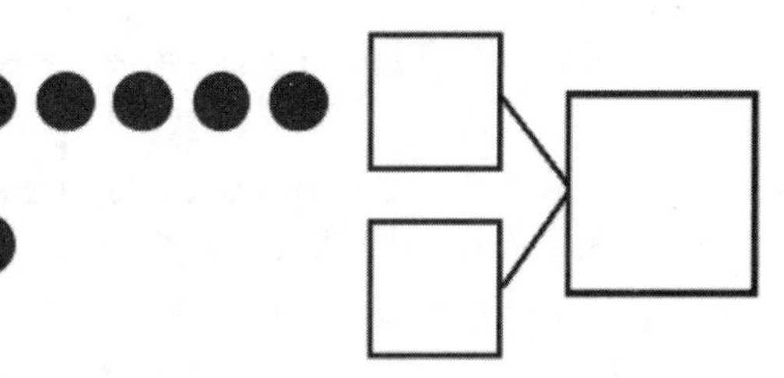

7.

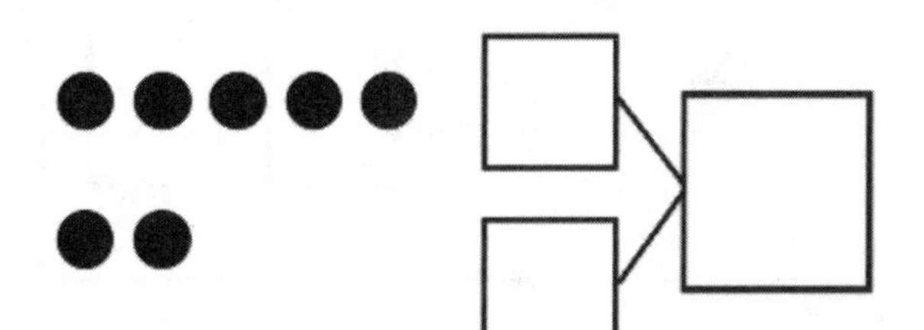

8.

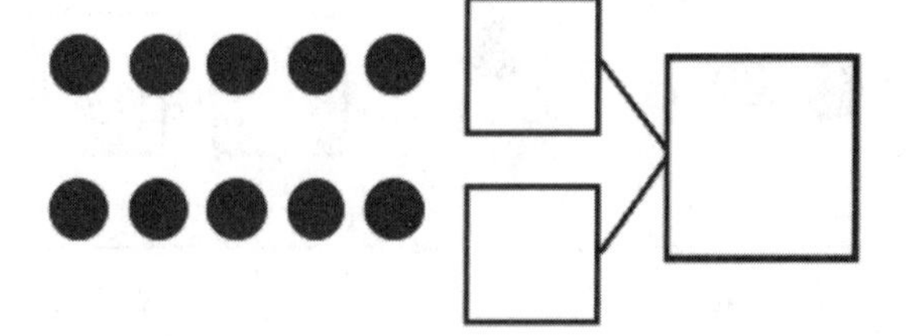

Haz un vínculo numérico con las fichas de dominó.

9.
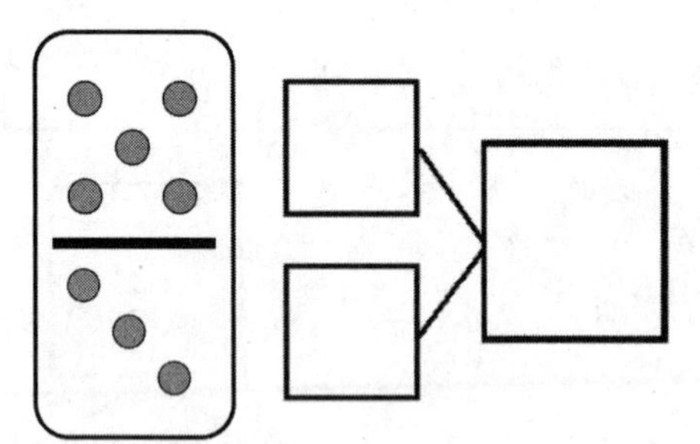

10.
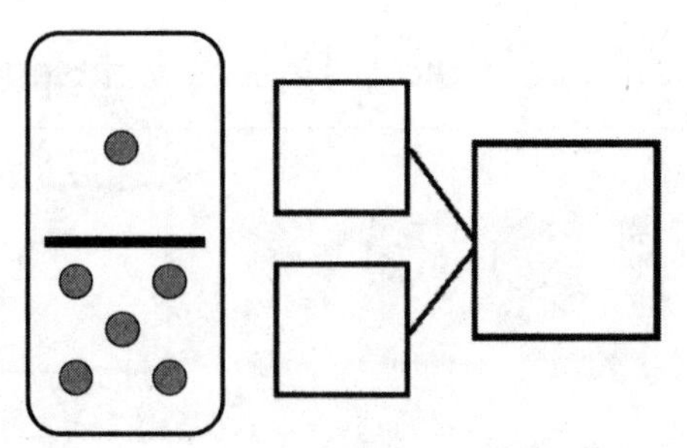

11.
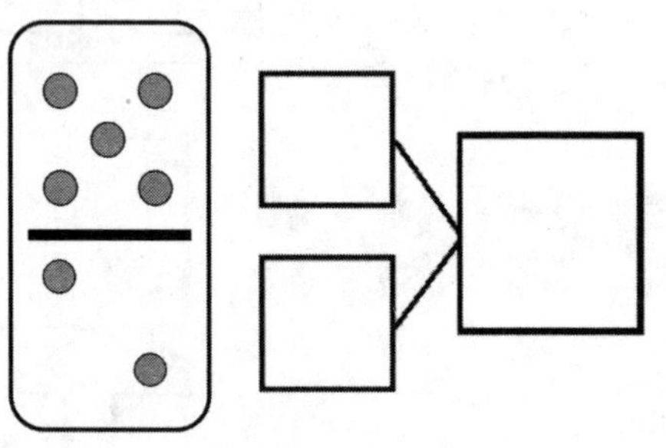

12.
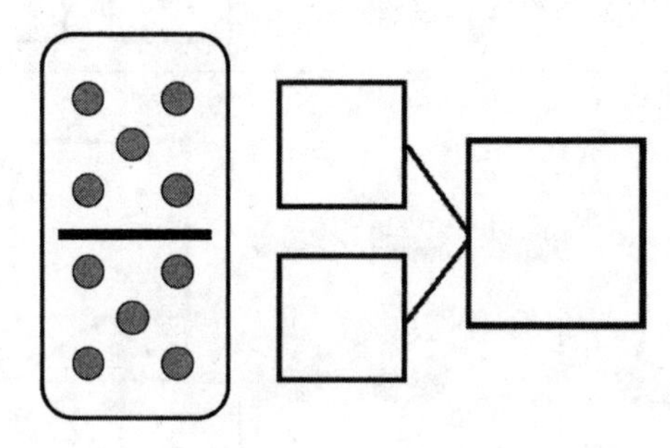

Encierra en un círculo 5 puntos y cuéntalos. Después, realiza un vínculo numérico.

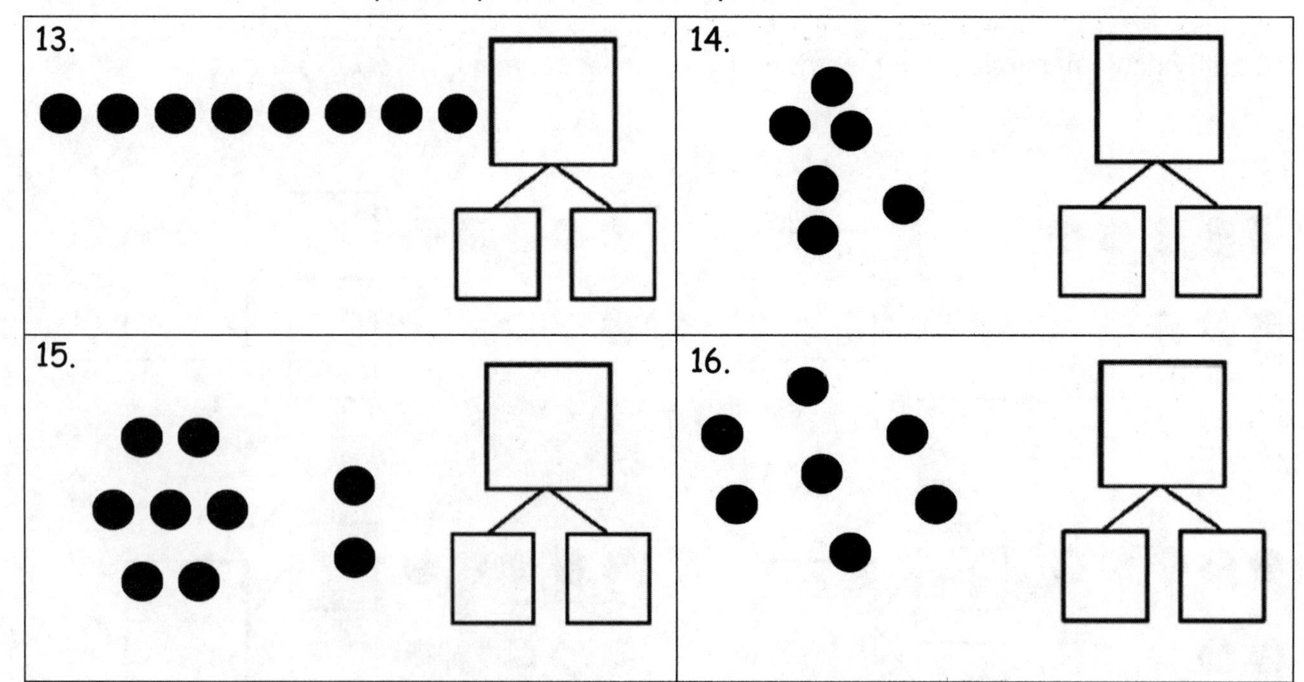

1. Encierra en un círculo 2 partes que veas. Haz un vínculo numérico que coincida.

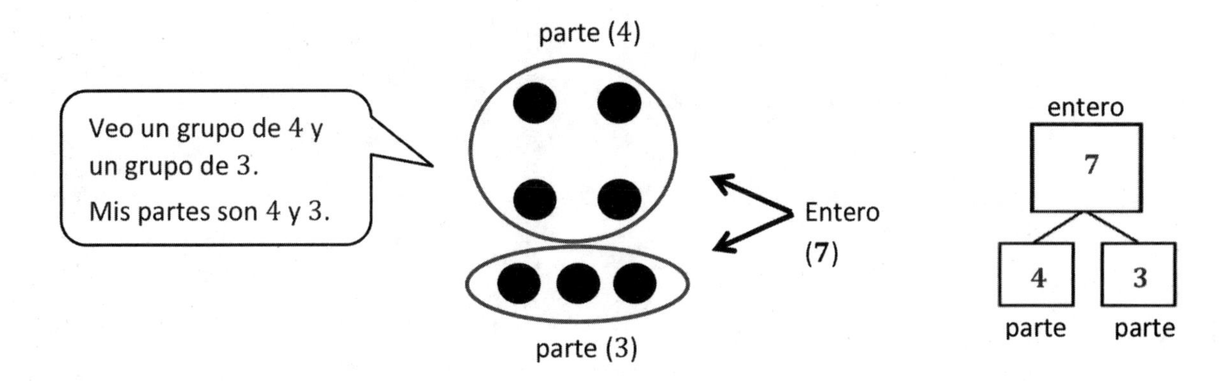


2. ¿Cuántas frutas ves? Escribe por los menos dos vínculos numéricos diferentes para mostrar diferentes maneras de separar las partes del total.

Nombre ______________________ Fecha ____________

Encierra en un círculo 2 partes que veas. Haz un vínculo numérico que coincida.

1. 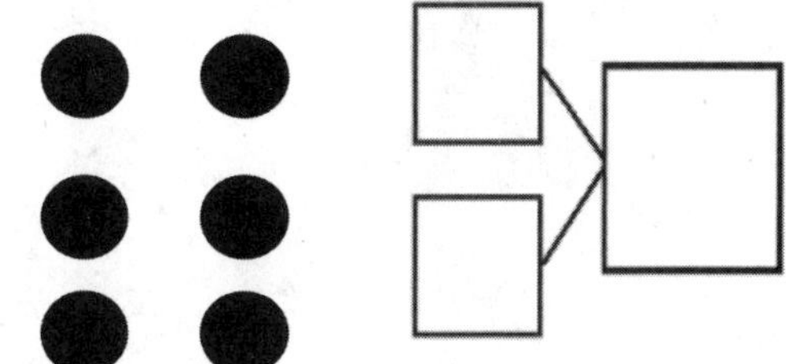

2. 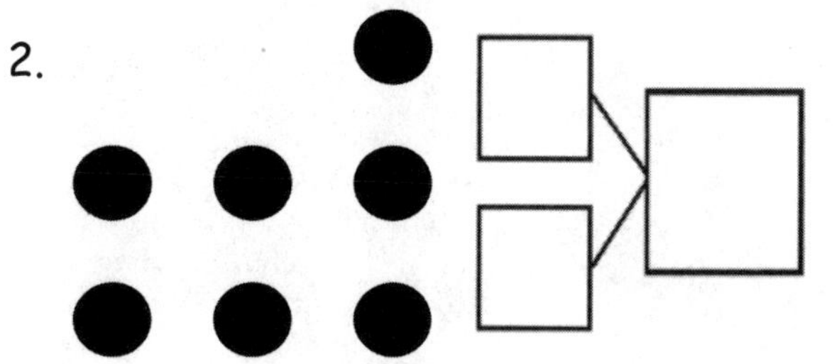

3. 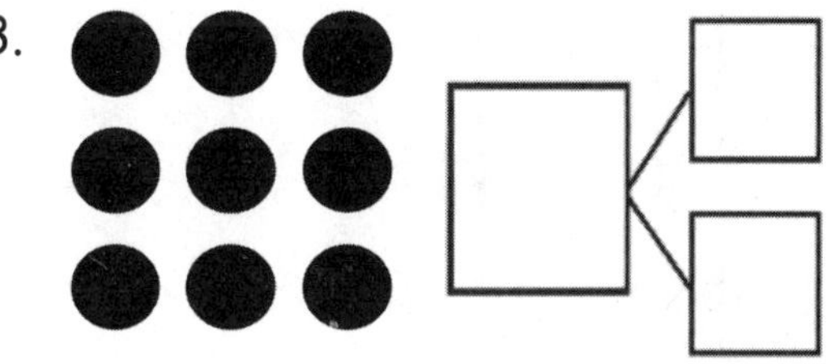

4. 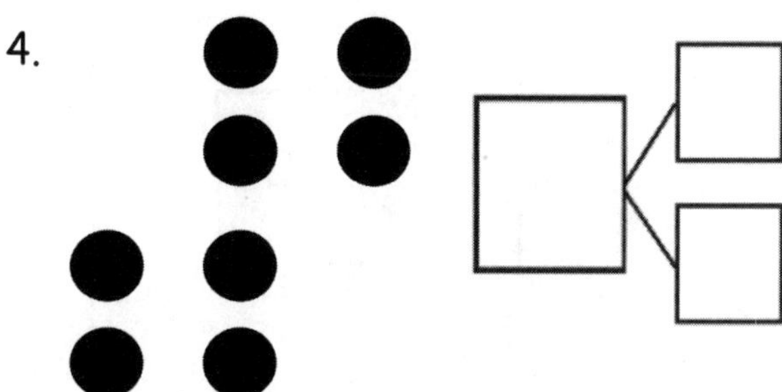

5. 

6. 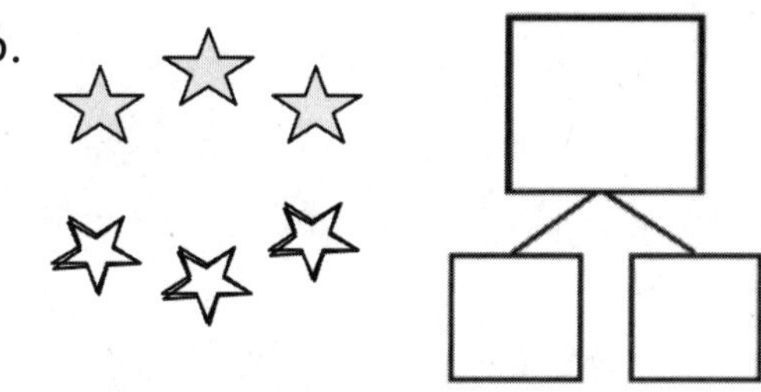

7. 

8. 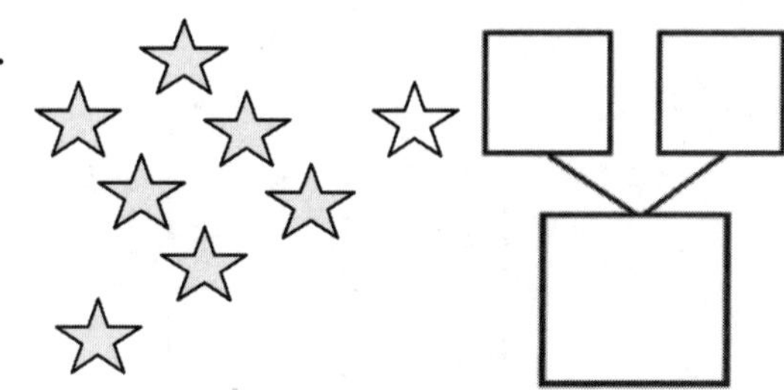

¿Cuántos animales ves? Escribe al menos 2 vínculos numéricos diferentes para mostrar maneras diferentes de desglosar el total.

9.

10.

Dibuja uno más en el grupo de 5. En el cuadro, escribe los números para describir el nuevo dibujo.

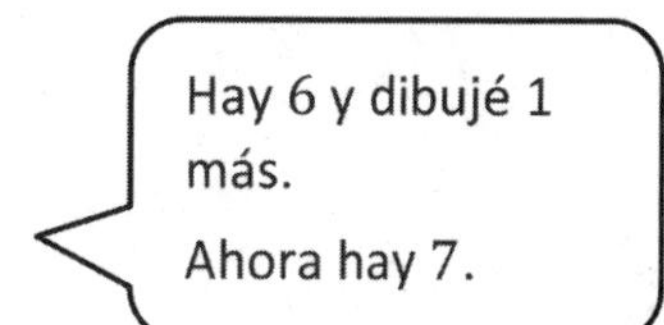


1 más que 6 es __7__.

$6 + 1 = \underline{7}$

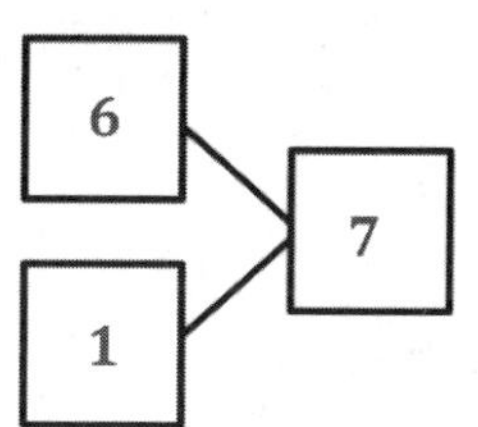

Nombre ______________________________ Fecha ______________

¿Cuántos objetos ves? Dibuja uno más. ¿Cuántos objetos hay ahora?

1.

1 más que 9 es _____.

9 + 1 = _____

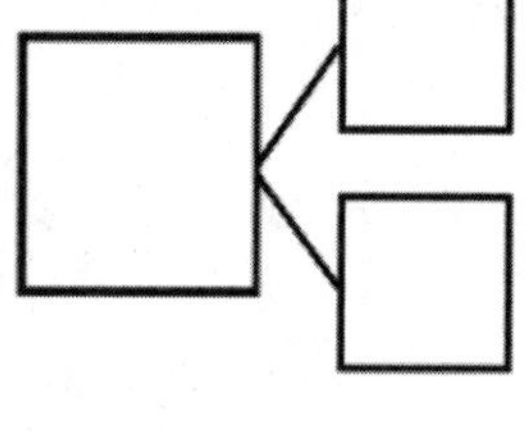

2.

_____ es 1 más que 7.

_____ = 7 + 1

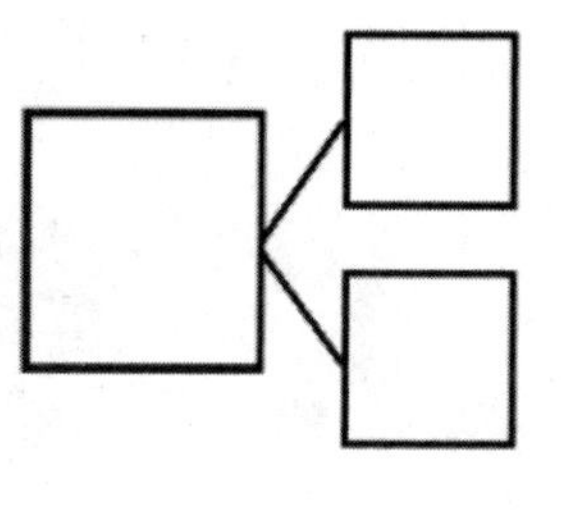

3.

_____ es 1 más que 5.

_____ = 5 + 1

4.

1 más que 8 es _____.

_____ + 1 = _____

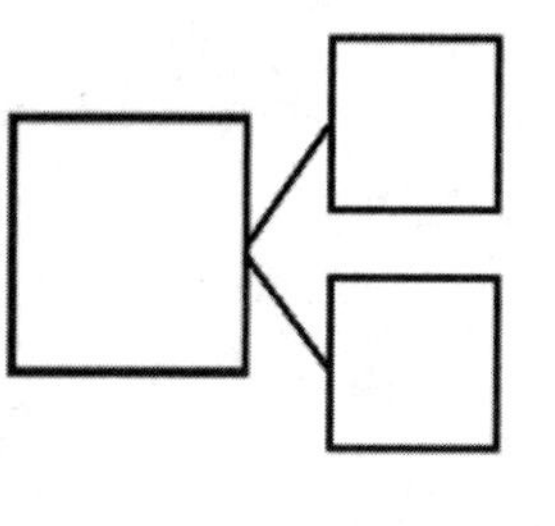

5. Imagina añadir 1 lápiz más a la imagen.

   A continuación, escribe los números para que coincidan con el número de lápices que habrá.

1 más que 5 es ______.

5 + 1 = ______

6. Imagina añadir 1 flor más a la imagen.

   A continuación, escribe los números para que coincidan con el número de flores que habrá.

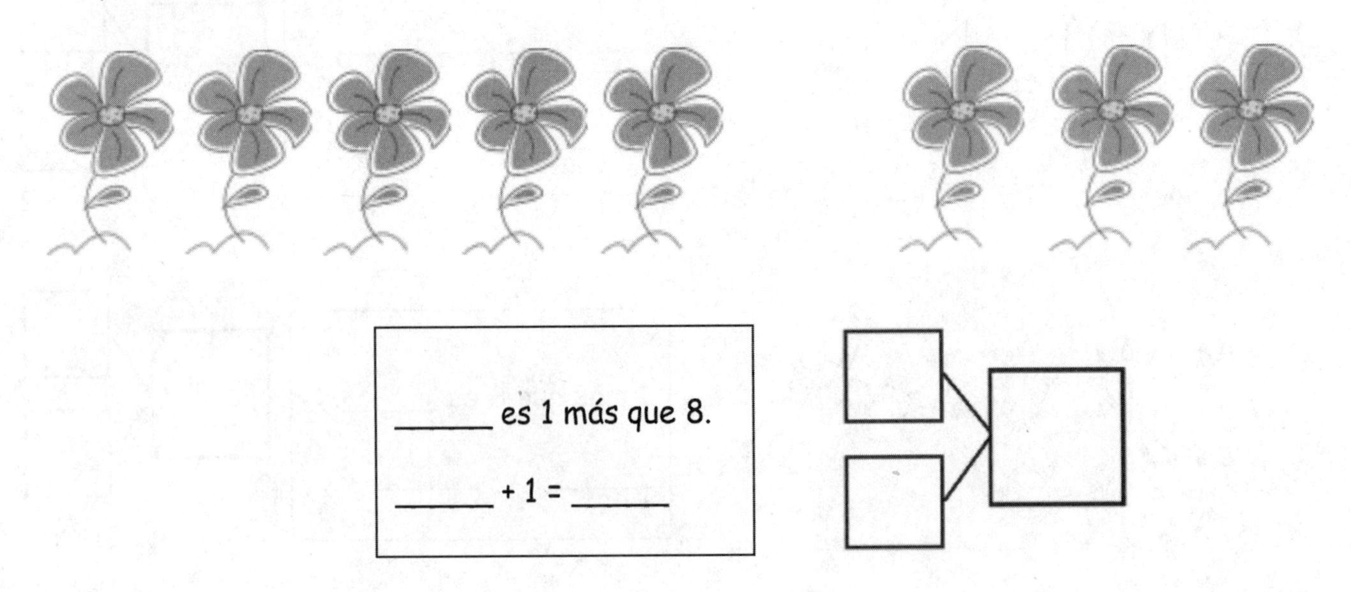

______ es 1 más que 8.

______ + 1 = ______

Al final de primer grado, los estudiantes deben saber todas sus sumas y restas de factores dentro de 10.

La tarea de la Lección 4 proporciona una oportunidad para que los estudiantes creen tarjetas que los ayuden a desarrollar fluidez con todas las formas de hacer 6 (6 y 0, 5 y 1, 4 y 2, 3 y 3).

- Algunas de las tarjetas pueden tener el vínculo el numérico completo y el enunciado numérico.

**Frente:** Enunciado numérico

$2 + 4 = 6$

En este enunciado numérico, las partes son 2 y 4. El total es 6.

**Reverso:** Vínculo numérico

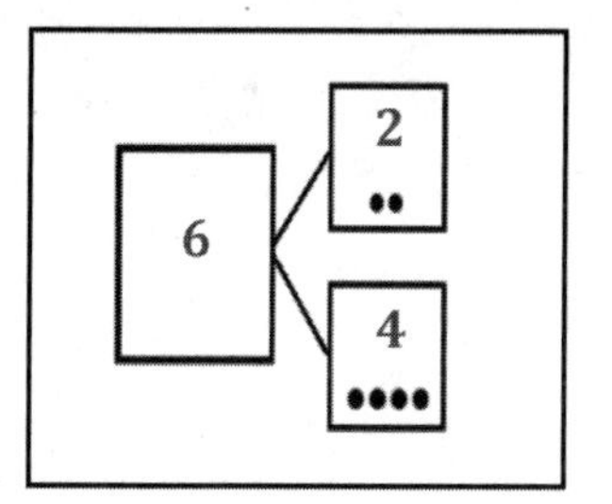


---

- Otros pueden tener el vínculo numérico y solo la expresión.

**Frente:** Expresión

$2 + 4$

2 + 4? Hmmmm...
Doooos, 3, 4, 5, 6.
El total es 6.

**Reverso:** Vínculo numérico

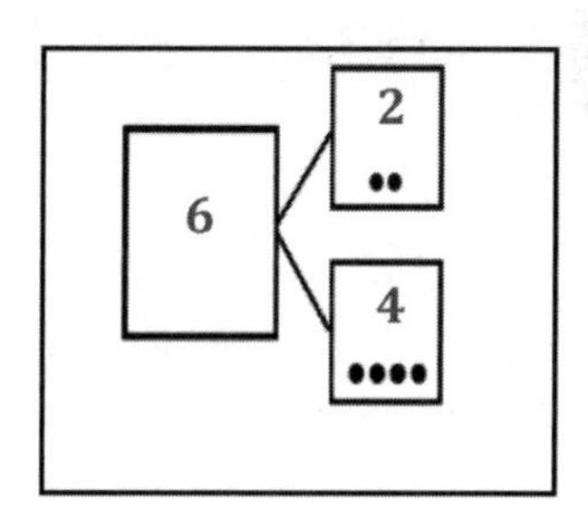

Nombre ______________________ Fecha ____________

Hoy aprendimos las diferentes maneras de formar 6. De tarea, recorta las siguientes tarjetas y en el dorso escribe los enunciados numéricos que aprendimos hoy. Guarden las tarjetas en la carpeta donde guardan su tarea con el fin de practicar las diferentes maneras de formar 6, hasta que las dominen. En los próximos días aprenderemos las diferentes maneras de formar 7, 8, 9 y 10 y haremos más tarjetas.

*Nota a la familia: Asegúrense de que los estudiantes practiquen todas las maneras posibles de formar 6. Las tarjetas deberán lucir así:

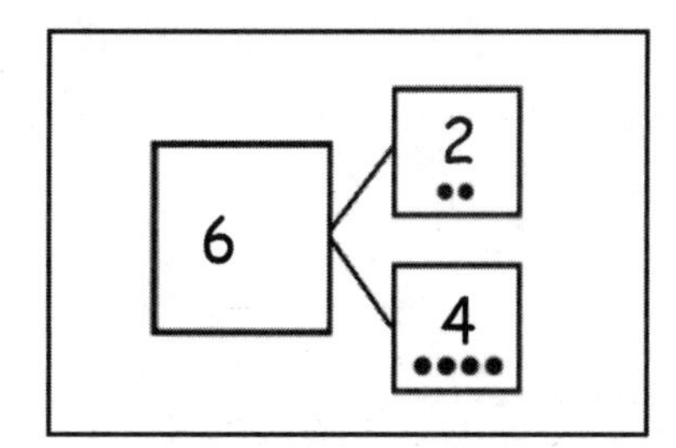


$2 + 4 = 6$

Parte frontal de la tarjeta

Dorso de la tarjeta

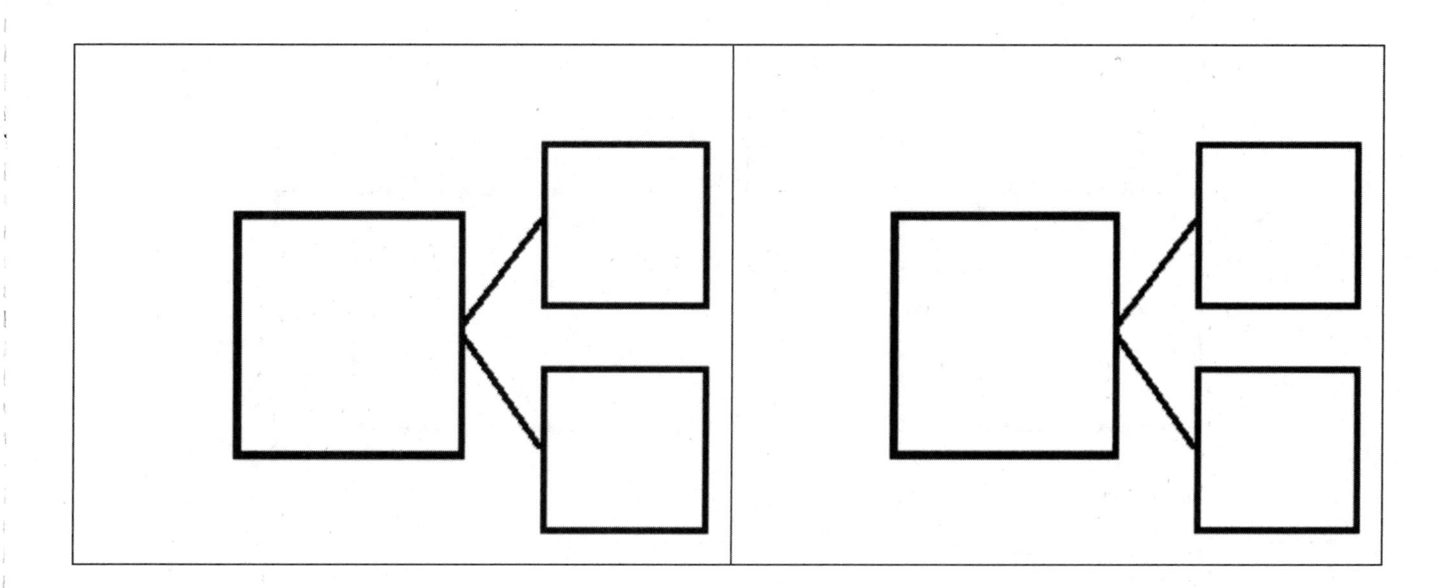

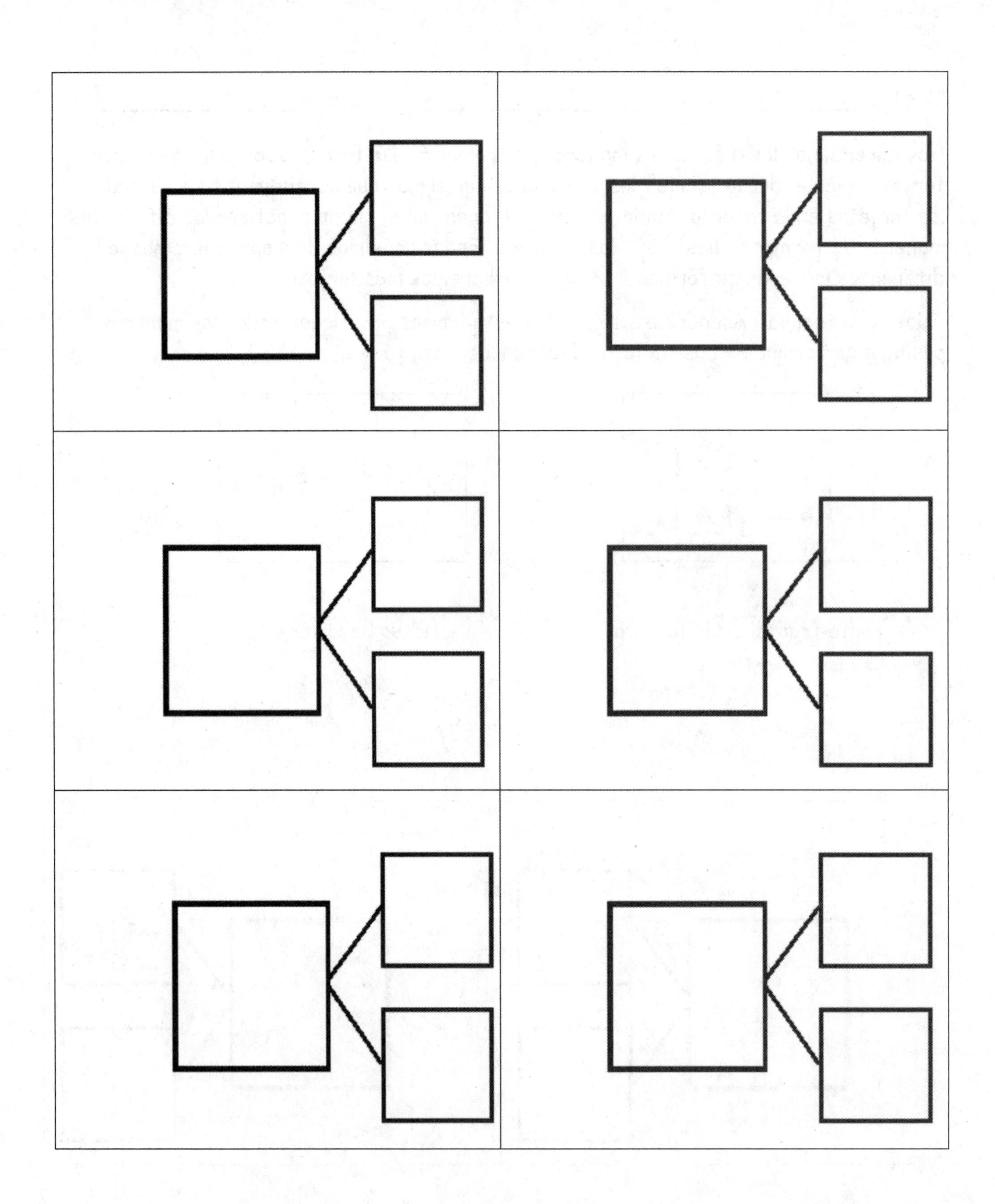

1. Haz 2 enunciados numéricos. Usa los vínculos numéricos para ayudarte.

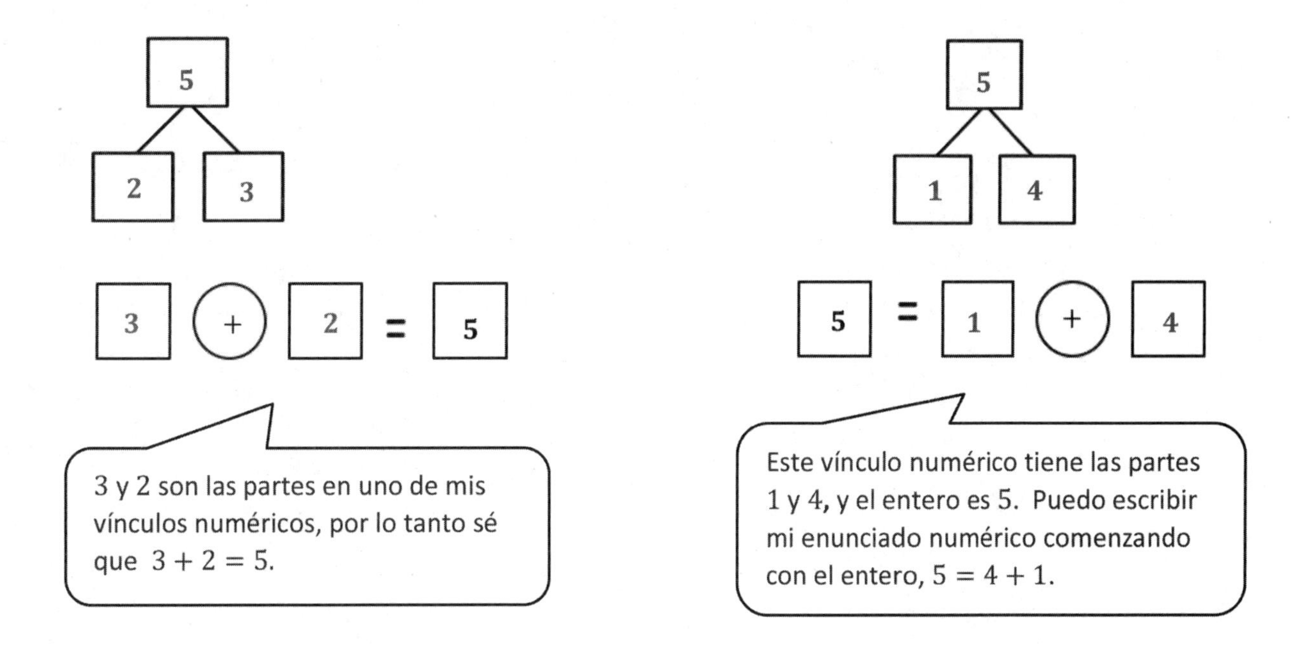


2. Completa el número faltante del vínculo numérico. Luego, escribe enunciados de suma para el vínculo numérico que hagas.

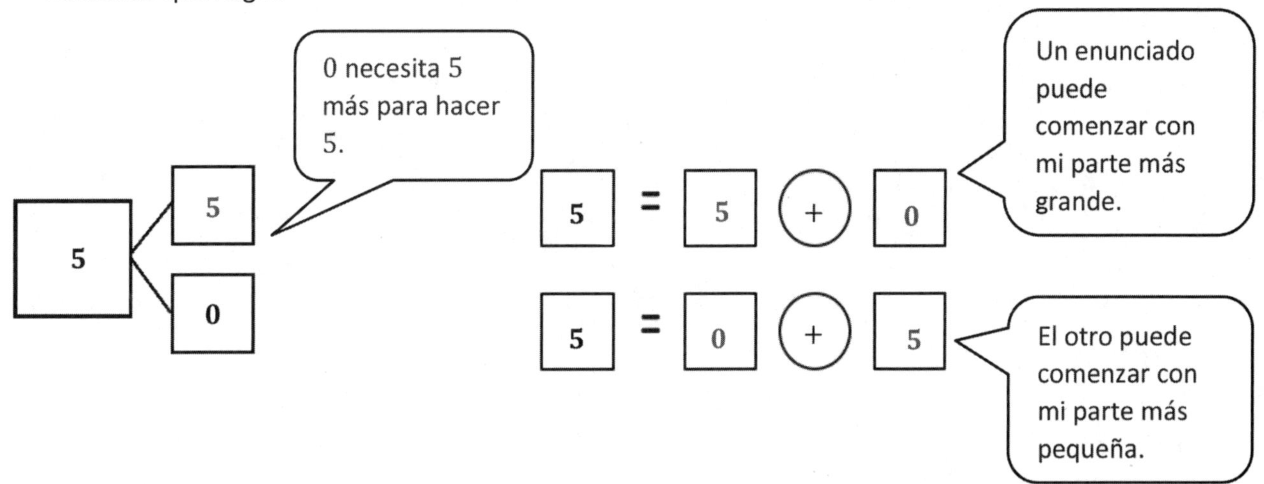


Además de la Tarea de esta tarde, tal vez los estudiantes quieran crear tarjetas para ayudarse a desarrollar la fluidez en todas las formas de hacer 7 (7 y 0, 6 y 1, 5 y 2, 4 y 3).

Nombre ______________________________ Fecha ______________

1. Empareja los dados para mostrar las diferentes maneras de formar 7. Después, dibuja un vínculo numérico para cada dado.

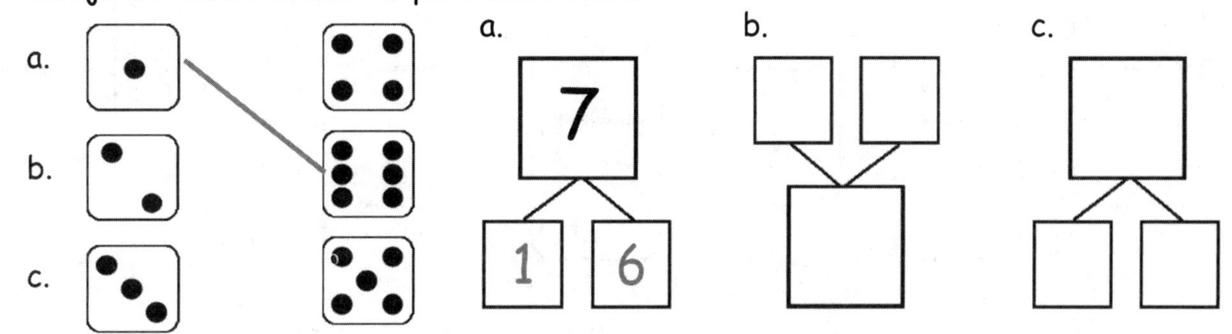


2. Realiza 2 enunciados numéricos. Usa los vínculos numéricos anteriores en busca de ayuda.

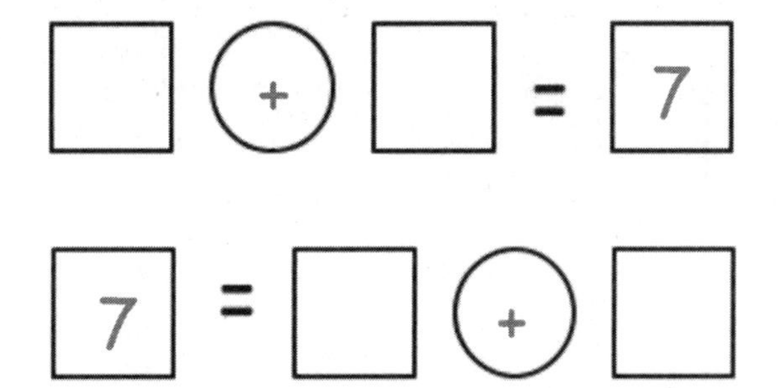


3. Escribe el número que falta en el vínculo numérico. Después, escribe algunos enunciados numéricos de suma para el vínculo numérico que hiciste.

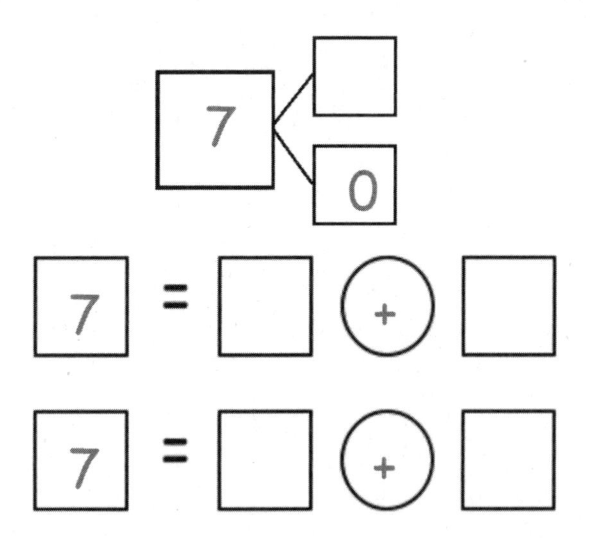

4. Colorea las fichas de dominó que forman 7.

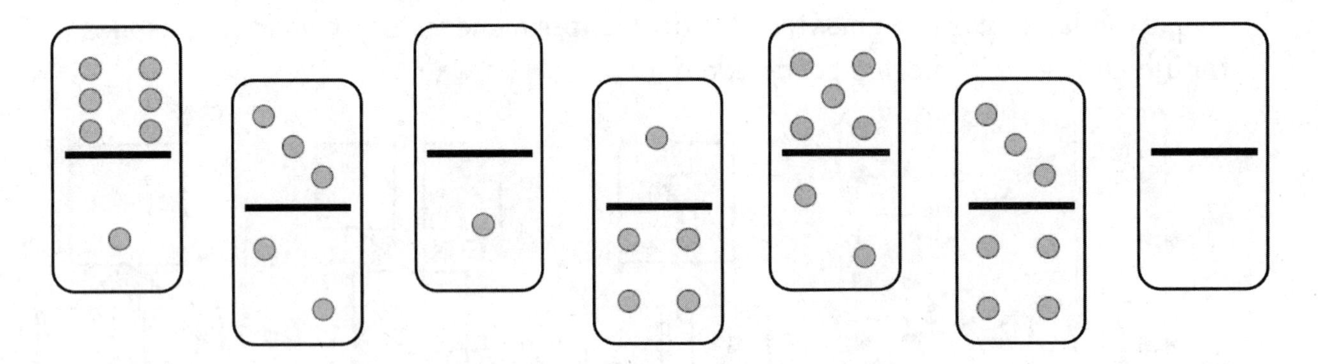

5. Completa los vínculos numéricos con las fichas de dominó que coloreaste.

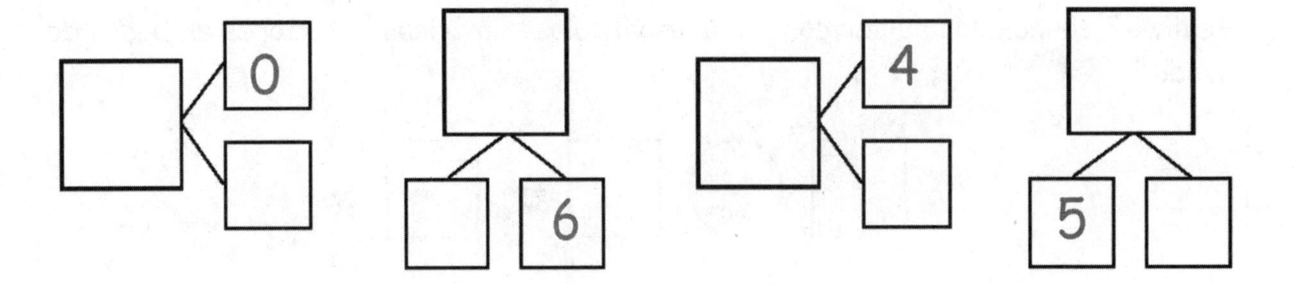

1. Muestra dos maneras de hacer 7. Usa el vínculo numérico para ayudarte.

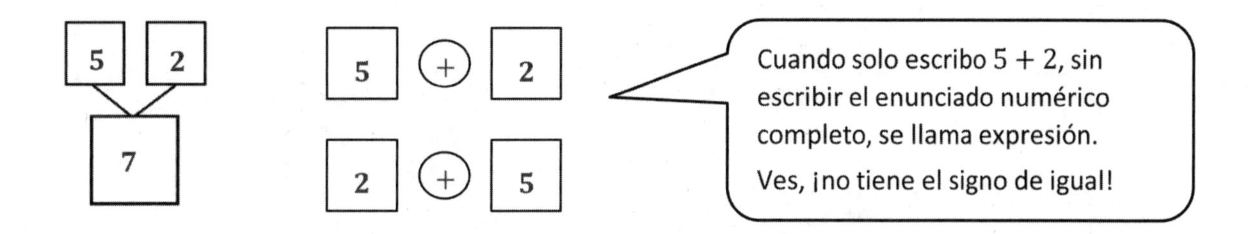


2. Completa el número faltante del vínculo numérico. Escribe 2 enunciados de suma para el vínculo numérico.

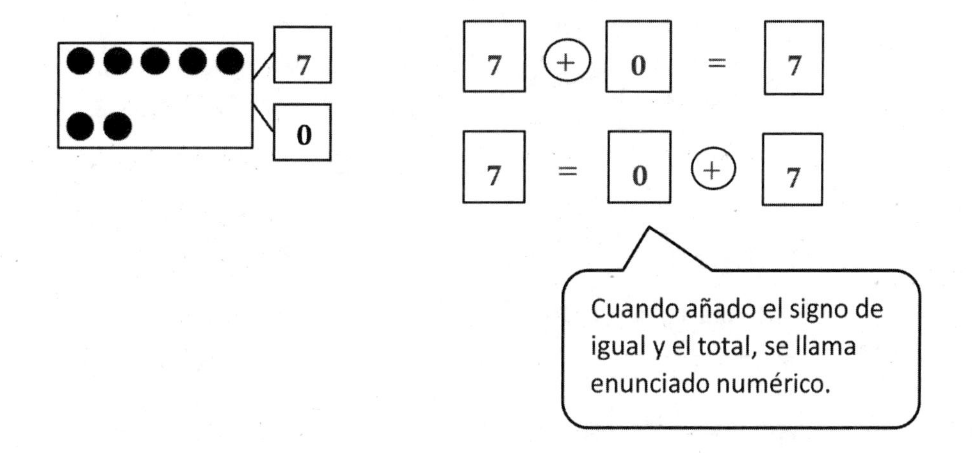

3. Estos vínculos numéricos están en orden. La parte más pequeña está primero. Escribe para mostrar cuál vínculo numérico falta.

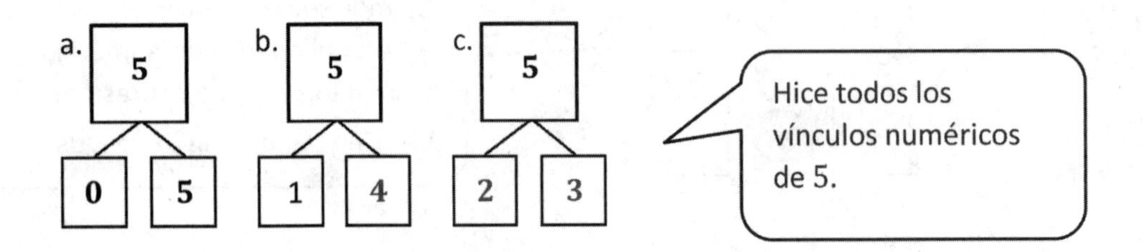


4. Usa la expresión para escribir un vínculo numérico y haz un dibujo que haga 8.

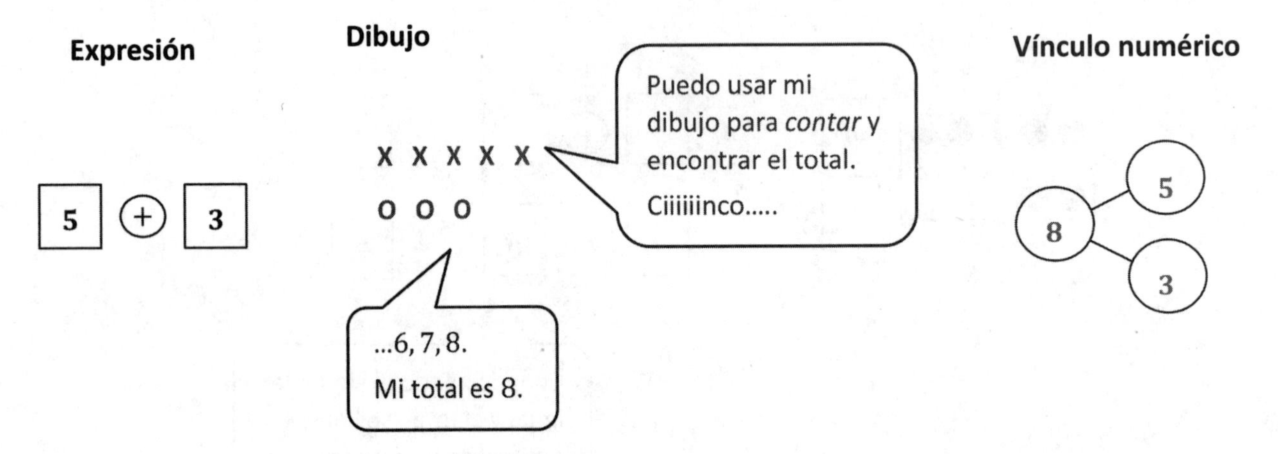


Además de la Tarea de esta tarde, tal vez los estudiantes quieran crear tarjetas para ayudarse a desarrollar la fluidez en todas las formas de hacer 8 (8 y 0, 7 y 1, 6 y 2, 5 y 3, 4 y 4).

Nombre ______________________________ Fecha ______________

1. Empareja los puntos para mostrar las diferentes maneras de formar 8. Después, dibuja un vínculo numérico para cada par.

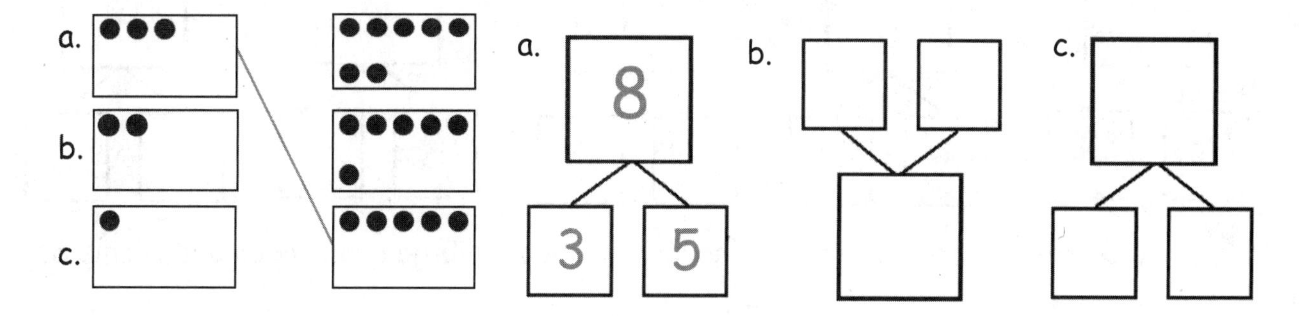


2. Escribe 2 formas de sumar 8. Usa los vínculos numéricos anteriores en busca de ayuda.

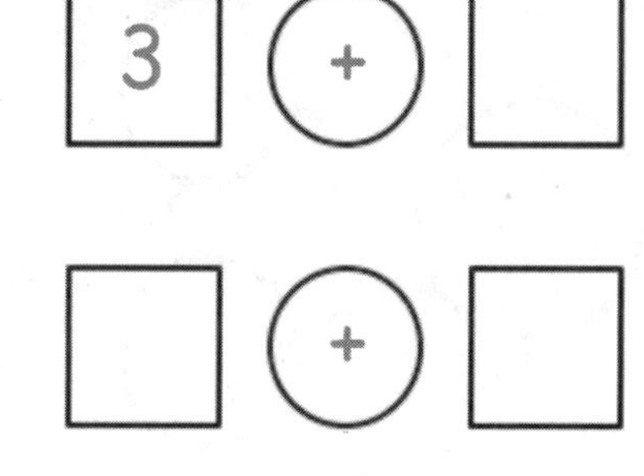


3. Escribe el número que falta en el vínculo numérico. Escribe 2 enunciados de suma para el vínculo numérico que hiciste. Observa donde está el signo de igual para que tu enunciado sea verdadero.

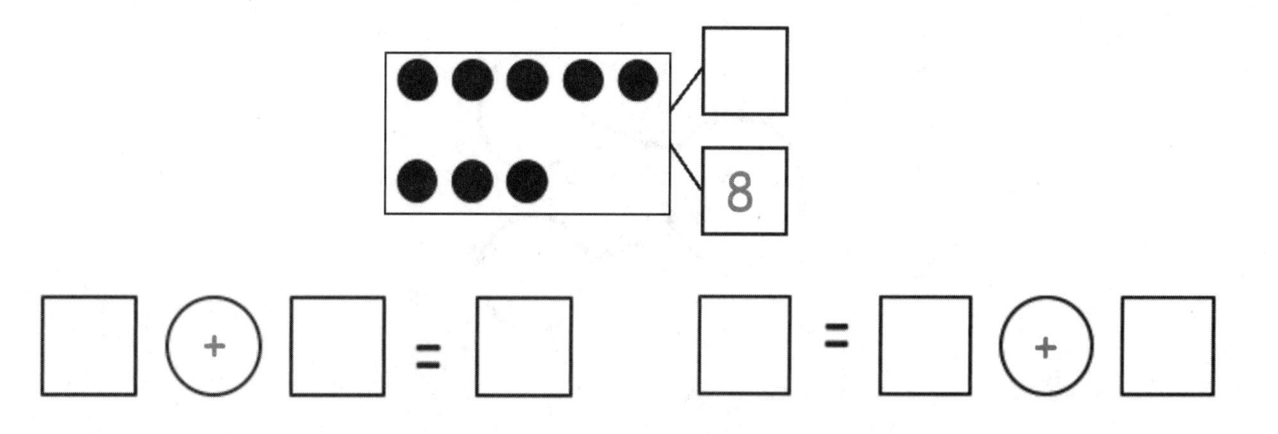

4. Estos vínculos numéricos están en orden, comenzando con el término menor. Escribe cuáles vínculos numéricos faltan.

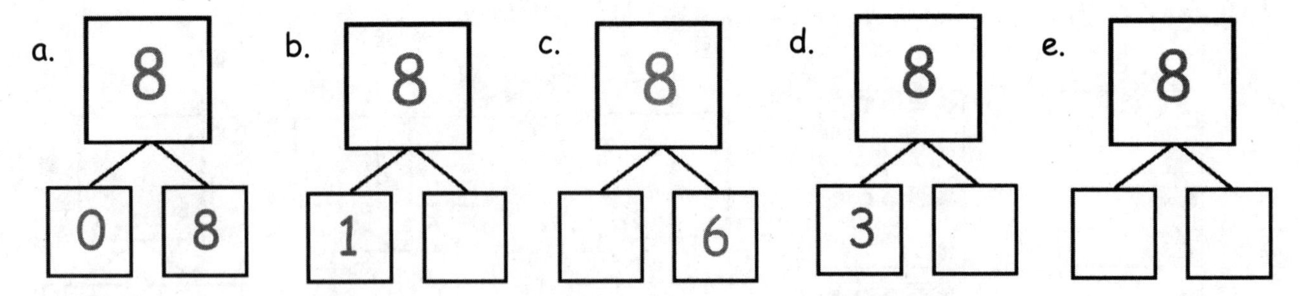


5. Usa la expresión para escribir el vínculo numérico y dibuja una imagen que forme 8.

2 + 6

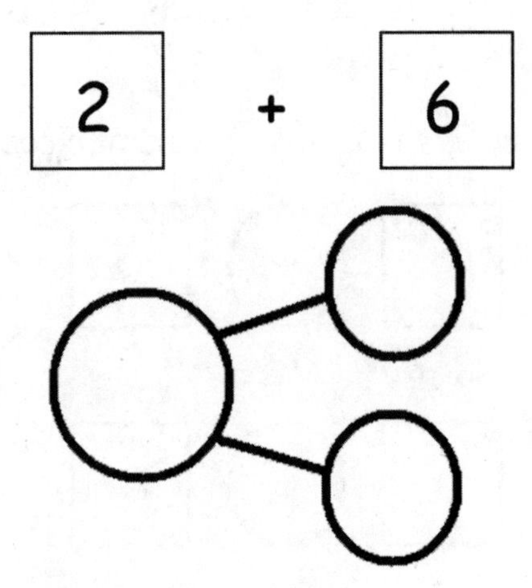

6. Usa la expresión para escribir el vínculo numérico y dibuja una imagen que forme 8.

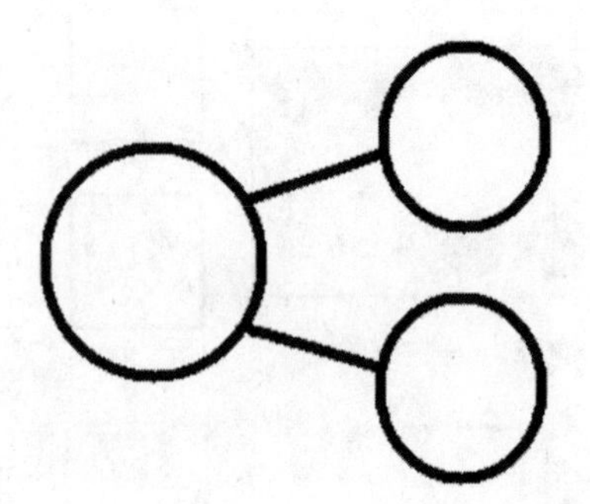

Usa el dibujo del estanque para ayudarte a escribir expresiones y vínculos numéricos que muestren todas las maneras diferentes de hacer 8.

3 animales están en el estanque.
5 animales están en tierra.
Hay 8 animales en total.

1 animal está salpicando.
7 no.
Hay 8 animales en total.

**Vínculo numérico**

3, 5 → 8

**Expresiones**

3 + 5

5 + 3

Este vínculo numérico y las expresiones muestran una manera de hacer 8.

**Vínculo numérico**

1, 7 → 8

**Expresiones**

1 + 7

7 + 1

Este vínculo numérico y las expresiones muestran otra manera de hacer 8.

Además de la Tarea de la tarde, tal vez los estudiantes quieran crear tarjetas para ayudarse a desarrollar la fluidez en todas las formas de hacer 9 (9 y 0, 8 y 1, 7 y 2, 6 y 3, 5 y 4).

Nombre ______________________ Fecha ____________

**Maneras de formar 9**

Usa el dibujo del estante de libros como ayuda para escribir las expresiones y los vínculos numéricos para mostrar todas las diferentes maneras de formar 9.

☐ + ☐

☐ + ☐

☐ + ☐

☐ + ☐

☐ + ☐

☐ + ☐

☐ + ☐

☐ + ☐

☐ + ☐

☐ + ☐

1. Rex, un perrito, encontró 10 huesos cuando paseaba. No podía decidir qué parte quería traer a su casita y qué parte debía enterrar. Ayuda a mostrarle a Rex sus opciones llenando las partes que faltan de los vínculos numéricos.

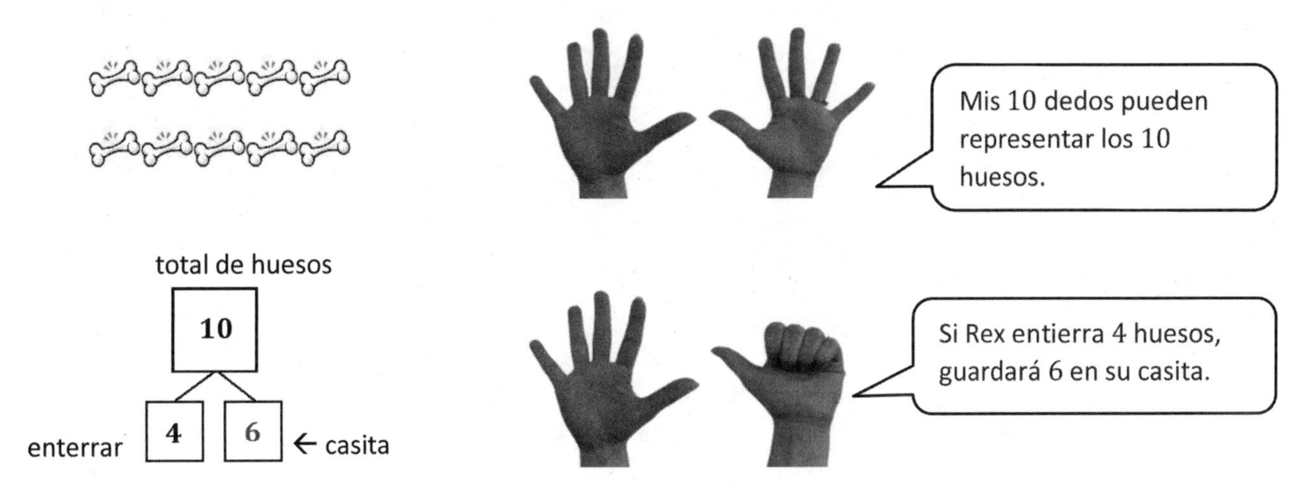


2. Escribe todos los enunciados de suma que corresponden a este vínculo numérico.

Además de la Tarea de esta tarde, tal vez los estudiantes quieran crear tarjetas para ayudarse a desarrollar la fluidez en todas las formas de hacer 10 (10 y 0, 9 y 1, 8 y 2, 7 y 3, 6 y 4, 5 y 5).

Nombre ______________________ Fecha ____________

1. Rex encontró 10 huesos en su caminata. No puede decidir cuántos llevar a su casa y cuántos enterrar. Ayuda a Rex mostrándole sus opciones escribiendo los términos del vínculo numérico.

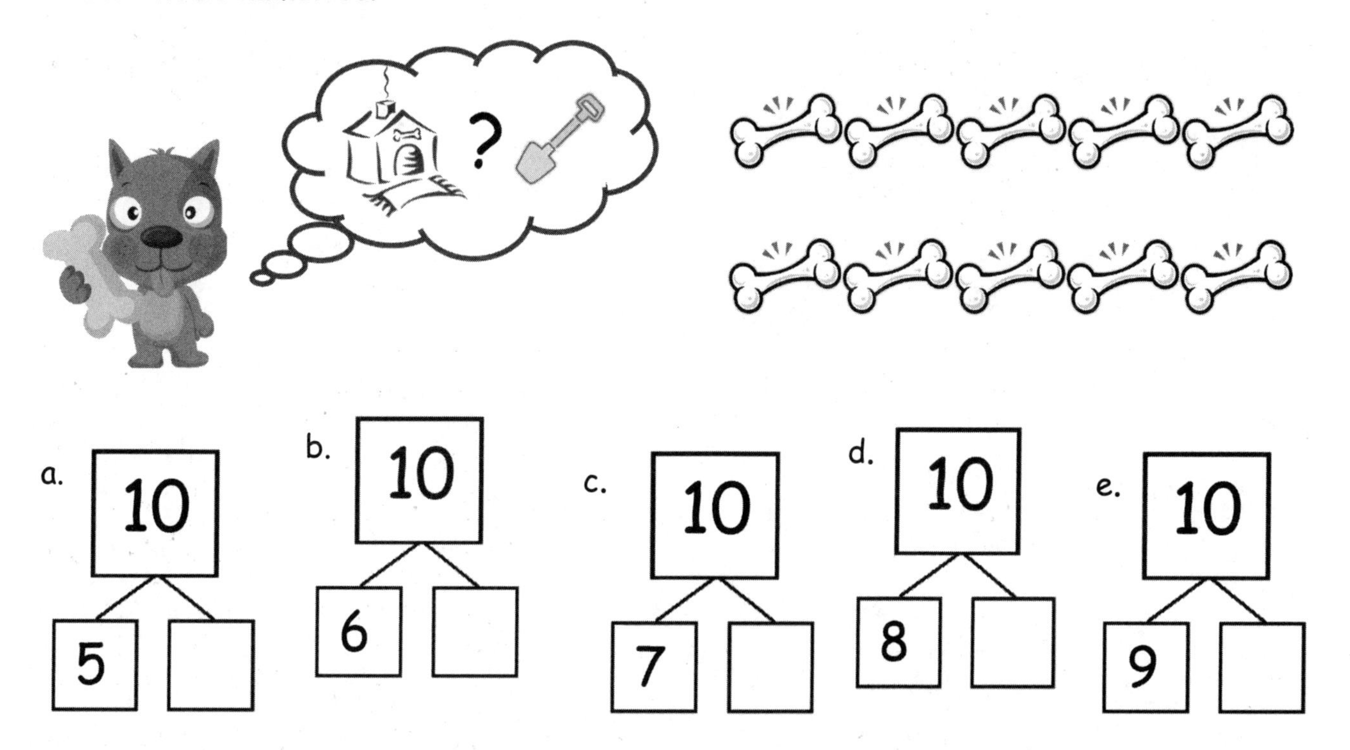


2. Decidió enterrar 3 y llevar 7 a su casa. Escribe todos los enunciados de suma que se relacionen con el vínculo numérico.

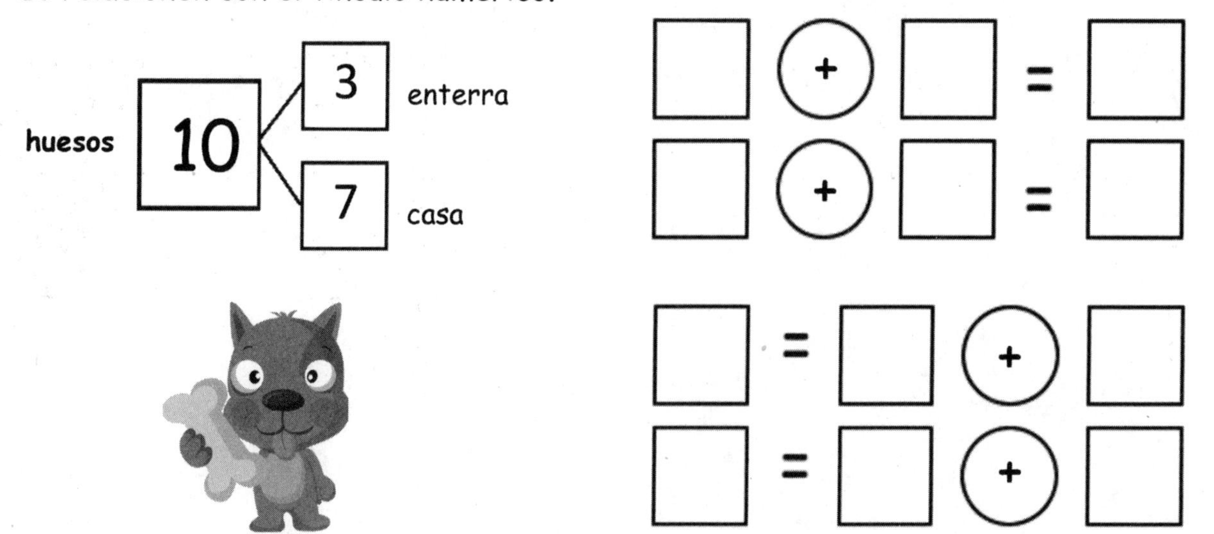

1. a. Usa el dibujo para contar una historia de matemáticas.

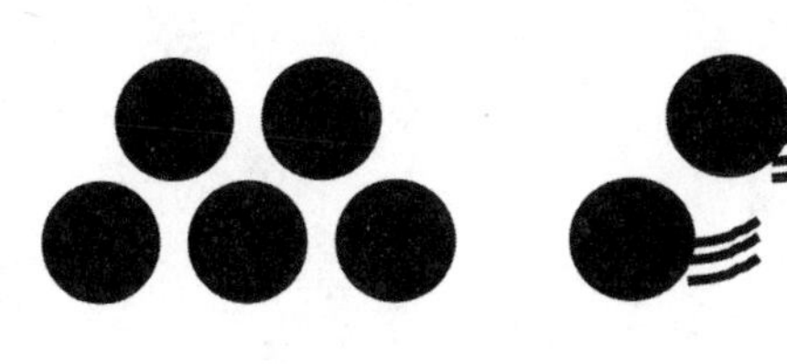

Hay 5 pelotas.
2 más llegaron rodando.
Ahora hay 7 pelotas.

b. Escribe un vínculo numérico que corresponda a tu historia.

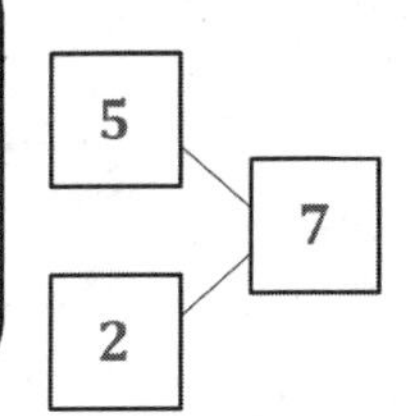


c. Escribe un enunciado numérico para contar la historia.

5 + 2 = 7

d. Ahora hay __7__ pelotas.

2. Marcus tiene 5 bloques rojos y 3 bloques amarillos. ¿Cuántos bloques tiene Marcus?

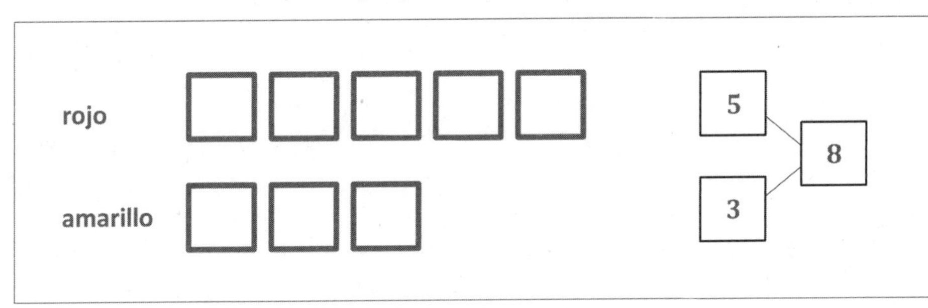


¡Puedo hacer un dibujo matemático y un vínculo numérico que coincida con la historia!

5 + 3 = 8

Marcus tiene __8__ bloques.

Entonces puedo responder a la pregunta con un enunciado numérico y un enunciado.

Nombre ______________________________ Fecha ______________

1. Utiliza la imagen para relatar un cuento de matemáticas.

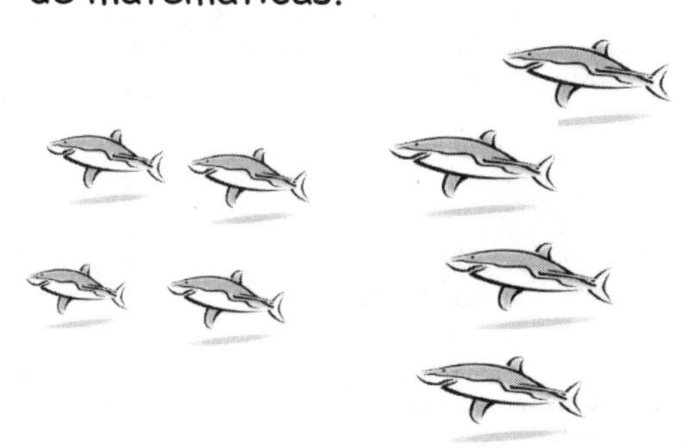

Escribe un vínculo numérico que coincida con tu cuento.

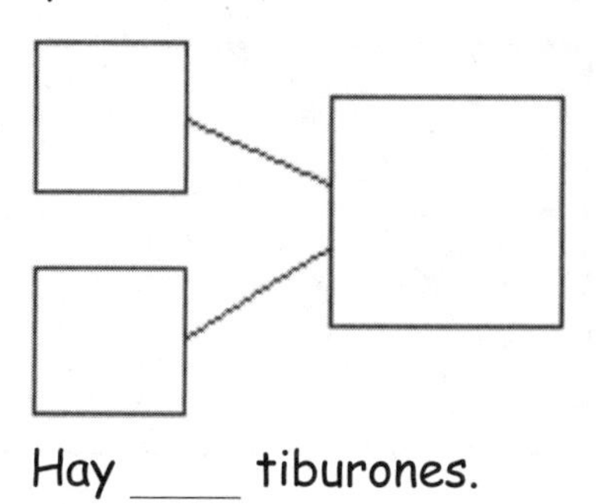

Hay ____ tiburones.

Escribe un enunciado numérico para contar el cuento.

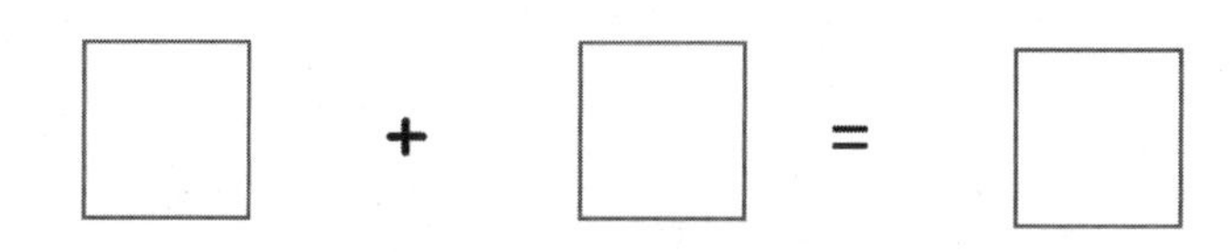

2. Utiliza la imagen para relatar un cuento de matemáticas.

Escribe un vínculo numérico que coincida con tu cuento.

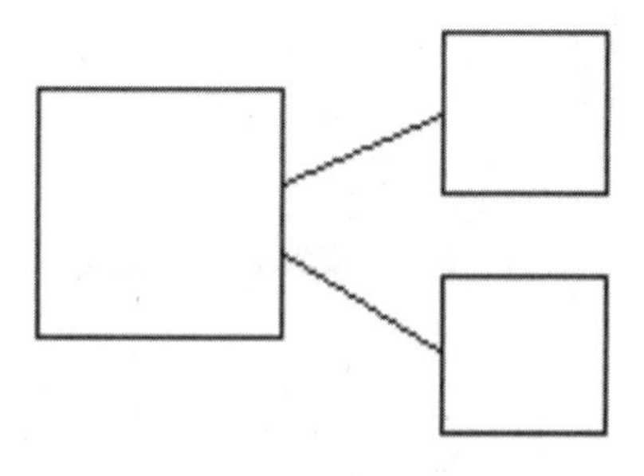

Escribe un enunciado numérico para relatar el cuento.

Hay _____ estudiantes.

☐ = ☐ + ☐

Haz un dibujo que coincida con el cuento.

3. Jim tiene 4 perros grandes y 3 perros pequeños. ¿Cuántos perros tiene Jim?

☐ + ☐ = ☐ Jim tiene ________ perros.

4. Liv juega en el parque. Ella juega con 3 niñas y 6 niños. ¿Con cuántos niños juega Liv en el parque?

☐ = ☐ + ☐ Liv juega con ________ niños.

1. a. Usa tus tarjetas de grupos **de 5 para resolver.**

b. Dibuja la otra tarjeta del grupo de 5 para mostrar lo que hiciste.

| 4 | ooo |
|---|---|

Mi tarjeta de grupo de 5 me puede ayudar a sumar. Solo comienzo en el 4 y *cuento hacia adelante* 3 más. Cuaaaatro..., 5, 6, 7.

$\boxed{4} + \boxed{3} = \boxed{7}$

Mi enunciado numérico muestra que 4 tortugas pequeñas más 3 tortugas grandes es igual a 7 tortugas.

2. Kira tiene 3 gatos 4 perros. **Haz un dibujo que muestre** cuántas mascotas tiene.

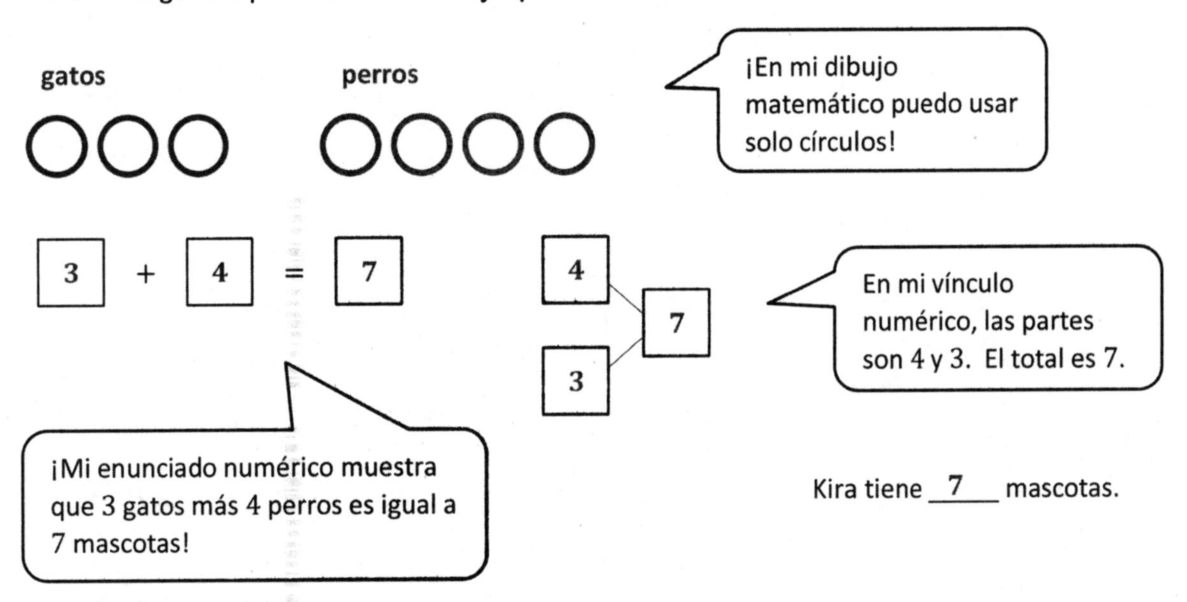

Nombre ______________________________ Fecha ______________

1. Usa tus tarjetas de grupos de 5 para resolver.

Dibuja la otra tarjeta de grupos de 5 para mostrar lo que hiciste.

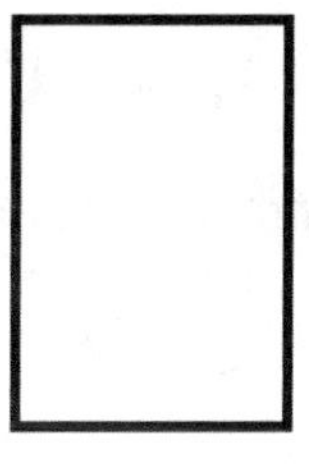

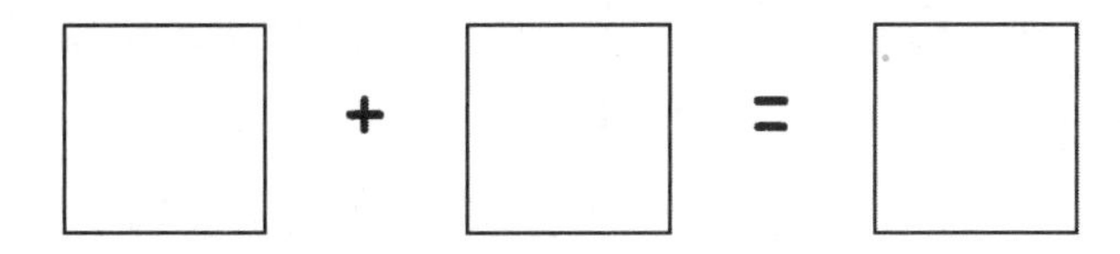

2. Usa tus tarjetas de grupos de 5 para resolver.

Dibuja la otra tarjeta de grupos de 5 para mostrar lo que hiciste.

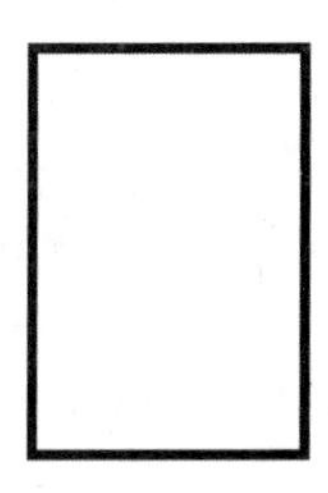

3. Hay 4 niños grandes y 5 niños pequeños. Dibuja para mostrar cuántos niños hay en total.

Escribe un vínculo numérico que coincida con la historia.

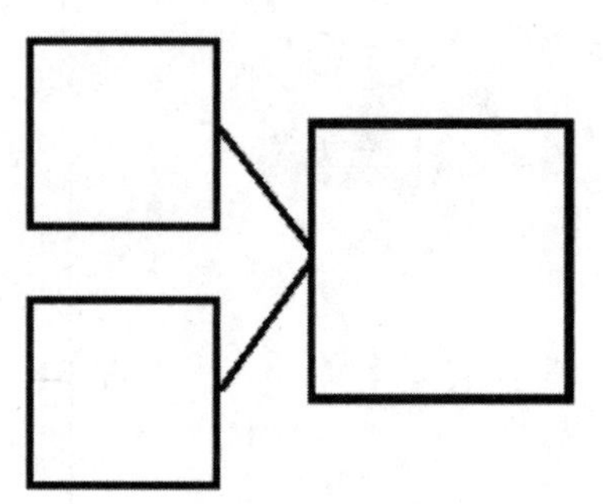

Hay ______ niños en total.

Escribe un enunciado numérico para mostrar lo que hiciste.

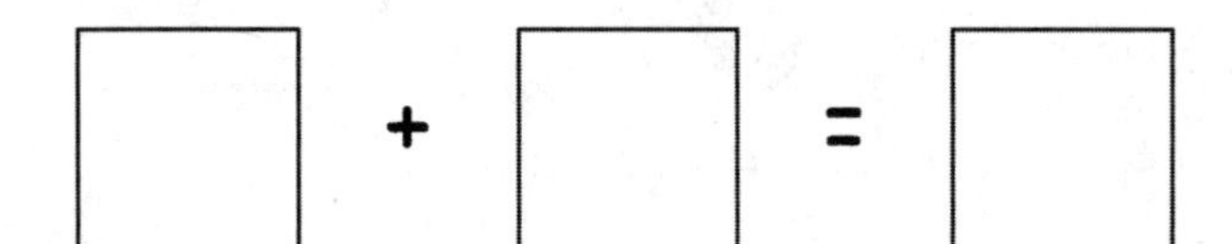

---

4. Hay 3 niñas y 5 niños. Dibuja para mostrar cuántos niños hay en total.

Escribe un vinculo numérico que coincida con la historia.

Hay ______ niños en total.

Escribe un enunciado numérico para mostrar lo que hiciste.

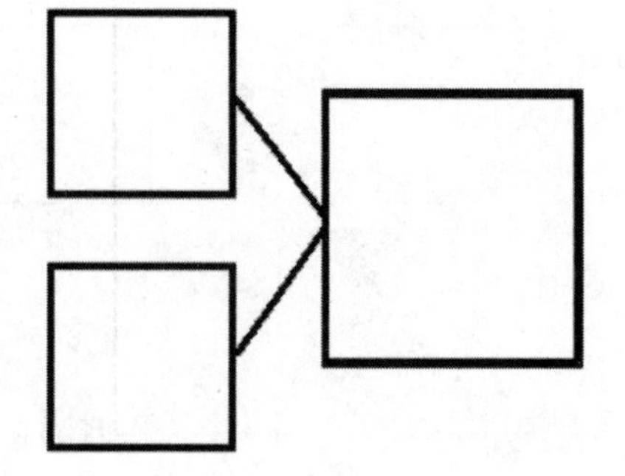

| | | | |
|---|---|---|---|
| 0 | 1 | 2 | 3 |
| 4 | 5 | 6 | 7 |
| 8 | 9 | 10 | 10 |
| | 10 | 5 | 5 |

tarjetas de grupos de 5

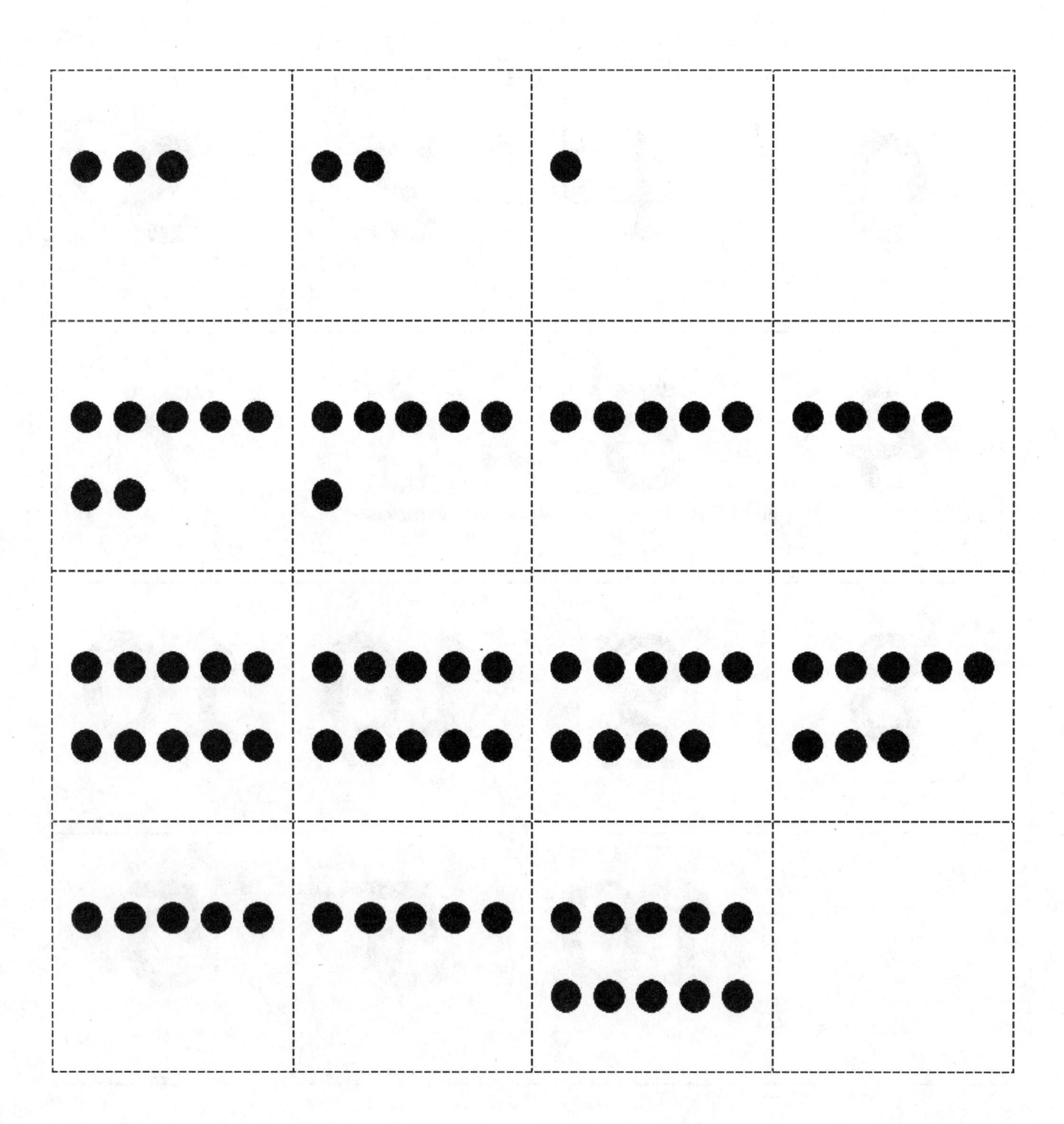

tarjetas de grupos de 5, lado del punto

1. Utiliza las tarjetas de grupo de 5 para contar y descubrir el número que falta en el enunciado numérico.

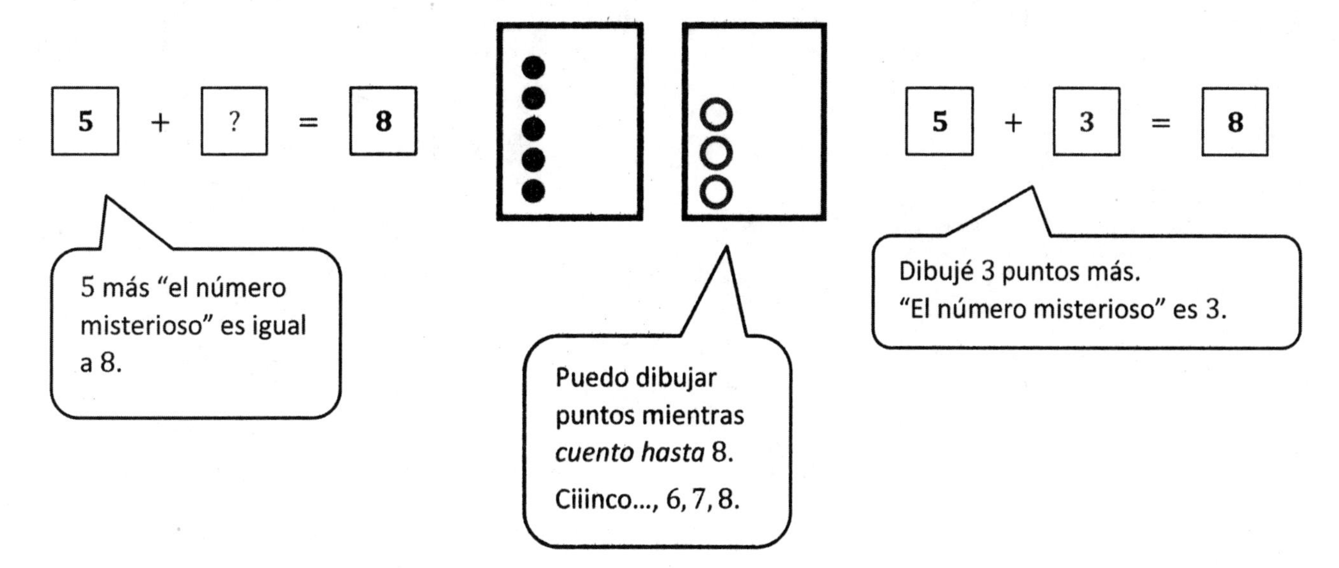


2. Combina el enunciado numérico con el cuento matemático. Haz un dibujo o utiliza tus tarjetas de grupo de 5 para resolver.

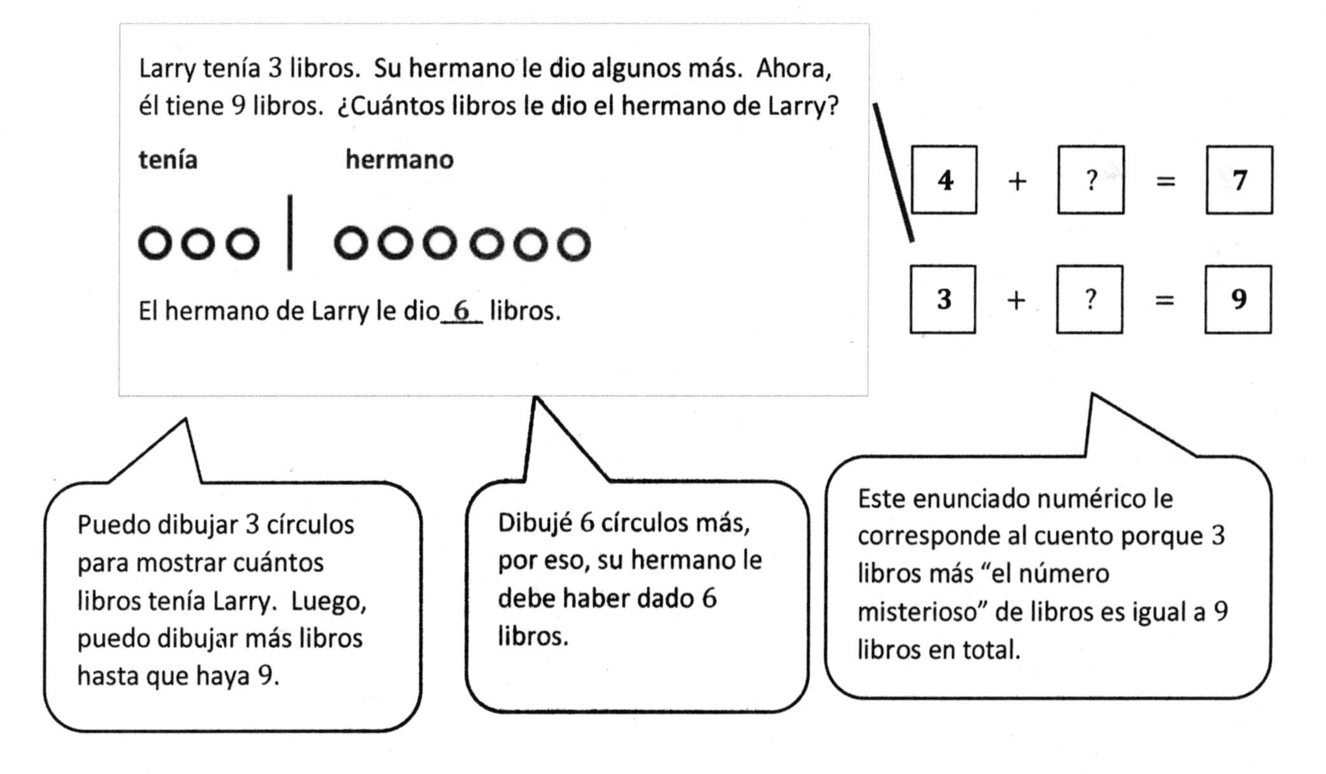

Nombre ______________________ Fecha ____________

1. Usa las tarjetas de grupos de 5 para contar y encontrar el número que falta en los enunciados numéricos.

a. 2 + ☐ = 7

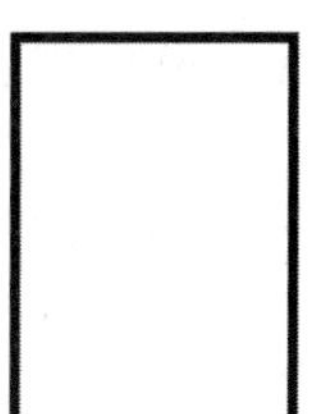

b. 8 = 5 + ☐

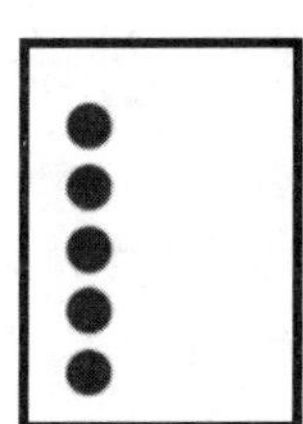
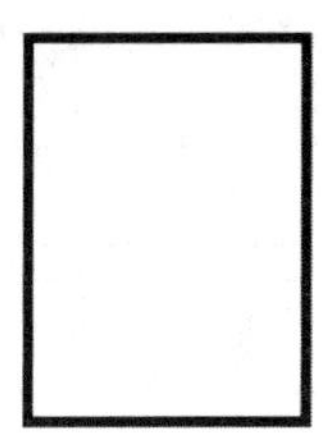

c. 9 = 7 + 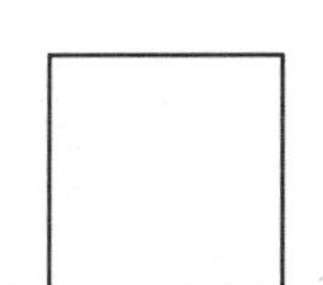

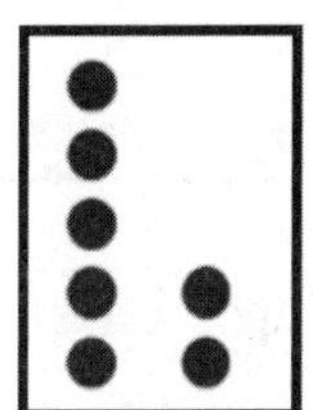
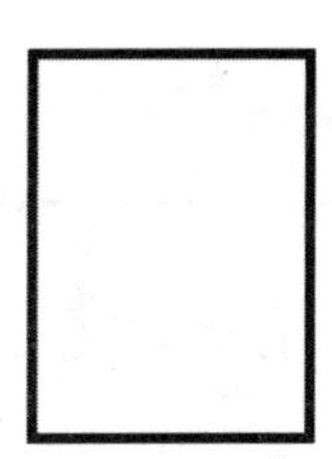

d. 9 = ☐ + 9

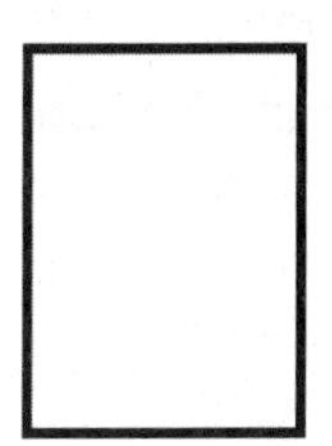
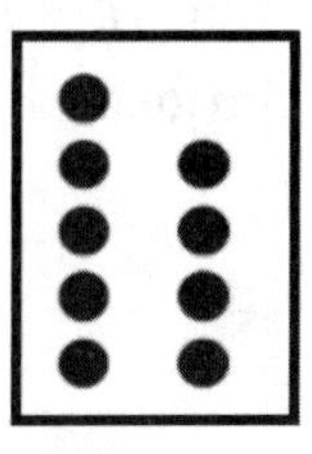

2. Une el enunciado numérico con el relato matemático. Dibuja una ilustración o usa tus tarjetas de grupos de 5 para resolver.

a. Scott tiene 3 galletas. Su mamá le da algunas más. Ahora tiene 8 galletas. ¿Cuántas galletas le dio su mamá?

Su mamá le dio a Scott ________ galletas.

6 + ? = 9

3 + ? = 8

b. Kim ve 6 pájaros en el árbol. Algunos pájaros más llegaron volando. Kim ve 9 pájaros en el árbol. ¿Cuántos pájaros llegaron volando al árbol?

_______ llegaron volando al árbol.

1. Utiliza tus tarjetas de grupos de 5 para contar y descubrir el número que falta en el enunciado numérico.

5 + ? = 9

El número misterioso es 4

5 | OOOO

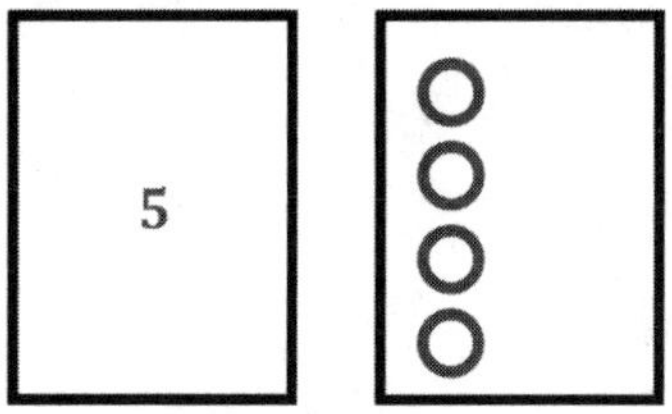

Puedo *contar a partir de* 5 para descubrir el número misterioso.

Ciinco..., 6, 7, 8, 9.

Conté 4 más, entonces, el número misterioso es 4.

2. Shana tenía 5 sombreros. Luego, compró algunos más.

Ahora, ella tiene 8 sombreros. ¿Cuántos sombreros compró?

5 más "el número misterioso" es igual a 8.

Hmmm...

Puedo empezar a contar en 5 y dibujar puntos mientras *cuento hasta* 8.

Ciinco... , 6, 7, 8.

5 | OOO

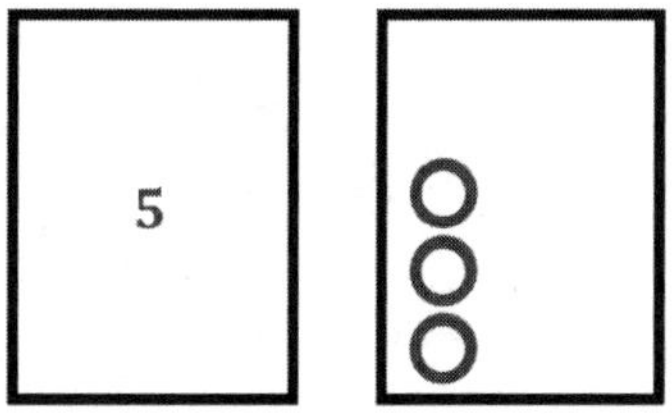

5 + 3 = 8

Dibujé 3 puntos más.
El "número misterioso" es 3.

Shana compró __3__ sombreros.

Nombre ______________________________ Fecha ______________

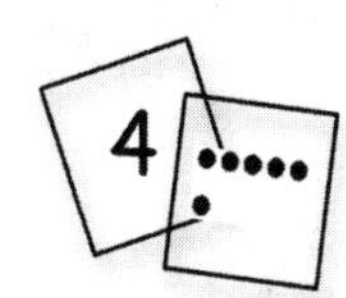


Usa tus **tarjetas de grupos de 5** para contar y encontrar el número que falta en los **enunciados numéricos**.

1. $5 + ? = 7$

El número misterioso es ☐

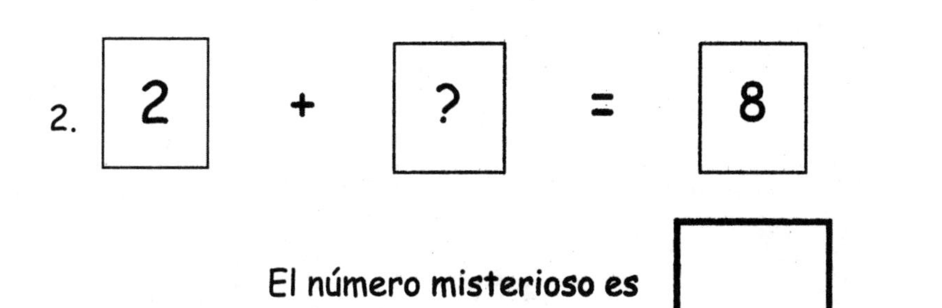

2. $2 + ? = 8$

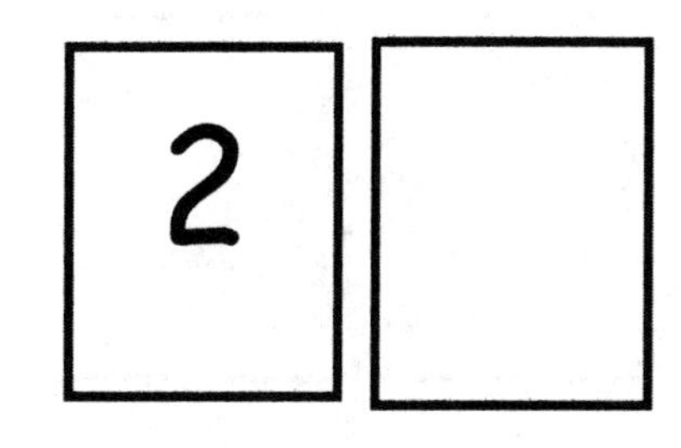


El número misterioso es ☐

3. $6 + ? = 9$

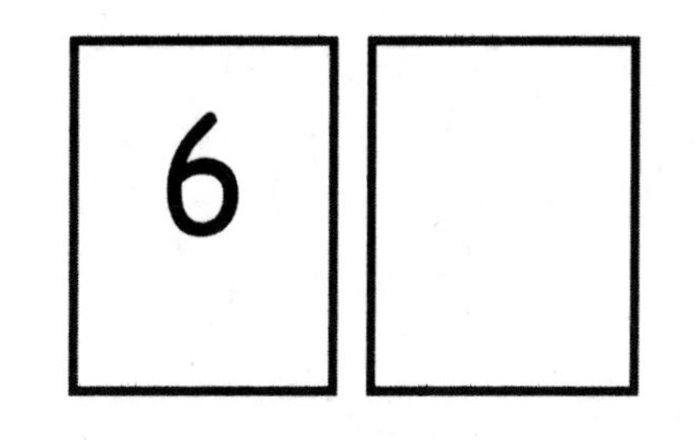


El número misterioso es ☐

Usa tus tarjetas de grupos de 5 para contar y resolver los problemas de matemáticas. Usa las cajas para mostrar tus tarjetas de grupos de 5.

4. Jack lee 4 libros el lunes. Él lee algunos más el martes. Él lee 7 libros en total. ¿Cuántos libros lee Jack el martes?

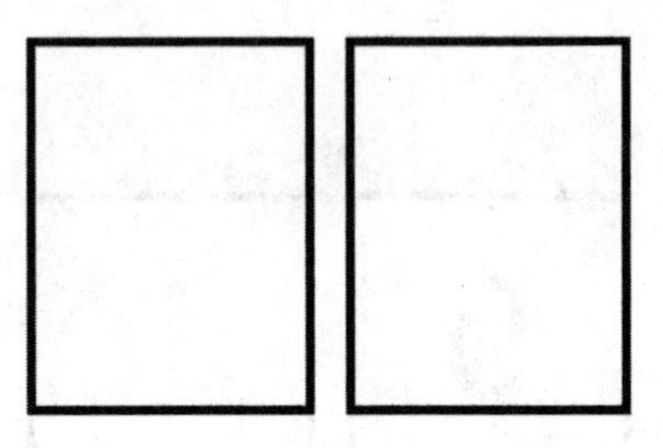

Jack lee _______ libros el martes.

5. Kate tiene 1 hermana y algunos hermanos. Ella tiene 7 hermanos y hermanas en total. ¿Cuántos hermanos tiene Kate?

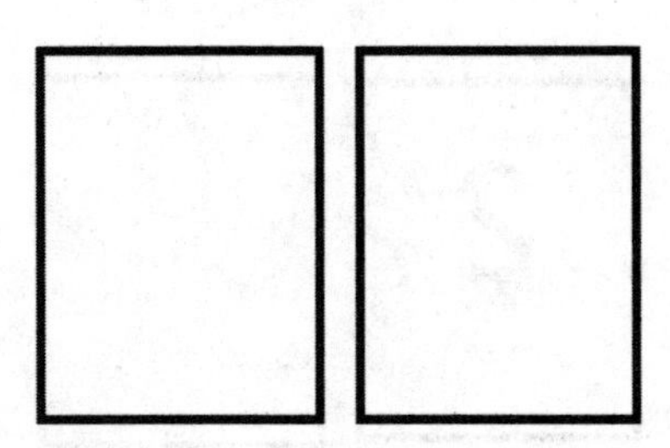

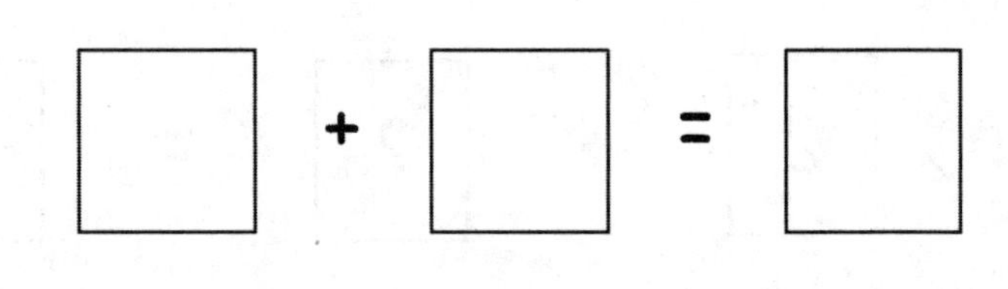

Kate tiene _____ hermanos.

6. Hay 6 perros en el parque y algunos gatos. Hay un total de 9 perros y gatos en el parque. ¿Cuántos gatos hay en el parque?

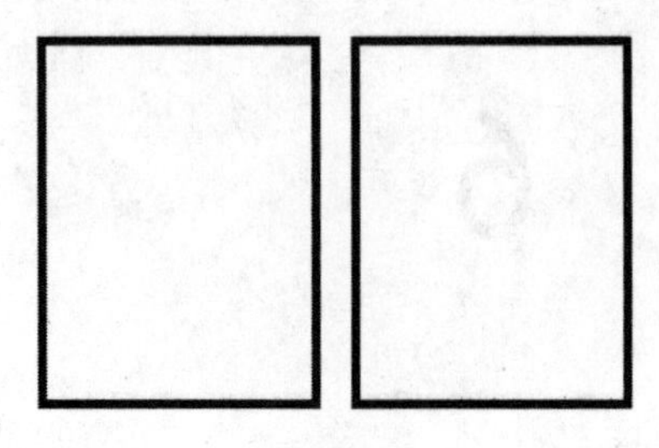

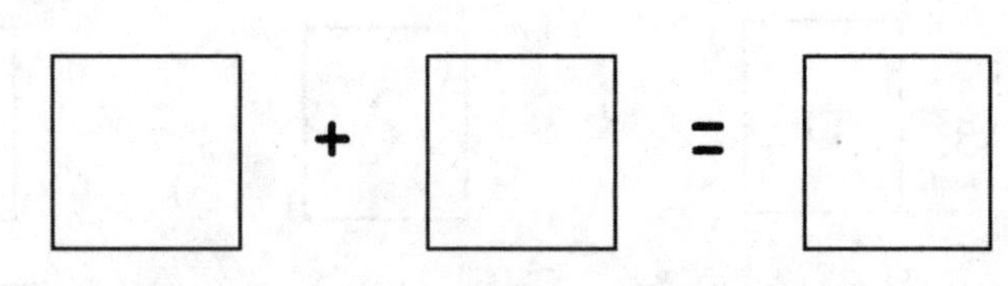

Hay _____ gatos en total.

Utiliza los enunciados numéricos para hacer un dibujo y, luego, rellena el vínculo numérico para narrar un cuento matemático.

1. $3 + 3 = 6$

Hmmm... ¿Qué cuento podría contar para que coincida con el enunciado numérico $3 + 3 = 6$?

3, 3, 6

¡Tengo una idea! Horneé 3 galletas redondas y 3 galletas en forma de corazón. En total, horneé 6 galletas. Puedo dibujar las galletas para mostrar mi cuento.

¡Puedo crear un vínculo numérico que coincida con mi cuento!

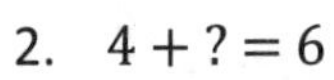

2. $4 + ? = 6$

Hmmm... hay un número misterioso en este problema.

¡Ya sé un cuento que podría coincidir! Mi hermano tenía 4 canicas. Luego, encontró otras canicas debajo del sofá. Ahora, él tiene 6 canicas. ¿Cuántas canicas encontró?

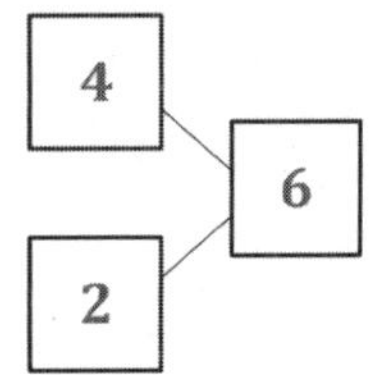


Puedo dibujar 4 círculos por las canicas que él tenía. Luego, puedo dibujar más círculos hasta tener 6 canicas.

Nombre ______________________ Fecha ____________

Utiliza los enunciados numéricos para hacer un dibujo y completa el vínculo numérico para relatar un cuento de matemáticas.

1. 5 + 2 = 7

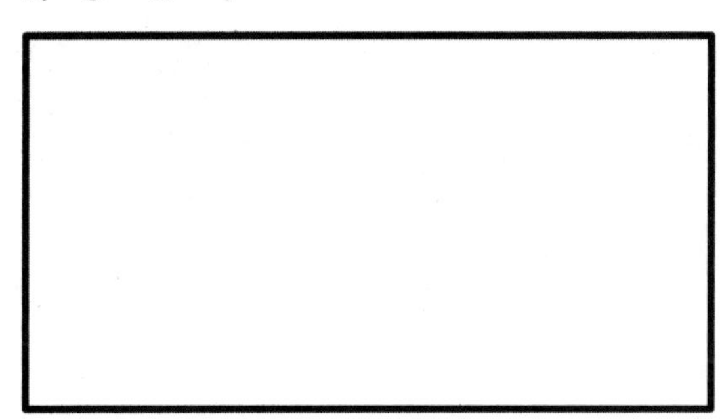

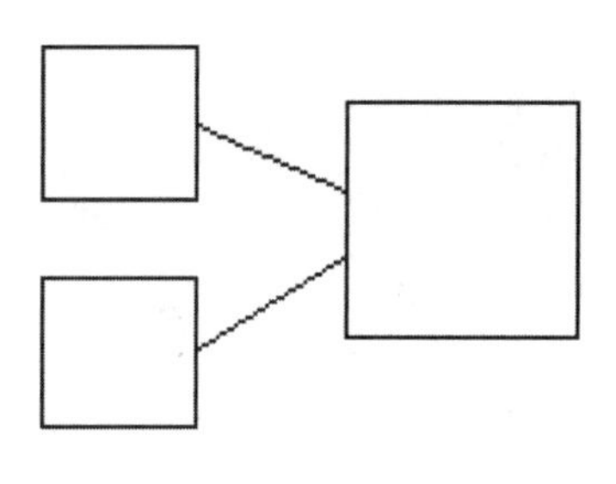

2. 3 + 6 = 9

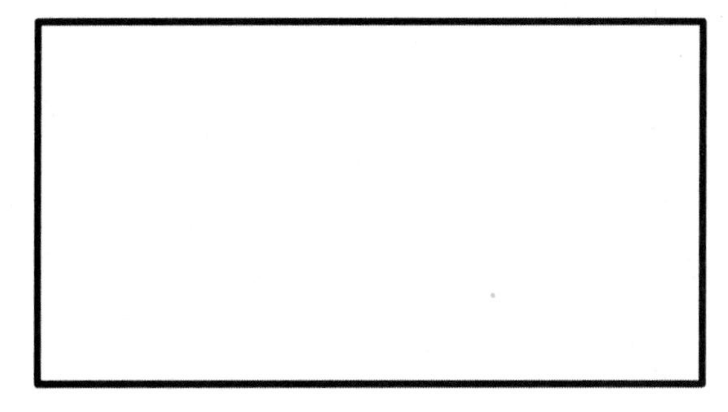

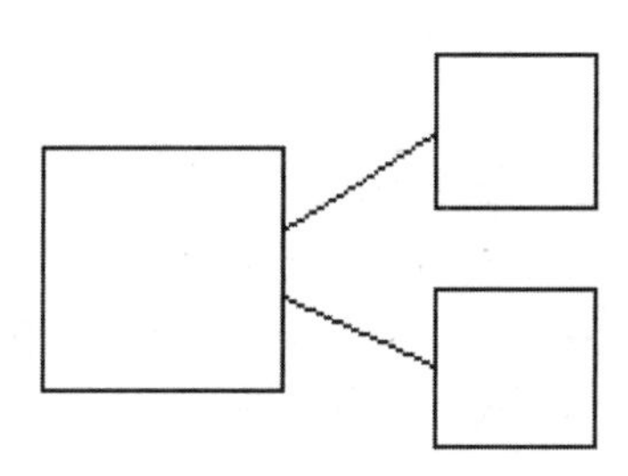

3. 7 + ? = 9

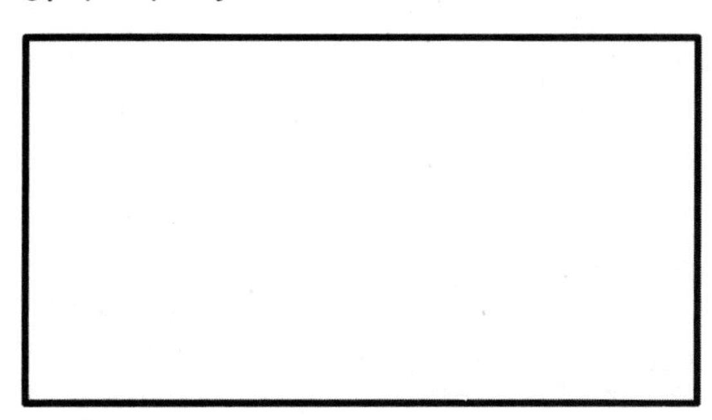

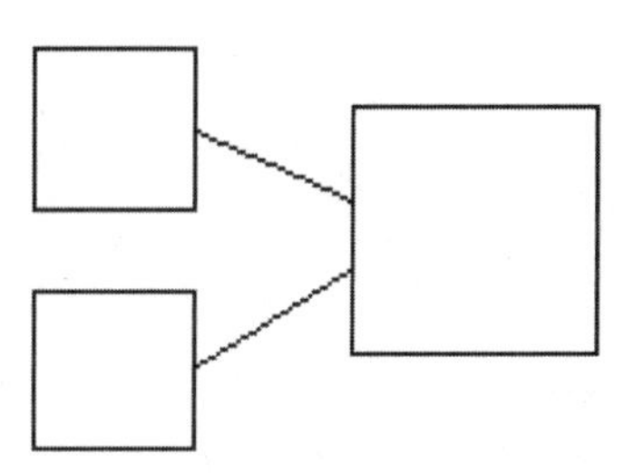

Seguir contando para sumar.

Para sumar 6 + 2, no tengo que contar todos mis dedos. ¡Puedo empezar a contar en 6 y *seguir contando* 2 dedos!

Seeeis

..., 7, 8

Escribe lo que dices al seguir contando.

a. $\boxed{6} + \boxed{2} = \boxed{8}$

En este problema, faltan 2 números. ¡Puedo inventar mi propio problema *en el que puedo seguir contando*!

Ciiinco.

...6, 7, 8.

5, ... 6, 7, 8

b. $\boxed{8} = \boxed{5} + \boxed{3}$

Nombre ______________________ Fecha ____________

Cuenta sumando.

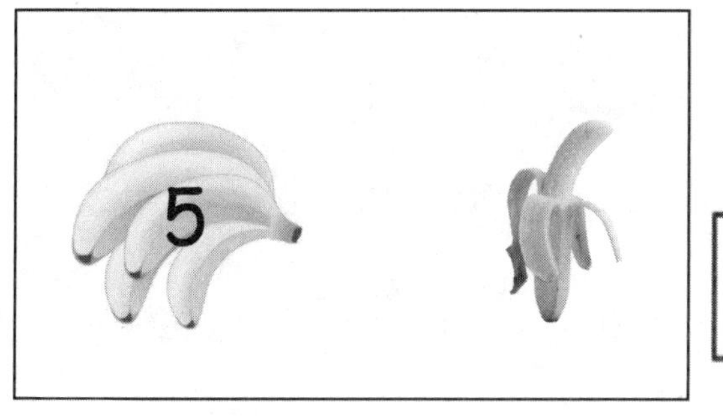


a.

 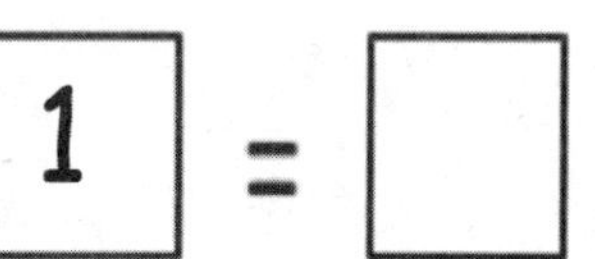 

5 + 1 = ☐

Escribe lo que dices al contar.

b.

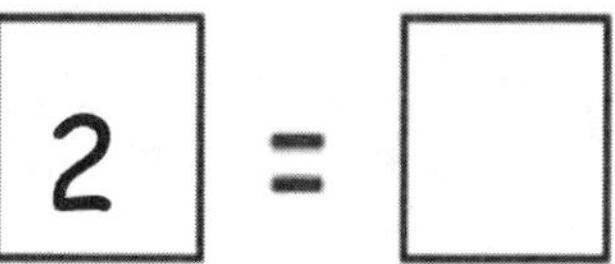 

5 + 2 = ☐

c.

7 + 2 = ☐

d.

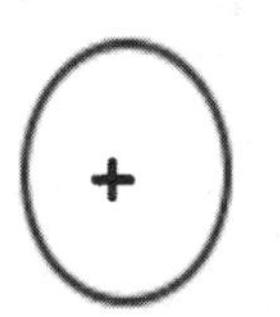  

☐ = 6 + 3

e.

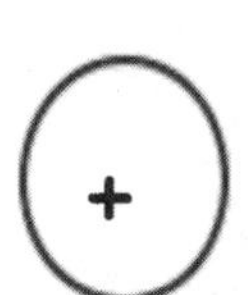 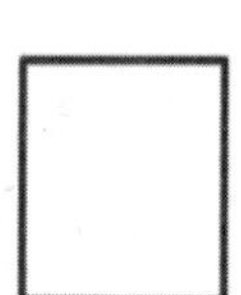  

☐ = 7 + ☐

Utiliza las tarjetas de grupos de 5 o tus dedos para seguir contando y resolver.

1.

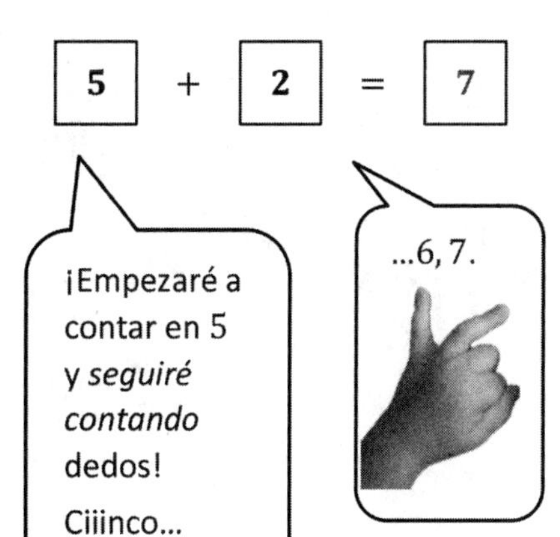


Muestra el atajo que utilizaste para sumar.

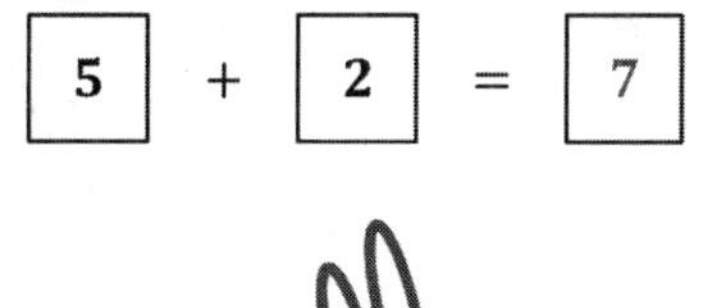


¡Usé mis dedos como atajo, por eso, los dibujaré!

2.

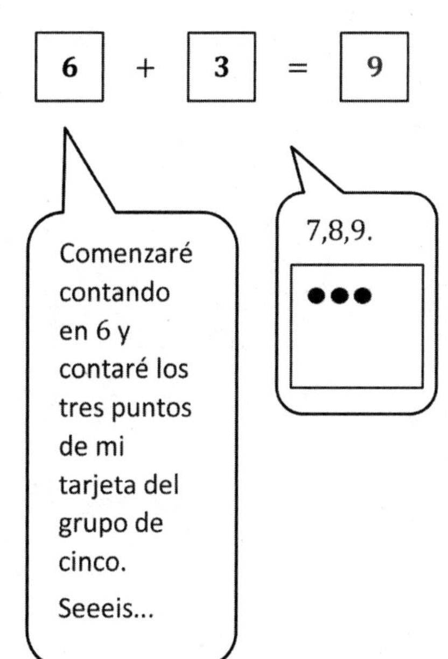


Muestra el atajo que utilizaste para sumar.

6 + 3 = 9

Usé mis tarjetas del grupo de 5 como atajo. Puedo dibujar la tarjeta.

Nombre ______________________________ Fecha ______________

Utiliza tus tarjetas de grupos de 5 o tus dedos para contar y resolver.

1. 5 + 3 = ☐

2.  6 + 2 = ☐

3.  7 + 3 = ☐

Muestra el método simplificado que usaste para sumar.

6 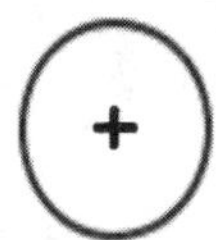 2 = ☐

4. 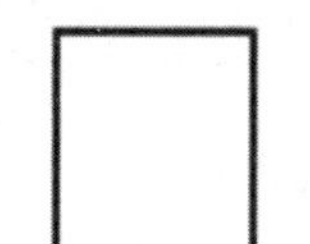 ☐ = 8 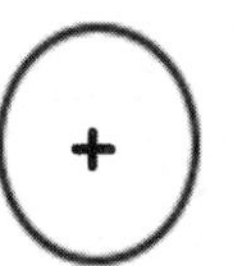 2

5. 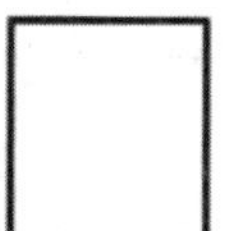 ☐ = 6 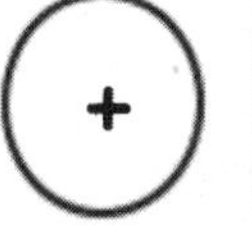 3

6. 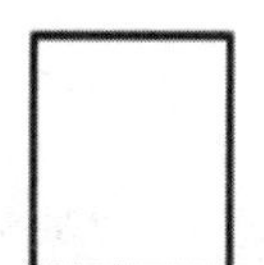 ☐ = 7 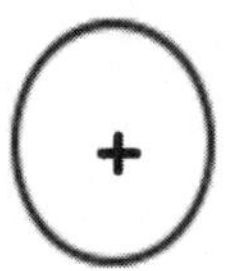 2

Muestra la estrategia que usaste para sumar.

☐ = 7 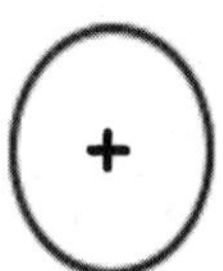 2

1. Usa dibujos matemáticos simples. Continúa dibujando para representar $6 + ? = 9$.

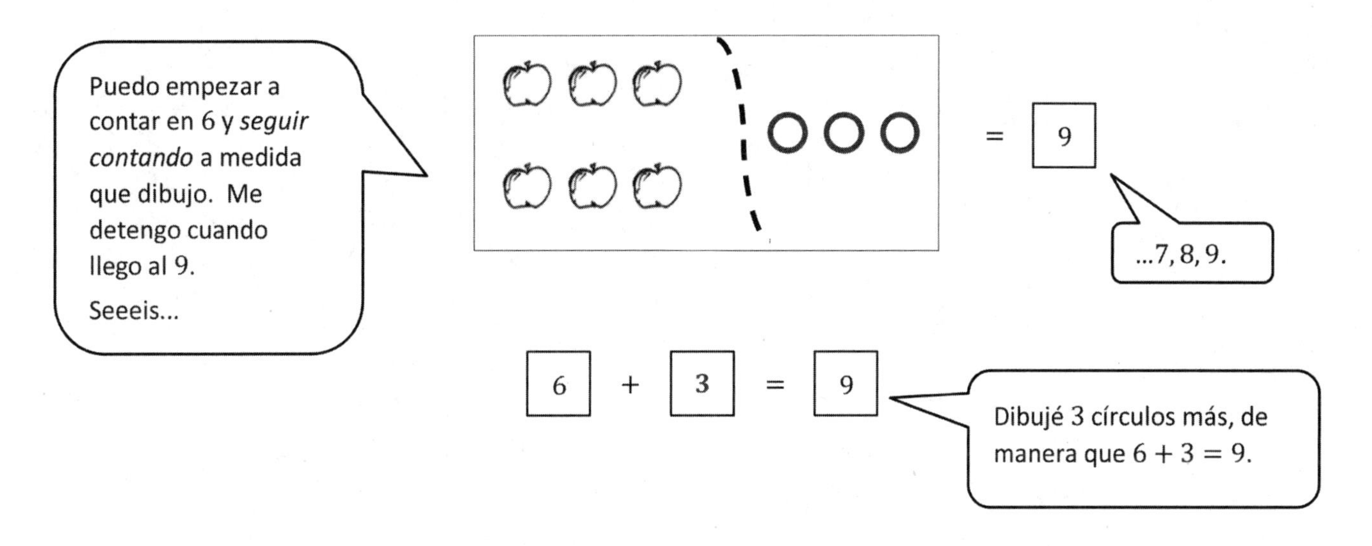


2. Utiliza tus tarjetas de grupos de 5 para resolver $4 + ? = 6$.

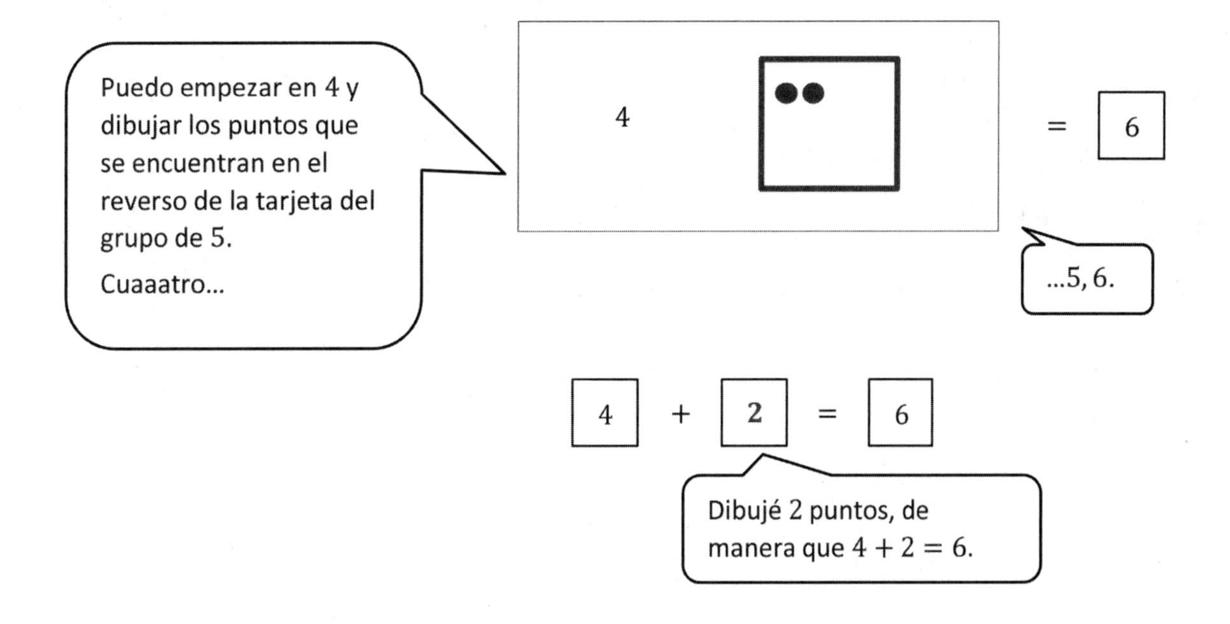

Nombre ______________________________ Fecha ______________

1. Usa dibujos matemáticos sencillos. Dibuja más para resolver 4 + ? = 6.

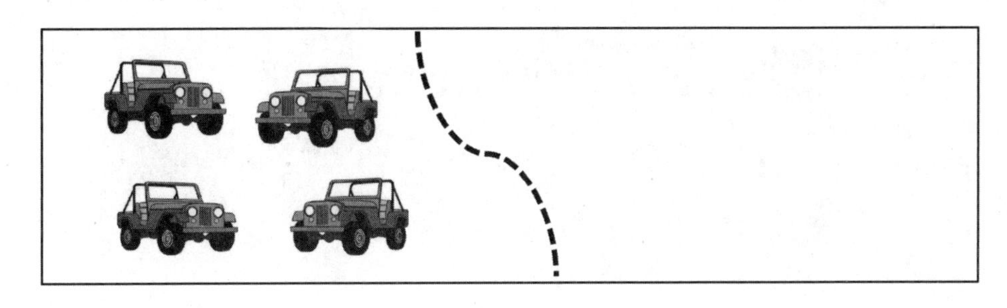

= 6

4 + ☐ = 6

2. Usa tus tarjetas de grupos de 5 para resolver 6 + ? = 8

6

= 8

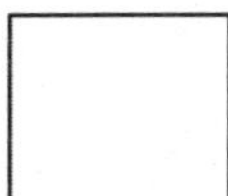

6 + ☐ = 8

3. Usa el conteo para resolver 7 + ? = 10

7 + ☐ = 10

1. Empareja las fichas de dominó iguales. Luego, escribe enunciados numéricos verdaderos.

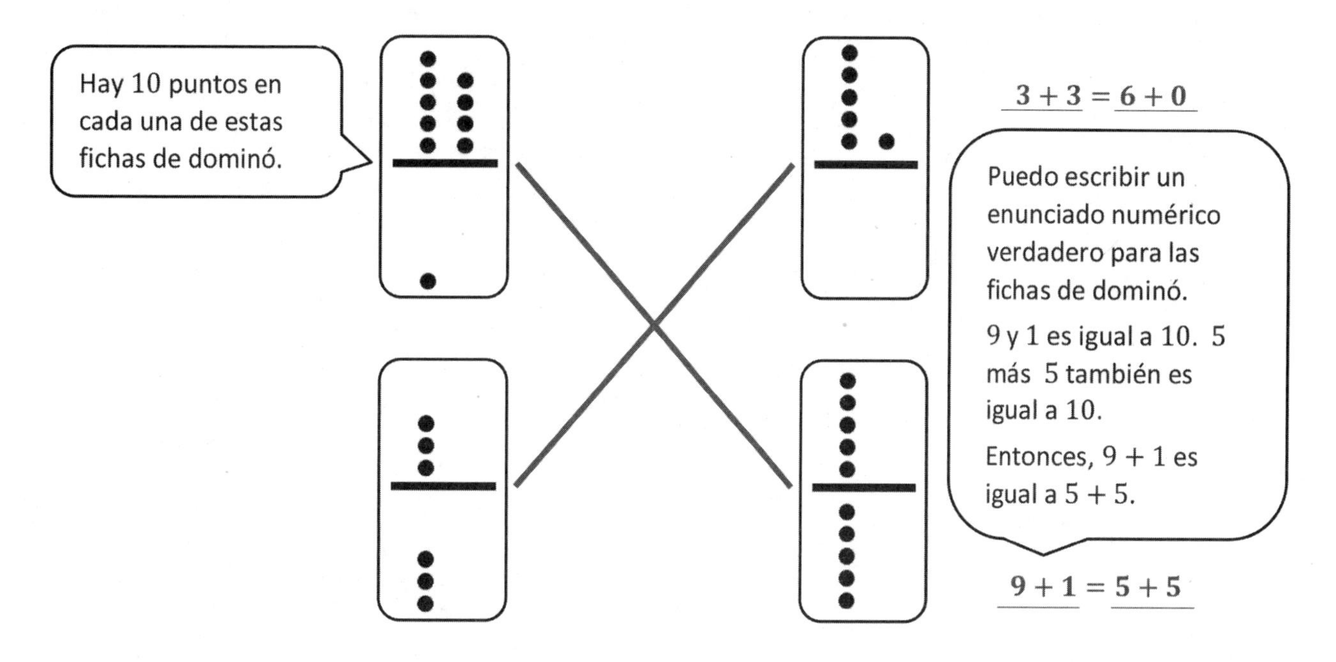


2. Encuentra las expresiones que sean iguales. Utiliza las expresiones iguales para escribir enunciados numéricos verdaderos.

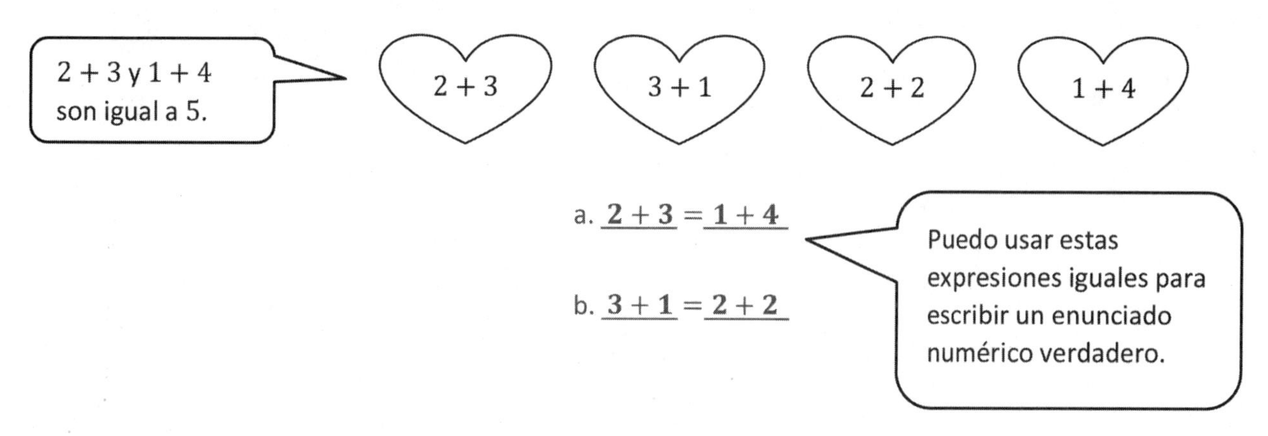


a. $\underline{2 + 3} = \underline{1 + 4}$

b. $\underline{3 + 1} = \underline{2 + 2}$

Nombre ____________________  Fecha ____________

1. Une las fichas de dominó que son iguales. Luego escribe enunciados numéricos verdaderos.

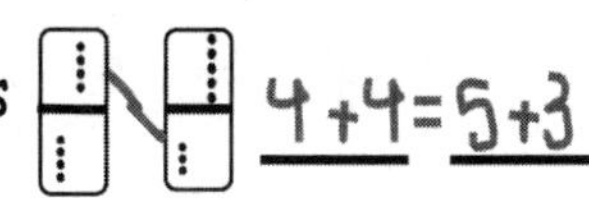


a. 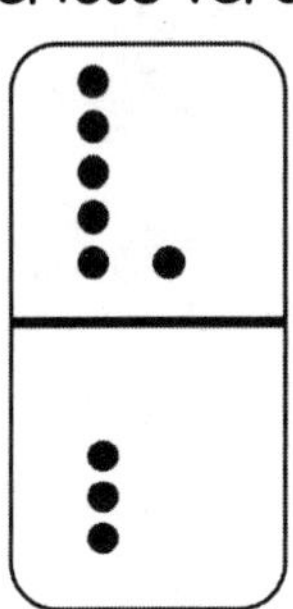

______________ ______________

b. 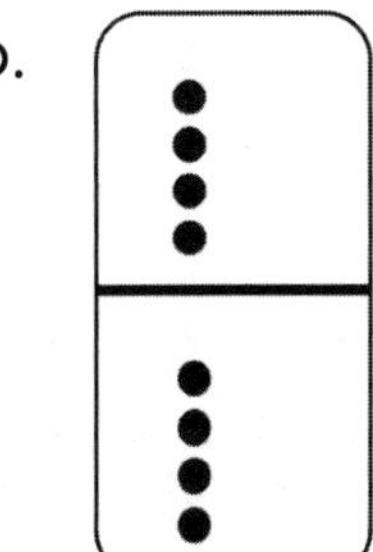

______________ ______________

c. 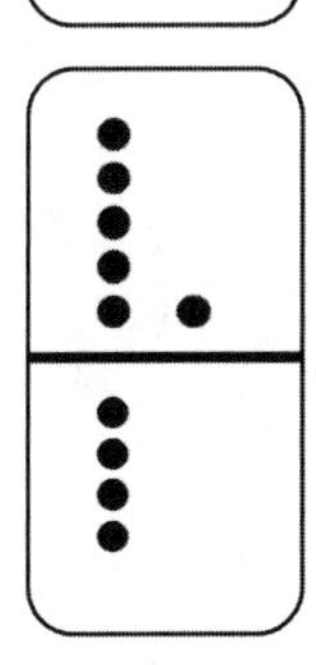

______________ ______________

2. Encuentra las expresiones que sean iguales. Usa las expresiones iguales para escribir enunciados numéricos verdaderos.

5 + 2    8 + 2    4 + 3

a. ______________ ______________

b. ______________ ______________

1. Las imágenes a continuación no son iguales. Haz que las imágenes sean iguales y escribe un enunciado numérico verdadero.

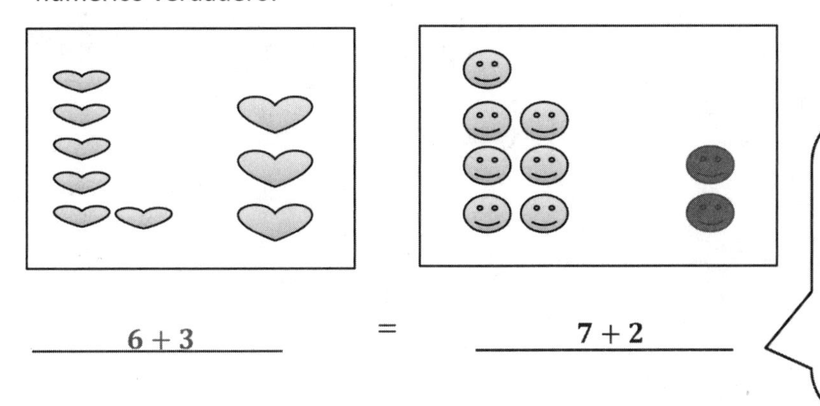

$6 + 3$ = $7 + 2$

Sé que $6 + 3$ es igual a 9. Puedo contar 7 caritas sonrientes. Si dibujo otras 2 caritas sonrientes, puedo escribir un enunciado numérico verdadero porque $7 + 2$ también es igual a 9.

2. Haz un círculo alrededor del (los) enunciado(s) verdadero(s) y reescribe el (los) enunciado(s) falso(s) para hacerlo(s) verdadero(s).

$6 + 0 = 4 + 2$

$5 + 1 = 6 + 1$

$5 + 2 = 6 + 1$

Sé que $5 + 1$ es 6, y $6 + 1$ es 7. 6 no es igual a 7. Puedo hacer que este enunciado sea verdadero si cambio $5 + 1$ por $5 + 2$ de manera que sea igual a 7.

3. Encuentra las partes que faltan para que el enunciado numérico sea verdadero.

$7 + 1 = 4 +$ __44__

$4 + 3 =$ __5__ $+ 2$

Sé que $7 + 1$ es igual a 8. Entonces, el otro lado también debe ser igual a 8 para que este enunciado numérico sea verdadero. Sé cuál es el doble: $4 + 4 = 8$. La parte que falta es 4.

Nombre ______________________ Fecha ____________

1. Las imágenes a continuación no son iguales. Haz que las imágenes sean iguales y escribe un enunciado numérico verdadero.

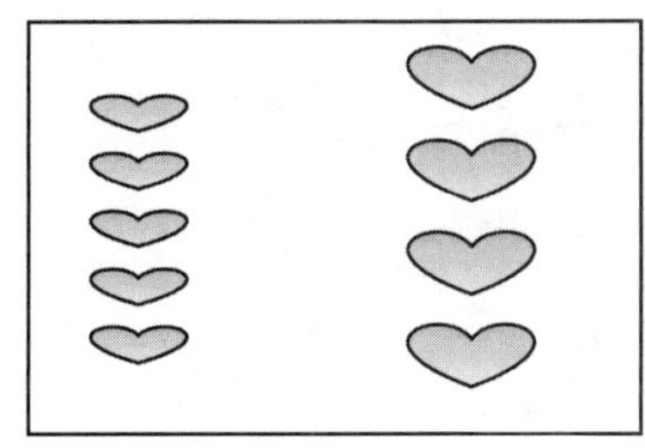

______________ ______________

2. Encierra los enunciados numéricos verdaderos y vuelve a escribir los enunciados falsos para hacerlos verdaderos.

a. $4 = 4$

______________

b. $5 + 1 = 6 + 1$

______________

c. $3 + 2 = 5 + 0$

______________

d. $6 + 2 = 4 + 4$

______________

e. $3 + 3 = 6 + 2$

______________

f. $9 + 0 = 7 + 2$

______________

g. $4 + 3 = 2 + 4$

______________

h. $8 = 8 + 0$

______________

i. $6 + 3 = 5 + 4$

______________

3. Encuentra la parte que falta para hacer que los enunciados numéricos sean verdaderos.

a. $8 + 0 = \_\_\_ + 4$

b. $7 + 2 = 9 + \_\_\_$

c. $5 + 2 = 4 + \_\_\_$

d. $5 + \_\_\_ = 6 + 0$

e. $6 + \_\_\_ = 4 + 3$

f. $5 + 4 = \_\_\_ + 3$

1. Utiliza la imagen para escribir un vínculo numérico. Luego, escribe los enunciados numéricos que correspondan.

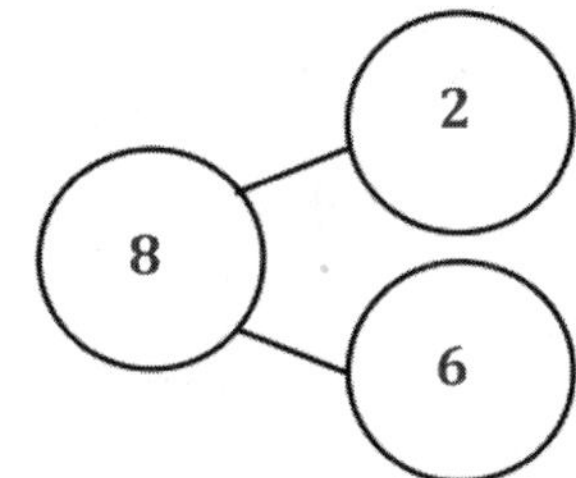


$\underline{2} + \underline{6} = \underline{8}$

$\underline{6} + \underline{2} = \underline{8}$

Puedo sumar en cualquier orden, pero es más fácil si empiezo en 6 y sigo contando más 2.
¡Seeeis, siete, ocho! ¡Me encanta la estrategia de seguir contando!

2. Escribe los enunciados numéricos que correspondan a los vínculos numéricos.

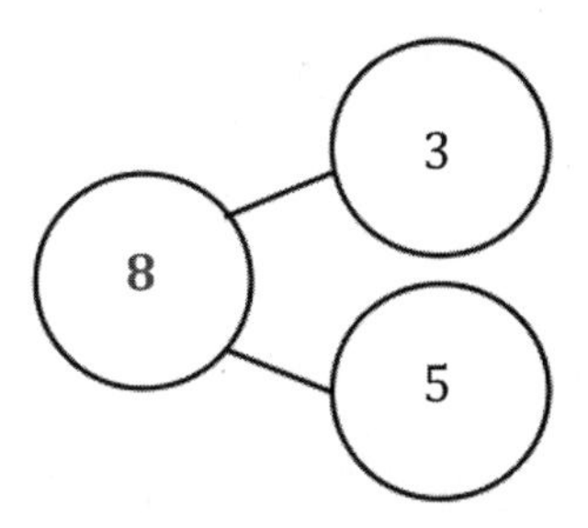


$\underline{3} + \underline{5} = \underline{8}$

$\underline{5} + \underline{3} = \underline{8}$

En ambos enunciados numéricos, las partes son 3 y 5, y el total es 8. El orden de los sumandos no importa cuando estoy resolviendo.

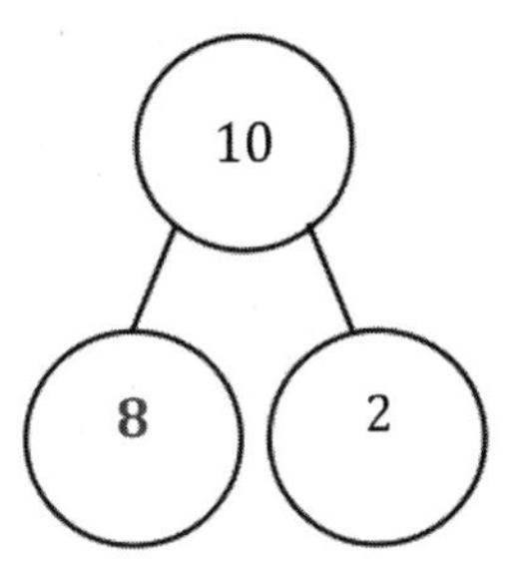


$\underline{8} + \underline{2} = \underline{10}$

$\underline{2} + \underline{8} = \underline{10}$

Ya que 10 es el total y una parte es 2, sé que la otra parte debe ser 8. Conozco a mis compañeros hasta 10, y puedo sumarlos en cualquier orden, $8 + 2$ o $2 + 8$.

Nombre ______________________ Fecha ____________

1. Utiliza la imagen para escribir un vínculo numérico. Después, escribe los enunciados numéricos correspondientes.

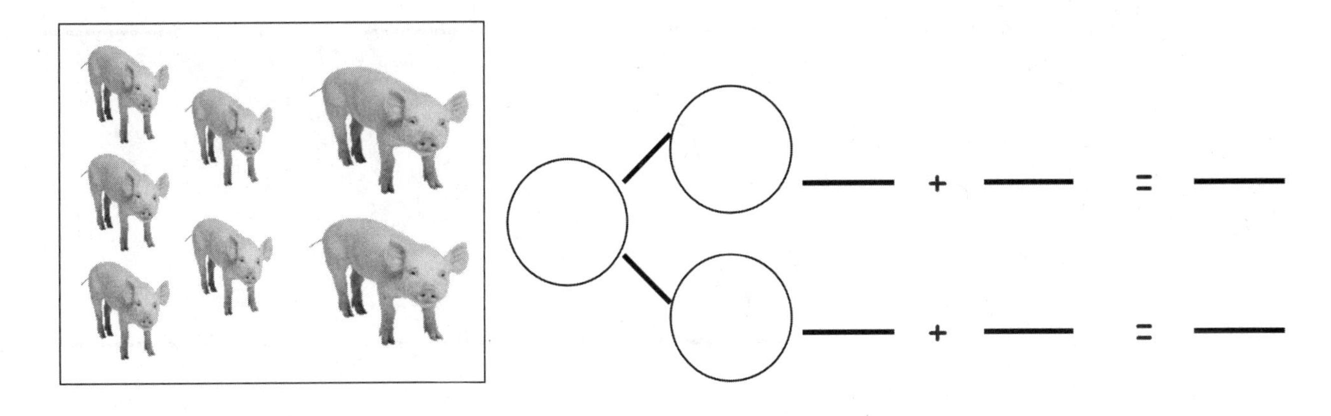

___ + ___ = ___

___ + ___ = ___

2. Escribe los enunciados numéricos de manera que correspondan con los vínculos numéricos.

a. 8, 5, 3

___ + ___ = ___

___ + ___ = ___

b. 8, 6, 2

___ = ___ + ___

___ = ___ + ___

c.

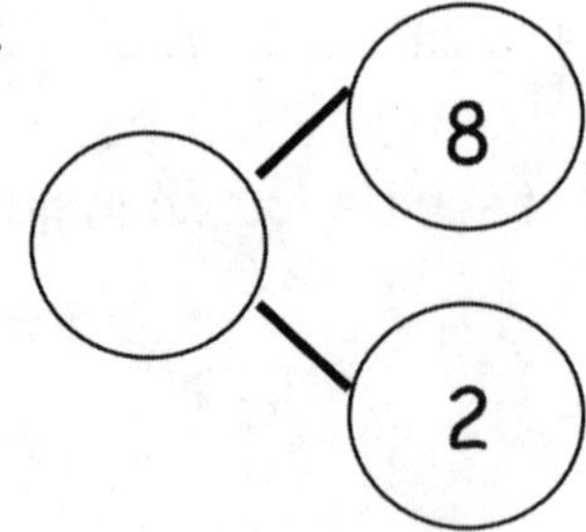


____ + ____ = ____

____ + ____ = ____

d.

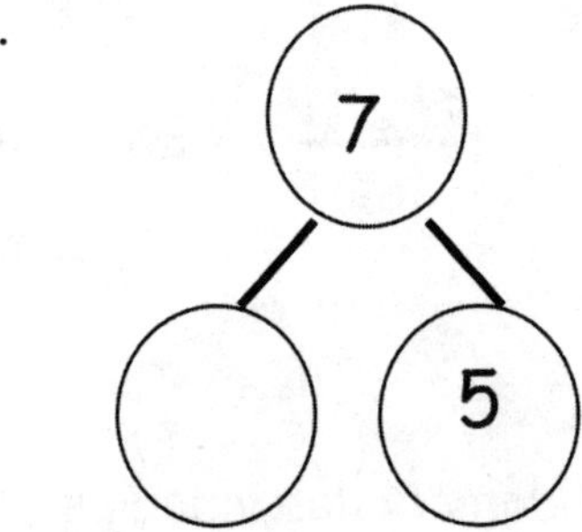


____ + ____ = ____

____ + ____ = ____

e.

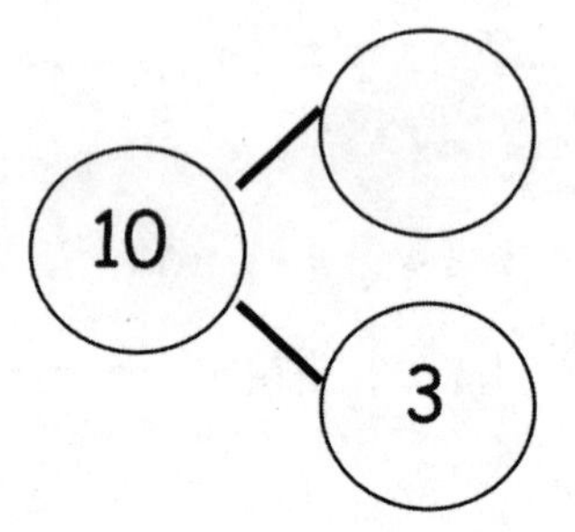


____ = ____ + ____

____ = ____ + ____

f.

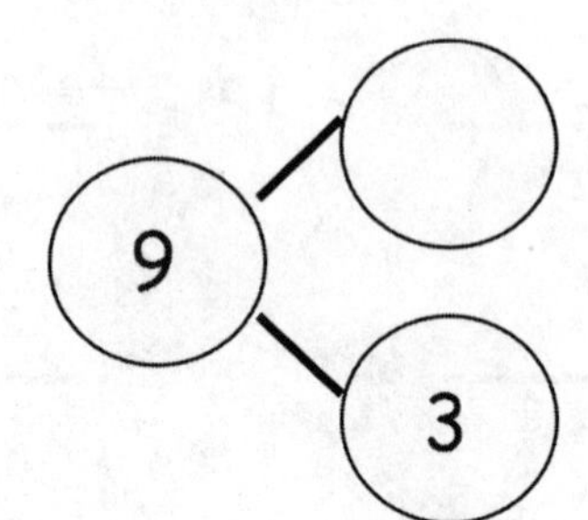


____ + ____ = ____

____ + ____ = ____

1. Colorea la parte más grande y completa el vínculo numérico. Escribe el enunciado numérico, comenzando con la parte más grande.

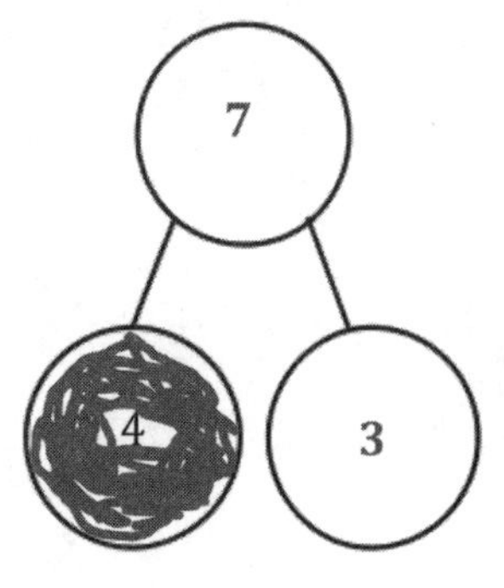


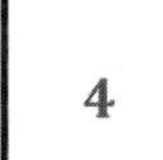

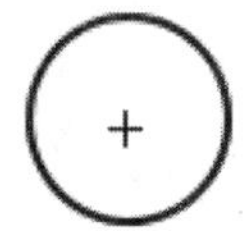

= 7

4 + 3 tiene el mismo resultado que 3 + 4. Para mí, es mucho más rápido seguir contando desde el sumando más grande: cuaaatro, cinco, seis, siete.

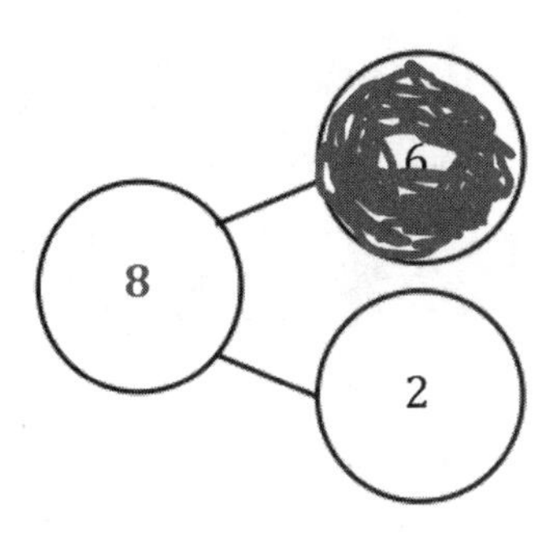


$\underline{6} + \underline{2} = \underline{8}$

Al comenzar con el sumando más grande, 6, no tengo que seguir contando tanto: ¡Seeeis, siete, ocho!

Nombre ______________________________ Fecha ______________

Colorea la parte más grande y completa el víncilo numérico.
Escribe el enunciado numérico comenzando con la parte mayor.

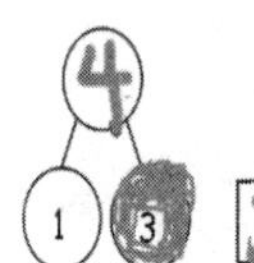


1.

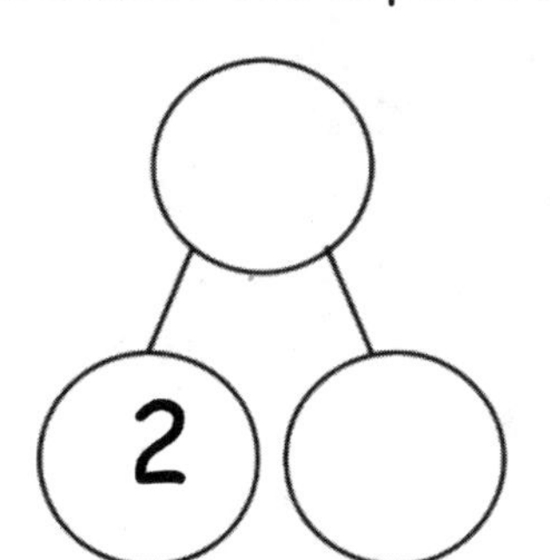


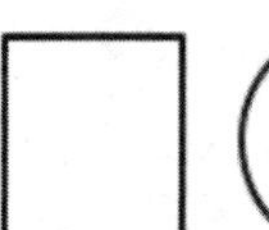
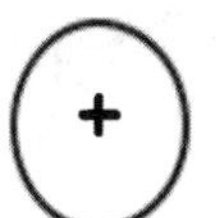
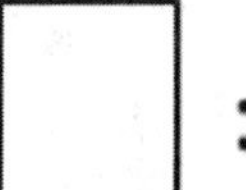

2.

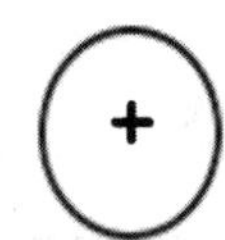
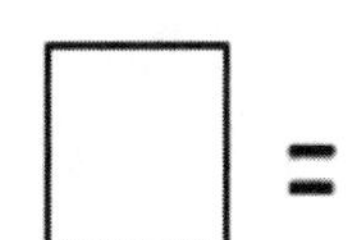
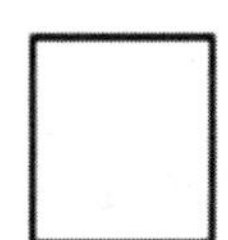

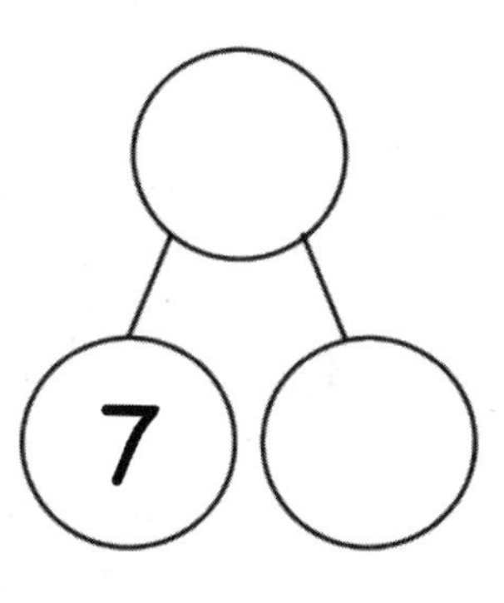


3.

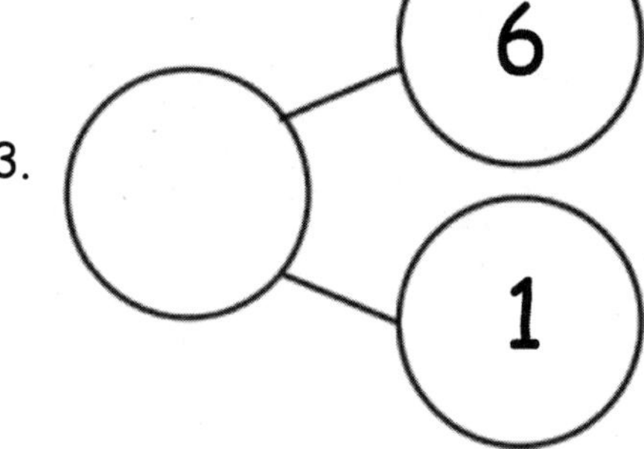


_________ + _________ = _________

4.

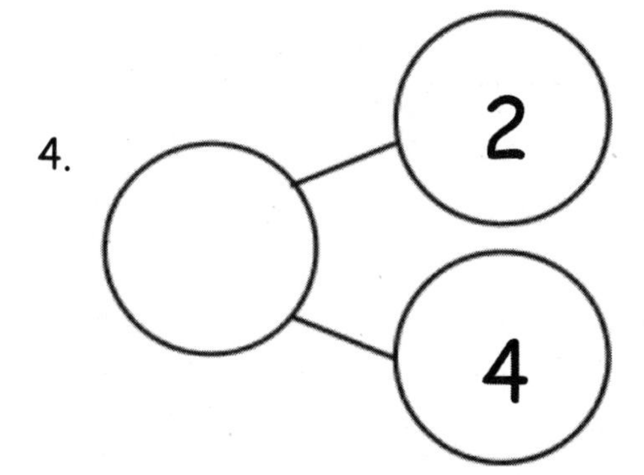


_________ + _________ = _________

5.

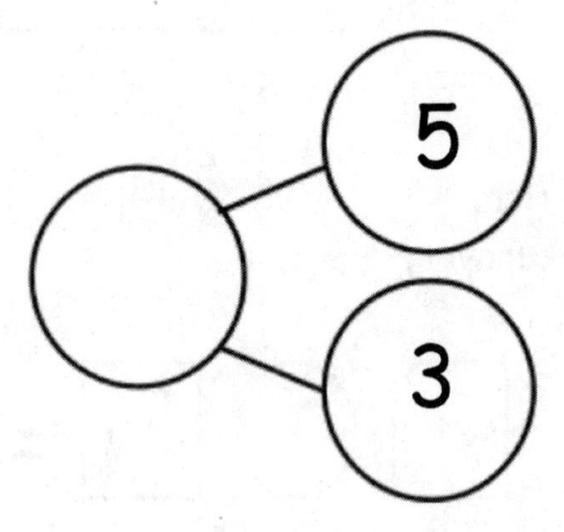


_______ + _______ = _______

6.

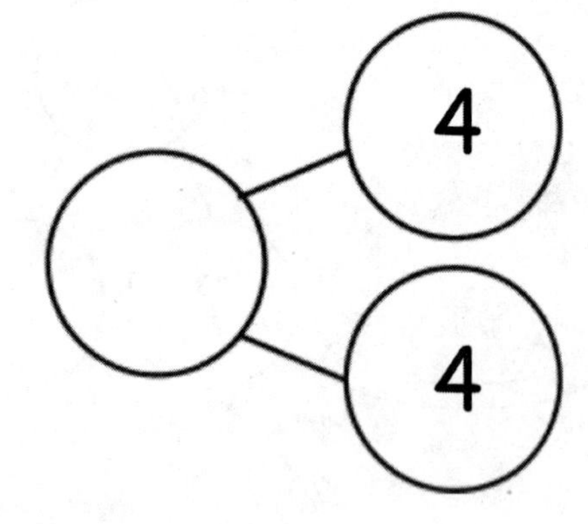


_______ + _______ = _______

7.

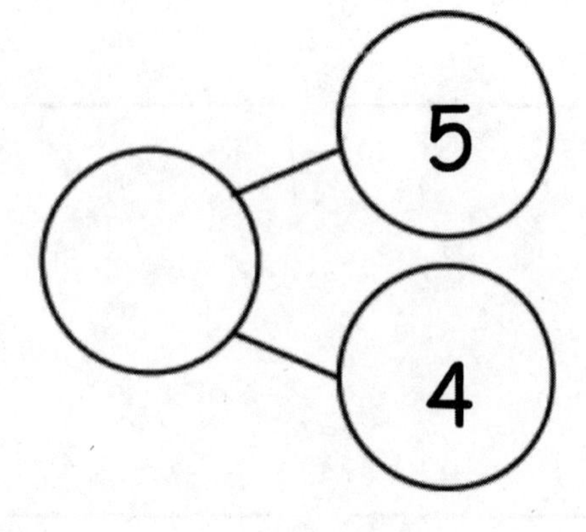


_______ + _______ = _______

1. Dibuja la tarjeta del grupo de 5 que muestra un número doble. Escribe el enunciado numérico que corresponde a la tarjeta.

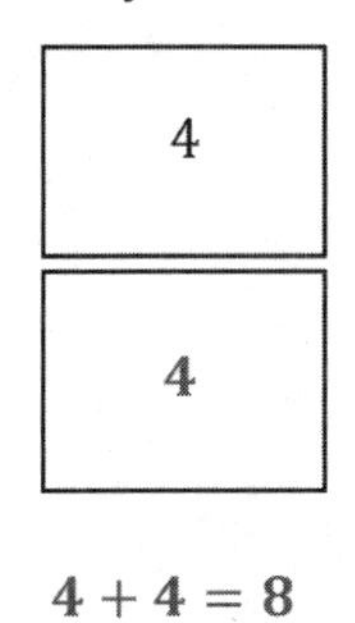


$4 + 4 = 8$

Puedo sumar el mismo número dos veces, como en $4 + 4 = 8$. Esto se llama suma de dobles. Puedo visualizar sumar dobles con los dedos en mi mente... 4 y 4 es 8.

2. Rellena la tarjeta del grupo de 5 de menor a mayor, duplica el número y escribe los enunciados numéricos.

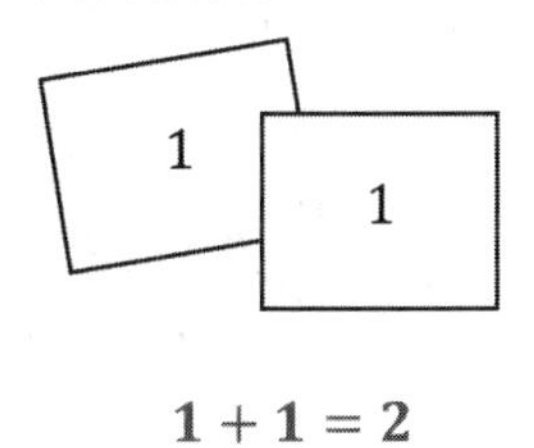


$1 + 1 = 2$

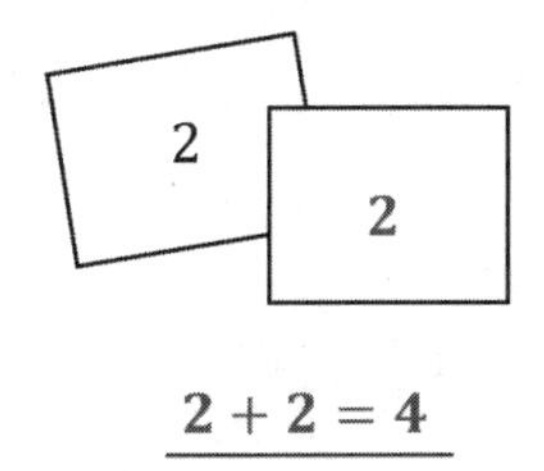


$2 + 2 = 4$

Sé cómo funciona la suma de dobles: $1 + 1 = 2$. $2 + 2 = 4$. El próximo sería $3 + 3 = 6$. Es como contar de 2 en 2: 2, 4, 6.

3. Combina las tarjetas superiores con las inferiores para mostrar los dobles más 1.

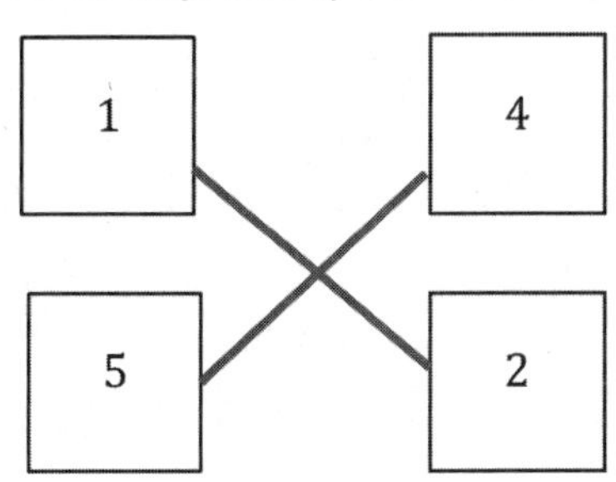


Como sé que $4 + 4 = 8$, entonces sé que los dobles más 1, $4 + 5 = 9$. Visualizar las tarjetas de grupos de 5 puede ayudarme a resolver. ¡La suma de dobles más 1 tiene apenas 1punto más!

4. Resuelve el enunciado numérico. Escribe la suma de dobles que te ayudó a resolver el doble más 1.

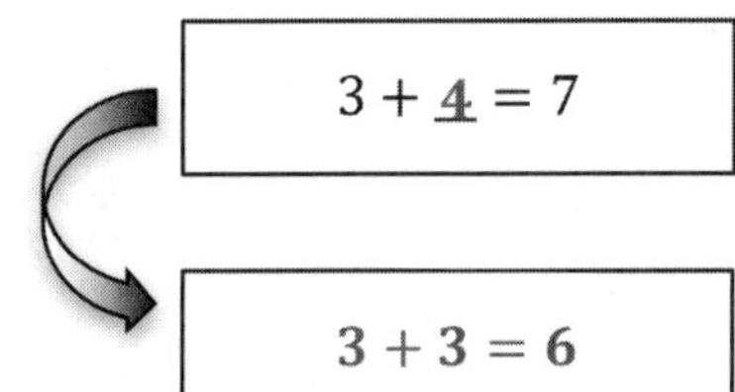


$3 + 4$ está relacionado con $3 + 3$ porque considera los dobles y suma 1 más. Hay una suma de dobles escondida dentro de $3 + 4$.

Nombre ______________________ Fecha __________

2
2
2+2=4

1. Dibuja la tarjeta de grupo de 5 para mostrar un doble. Escribe el enunciado numérico de manera que corresponda con las tarjetas.

a.

b.
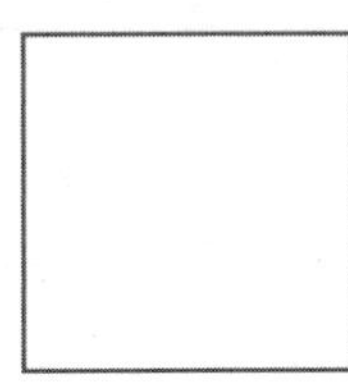


c.

____________ ____________ ____________

2. Completa las tarjetas de grupo de 5 en orden de menor a mayor, duplica el número y escribe los enunciados numéricos.

a.

b.
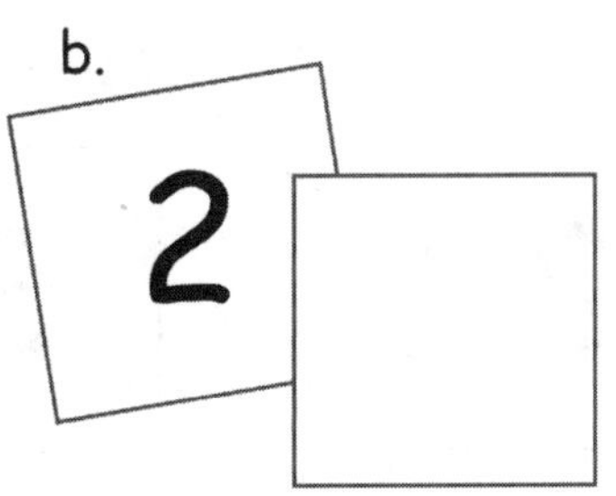


c.
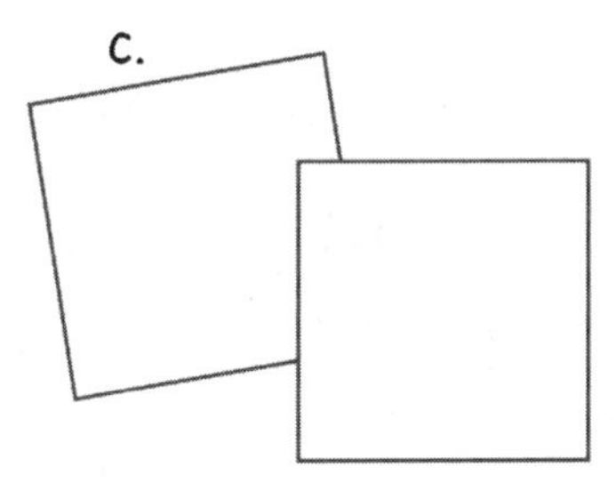

____________ ____________ ____________

d.

e.

____________ ____________

3. Resuelve los enunciados numéricos.

| a. 3 + 3 = ____ | b. 5 + ____ = 10 | c. 1 + ____ = 2 |
|---|---|---|
| d. 4 = ____ + 2 | e. 8 = 4 + ____ | |

4. Relaciona las tarjetas superiores con las inferiores para mostrar dobles más 1.

| a. | b. | c. | d. |
|---|---|---|---|
| 1 | 4 | 3 | 2 |
| 5 | 2 | 3 | 4 |

5. Resuelve los enunciados numéricos. Escribe la operación de dobles con la que resolviste los dobles más 1.

a.

2 + 3 = ____

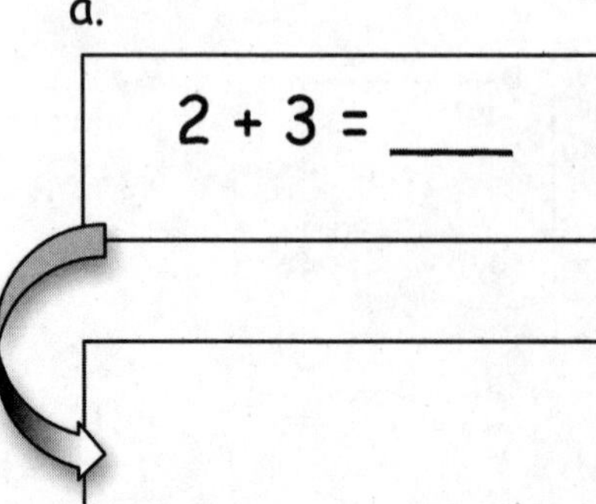

b.

3 + ____ = 7

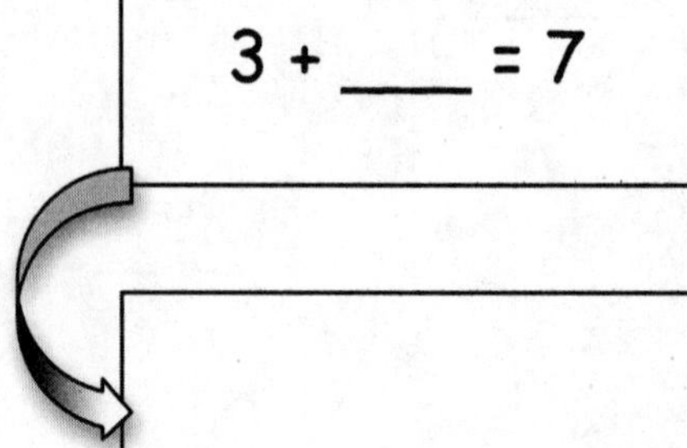

c.

4 + ____ = 9

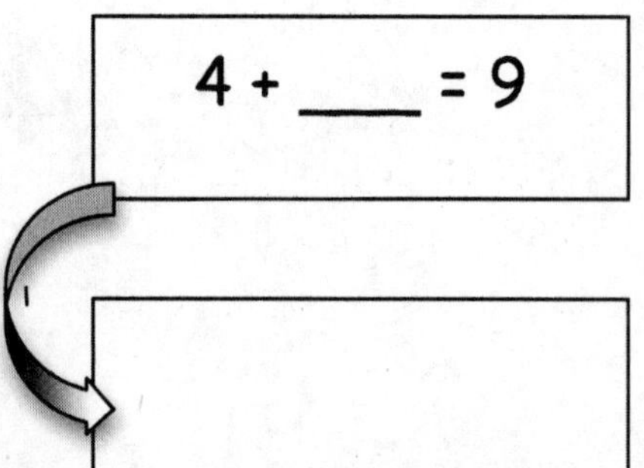

Resuelve los problemas sin contar. Pinta las cajas de acuerdo con la leyenda.

Paso 1: Colorea con azul (Az) los problemas con "+1" o "1+".
Paso 2: Colorea con verde (V) los restantes problemas con "+2" o "2+".
Paso 3: Colorea con amarillo (Am) los restantes problemas con "+3" o "3+".

| a. Az | b. Az | c. Am | d. Am |
|---|---|---|---|
| $8 + 1 = \underline{9}$ | $9 + \underline{1} = 10$ | $3 + 5 = \underline{8}$ | $5 + 3 = \underline{8}$ |
| e. V | f. Am | g. Az | h. V |
| $6 + \underline{2} = 8$ | $4 + \underline{3} = 7$ | $6 + 1 = \underline{7}$ | $\underline{2} + 8 = 10$ |

En las partes c y d, sucede lo mismo que cuando sumamos en un orden diferente. ¡El total es el mismo!

En las partes a y b, puedo sumar 1 cada vez y el total aumenta en 1. ¡Es solo el número que sigue al contar!

En las partes e y h, puedo pensar en seguir contando de 2 en 2 cada vez.

Nombre ______________________ Fecha ____________

Resuelve los problemas sin contarlo todo. Colorea los cuadros usando la clave.

Paso 1: Colorea de azul los problemas con "+ 1" o "1 +".

Paso 2: Colorea de verde los problemas restantes con "+ 2 " o "2 +".

Paso 3: Colorea de amarillo los problemas restantes con "+ 3" o "3 +".

| | | | |
|---|---|---|---|
| a. 7 + 1 = ____ | b. 8 + ____ = 9 | c. 3 + 1 = ____ | d. 5 + 3 = ____ |
| e. 5 + ____ = 7 | f. 4 + ____ = 7 | g. 6 + 3 = ____ | h. 8 + ____ = 10 |
| i. 2 + 1 = ____ | j. 1 + ____ = 2 | k. 1 + ____ = 4 | l. 6 + 2 = ____ |
| m. 3 + ____ = 6 | n. 6 + ____ = 7 | o. 3 + 2 = ____ | p. 5 + 1 = ____ |
| q. 2 + 2 = ____ | r. 4 + ____ = 6 | s. 4 + 1 = ____ | t. 7 + 2 = ____ |
| u. 2 + ____ = 3 | v. 9 + 1 = ____ | w. 7 + 3 = ____ | x. 1 + ____ = 3 |

Rellena la caja que falta y encuentra los totales de todas las expresiones. Usa como ayuda la tabla de adición que ya completaste.

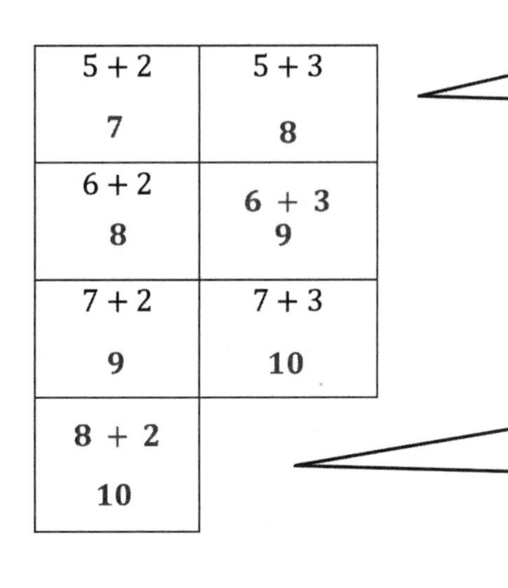

| | |
|---|---|
| $5 + 2$<br>7 | $5 + 3$<br>8 |
| $6 + 2$<br>8 | $6 + 3$<br>9 |
| $7 + 2$<br>9 | $7 + 3$<br>10 |
| $8 + 2$<br>10 | |

Veo cuáles expresiones son igual a 8. Siguen una línea diagonal. ¡Mira! ¡Los totales de 9 y 10 se comportan de la misma manera!

Sé que $8 + 2$ es la expresión que falta en esta columna porque son sumas $+ 2$. Cuando miro el primer sumando, noto que aumenta 1 cada vez: $5, 6, 7, \ldots$ ¡entonces 8 viene después!

| | | |
|---|---|---|
| $3 + 4$<br>7 | $3 + 5$<br>8 | $3 + 6$<br>9 |
| $4 + 4$<br>8 | $4 + 5$<br>9 | $4 + 6$<br>10 |
| $5 + 4$<br>9 | $5 + 5$<br>10 | |
| $6 + 4$<br>10 | | |

El total en la parte inferior de cada columna es 10. ¡Parece una escalera!

Sé que tengo que escribir $4 + 6$ en esta caja. En cada fila, el primer sumando se mantiene igual, mientras que el segundo sumando aumenta en 1, es decir, $4 + 4, 4 + 5, 4 + 6$. Los totales aumentan en 1, también: $8, 9, 10$.

Nombre ______________________ Fecha ____________

Completa las casillas vacías y encuentra los totales de todas las expresiones. Usa tu tabla terminada de sumar como apoyo.

1.

| | |
|---|---|
| 1 + 2 | 1 + 3 |
| 2 + 2 | |
| 3 + 2 | 3 + 3 |

2.

| | |
|---|---|
| 6 + 1 | 6 + 2 |
| 7 + 1 | |
| | 8 + 2 |
| 9 + 1 | |

3.

| | | |
|---|---|---|
| 4 + 4 | 4 + 5 | |
| 5 + 4 | | |
| 6 + 4 | | |

4.

| | | |
|---|---|---|
| 2 + 4 | | 2 + 6 |
| | 3 + 5 | |

1. Resuelve y ordena los enunciados numéricos. Un enunciado numérico puede ir en más de un lugar cuando los ordenas.

| | | |
|---|---|---|
| $5 + 1 = \underline{6}$ | $5 + 2 = \underline{7}$ | $2 + 3 = \underline{5}$ |
| $3 + 3 = \underline{6}$ | $10 = 1 + \underline{9}$ | $\underline{9} = 5 + 4$ |

| Dobles | Dobles +1 | +1 | +2 | Grupos de 5 visualizados mentalmente |
|---|---|---|---|---|
| $3 + 3 = 6$ | $2 + 3 = 5$ | $5 + 1 = 6$ | $5 + 2 = 7$ | $5 + 1 = 6$ |
| $4 + 4 = 8$ | $9 = 5 + 4$ | $10 = 1 + 9$ | $8 + 2 = 10$ | $5 + 2 = 7$ |
| | $3 + 4 = 7$ | | | $9 = 5 + 4$ |
| | | | | |
| | | | | |

Puedo ver la tarjeta del grupo de 5. Veo una fila de 5 puntos arriba y 4 puntos abajo.

!Observa la suma de dobles +1! Puedo ordenarlos a medida que aumentan: $2 + 3, 3 + 4, 4 + 5$. Los totales aumentan en 2 cada vez: 5, 7, 9.

2. Escribe tus propios enunciados numéricos y luego, agrégalos a la tabla.

| | | |
|---|---|---|
| $4 + 4 = 8$ | $8 + 2 = 10$ | $3 + 4 = 7$ |

$3 + 3$ y $4 + 4$ son sumas relacionadas. $4 + 4$ es la siguiente suma de dobles.

$3 + 4$ es una suma de dobles +1. La suma de dobles es $3 + 3 = 6$. 4 es 1 más que 3, de manera que sé que $3 + 4 = 7$.

Nombre ______________________________ Fecha ______________

Resuelve y ordena los enunciados numéricos. Un enunciado numérico puede ir en más de un lugar, cuando se ordena.

| | | |
|---|---|---|
| 5 + 1 = ______ | 6 + 2 = ______ | 2 + 3 = ______ |
| 3 + 3 = ______ | 7 + 1 = ______ | 2 + 2 = ______ |
| ______ = 4 + 4 | 8 + 2 = ______ | 3 + 4 = ______ |
| ______ = 5 + 4 | 10 = 1 + ______ | ______ = 5 + 2 |

| Dobles | Dobles +1 | +1 | +2 | Mentalmente visualiza grupos de 5 |
|---|---|---|---|---|
| | | | | |
| | | | | |
| | | | | |
| | | | | |
| | | | | |
| | | | | |

Escribe tus propios enunciados numéricos y añádelos a la tabla.

Resuelve y practica las operaciones mateméticas.

| | | | | | | | | | |
|---|---|---|---|---|---|---|---|---|---|
| 1 + 0 | 1 + 1 | 1 + 2 | 1 + 3 | 1 + 4 | 1 + 5 | 1 + 6 | 1 + 7 | 1 + 8 | 1 + 9 |
| 2 + 0 | 2 + 1 | 2 + 2 | 2 + 3 | 2 + 4 | 2 + 5 | 2 + 6 | 2 + 7 | 2 + 8 | |
| 3 + 0 | 3 + 1 | 3 + 2 | 3 + 3 | 3 + 4 | 3 + 5 | 3 + 6 | 3 + 7 | | |
| 4 + 0 | 4 + 1 | 4 + 2 | 4 + 3 | 4+ 4 | 4 + 5 | 4 + 6 | | | |
| 5 + 0 | 5 + 1 | 5 + 2 | 5 + 3 | 5 + 4 | 5 + 5 | | | | |
| 6 + 0 | 6 + 1 | 6 + 2 | 6 + 3 | 6 + 4 | | | | | |
| 7 + 0 | 7 + 1 | 7 + 2 | 7 + 3 | | | | | | |
| 8 + 0 | 8 + 1 | 8 + 2 | | | | | | | |
| 9 + 0 | 9 + 1 | | | | | | | | |
| 10 + 0 | | | | | | | | | |



EUREKA MATH

1. Descompón el total en partes. Escribe un vínculo numérico y los enunciados numéricos de suma y resta que correspondan al cuento.

   Jane pescó 9 peces. Pescó 7 peces antes del almuerzo. ¿Cuántos peces pescó después del almuerzo?

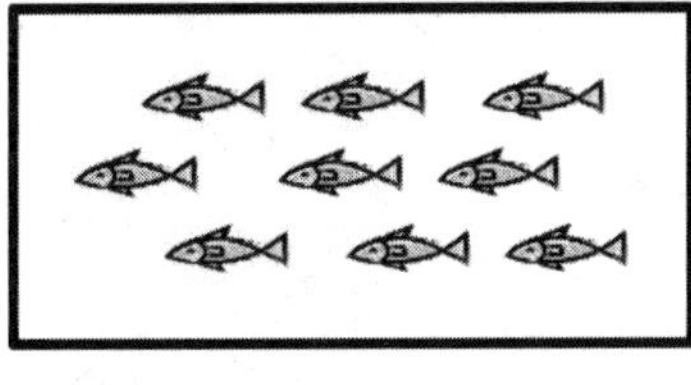

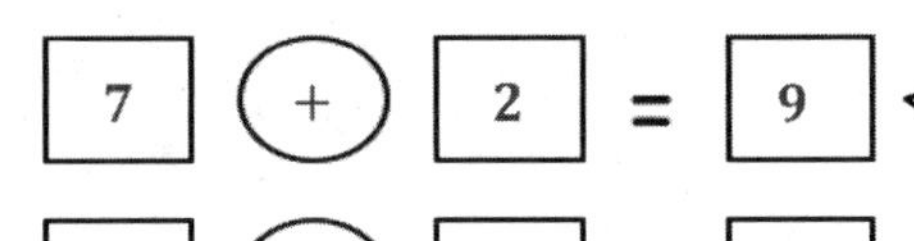


Puedo seguir contando o usar un enunciado de adición para resolver. ¡Sieeete, ocho, nueve!

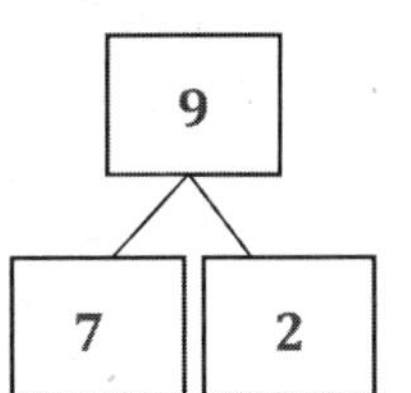


Jane pescó __2__ peces después del almuerzo.

Como sé cuál es el entero y una de las partes, puedo usar la resta para encontrar la otra parte.

2. Haz un dibujo para resolver el cuento matemático.

   Jenna tenía 3 fresas. Sanjay le dio más fresas. Ahora, Jenna tiene 8 fresas. ¿Cuántas fresas le dio Sanjay?

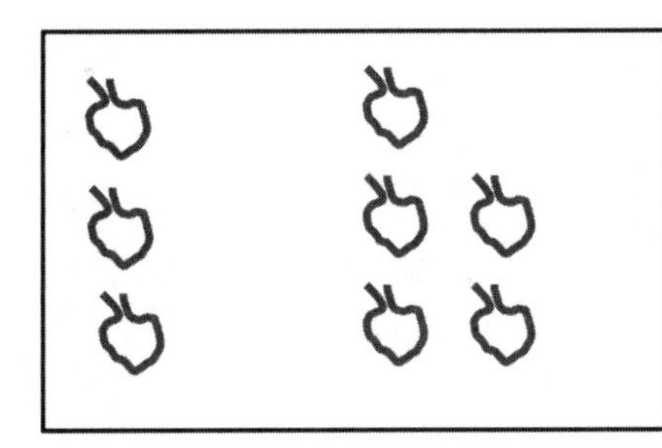

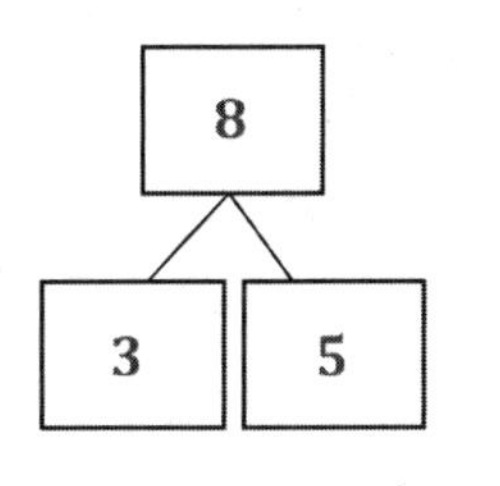


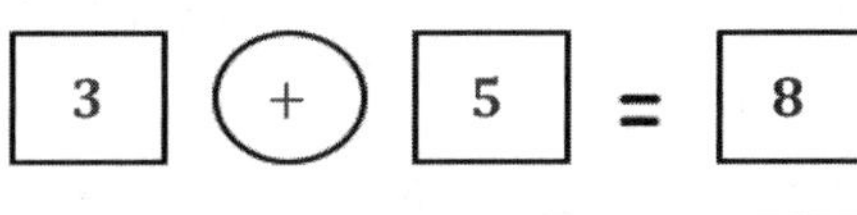


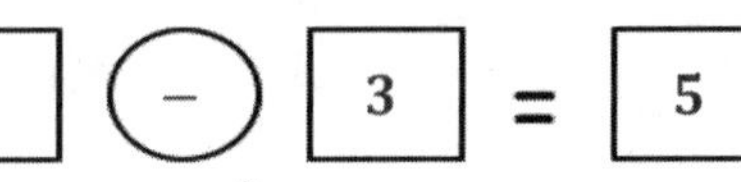


Sanjay le dio __5__ fresas.

8 representa el número total de fresas que tiene Jenna. 3 representa las fresas que Jenna tenía inicialmente. Sé cuál es el total y una parte. Necesito encontrar la otra parte.

¡Mis dos enunciados numéricos corresponden con mi vínculo numérico! Tanto la suma como la resta tienen partes y un entero.

Nombre ______________________________ Fecha ______________

Separa el total en partes. Escribe un vínculo numérico y enunciados numéricos de suma y resta que coincidan con el relato.

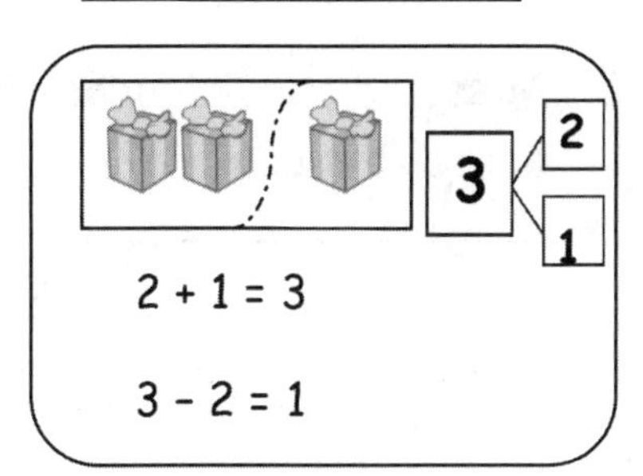


1. Seis flores florecieron el lunes. Algunas más el martes. Ahora, hay 8 flores. ¿Cuántas flores florecieron el martes?

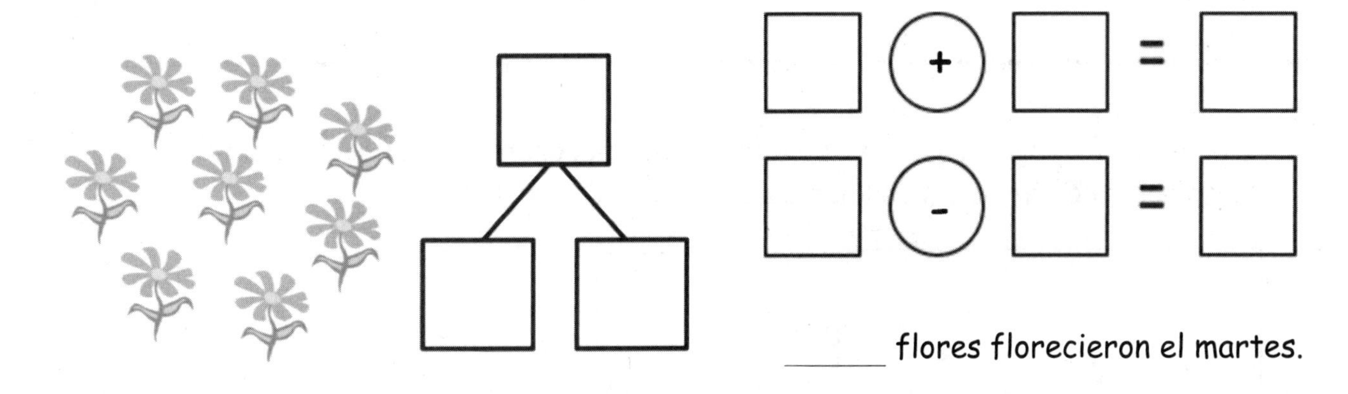


_____ flores florecieron el martes.

---

2. Abajo están todos los globos que mamá compró. Ella compró 4 globos para Bella y el resto de los globos para Jim. ¿Cuántos globos compró para Jim?

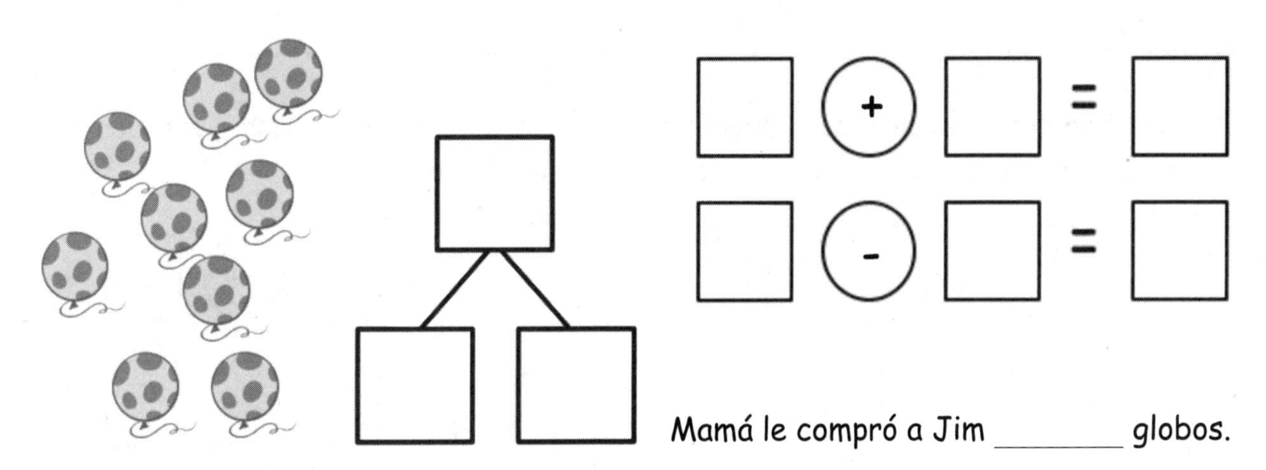


Mamá le compró a Jim _______ globos.

Dibuja una imagen para resolver el relato matemático.

3. Missy compró algunos pastelillos y 2 galletas. Ahora tiene 6 postres. ¿Cuántos pastelitos compró?

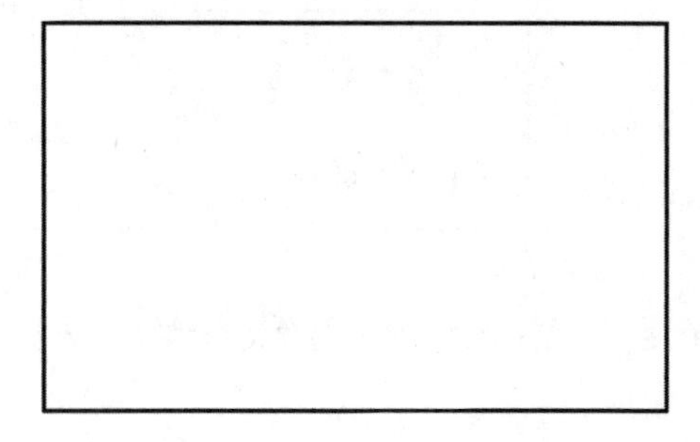

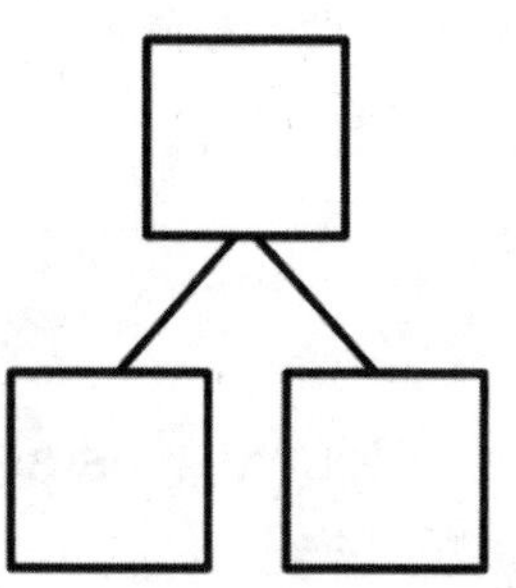

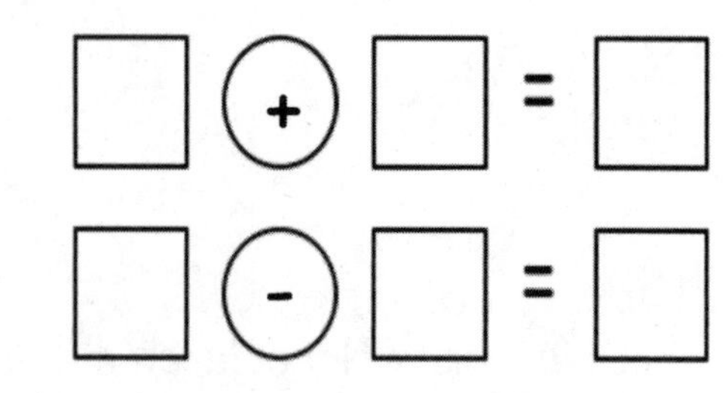

Missy compró _______ pastelillos.

4. Jim invitó 9 amigos a su fiesta. Tres amigos llegaron tarde, pero el resto llegaron temprano. ¿Cuántos amigos llegaron temprano?

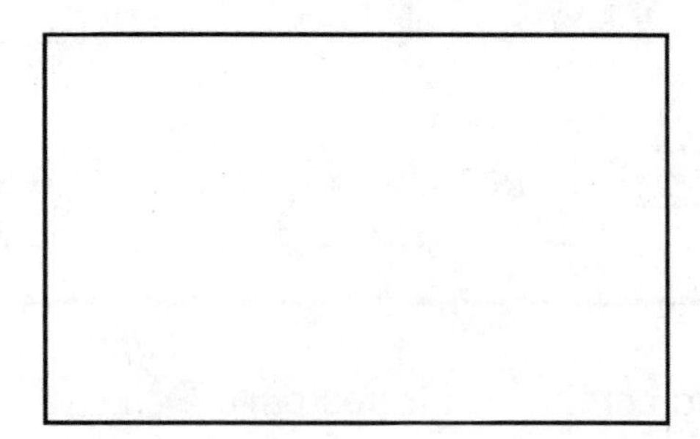

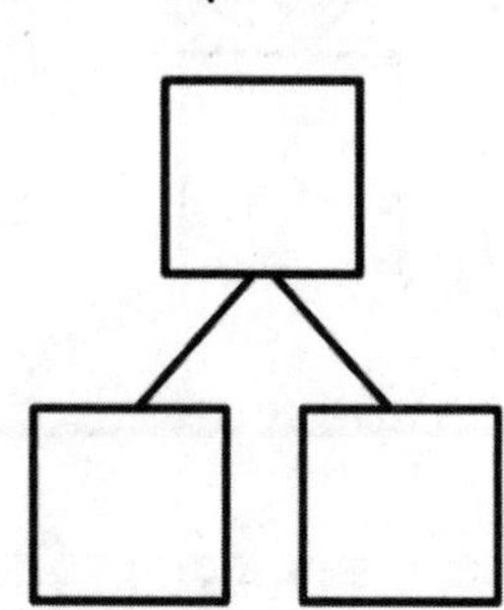

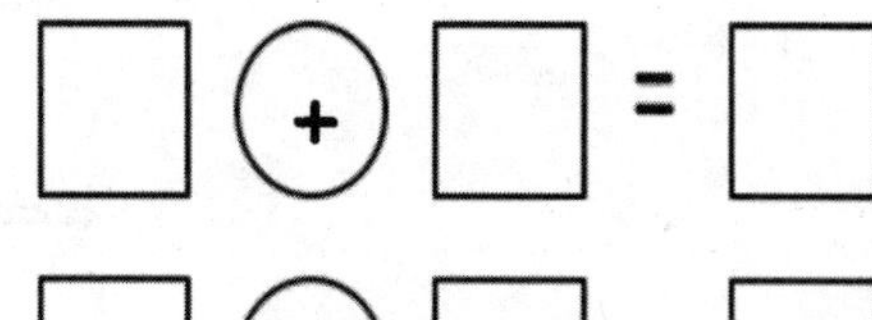

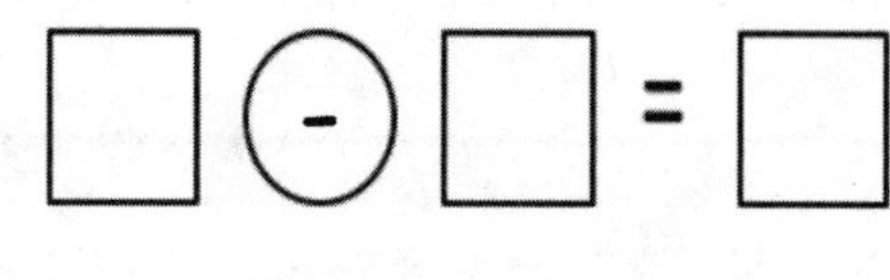

_______ amigos llegaron temprano.

5. Mamá se pinta las uñas de ambas manos. Primero, se pinta 2 rojas. Después, se pinta el resto de color rosa. ¿Cuántas uñas son de color rosa?

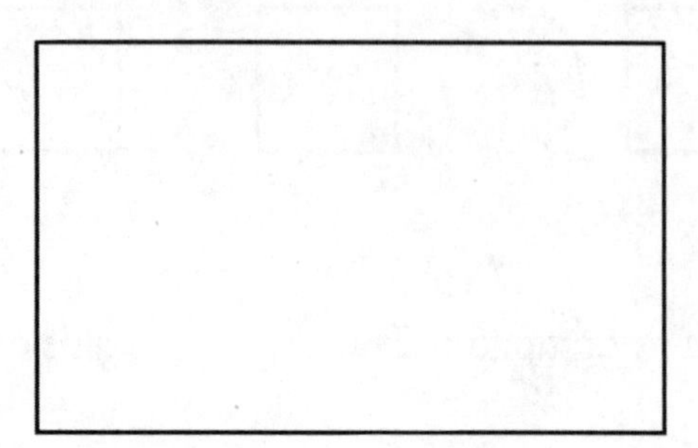

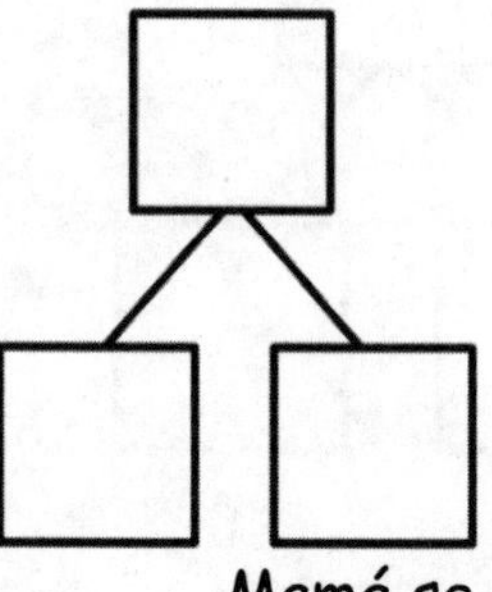

+ = 

− = 

Mamá se pintó _______ uñas de color rosa.

1. Utiliza la sucesión numérica para resolver.

Para resolver 7 – 5, puedo pensar que "5 más algo es igual a 7." Puedo empezar en 5 y contar hasta llegar a 7. Deben darse 2 saltos para llegar a 7, de manera que 7 – 5 = 2. Es lo mismo que pensar 5 + 2 = 7.

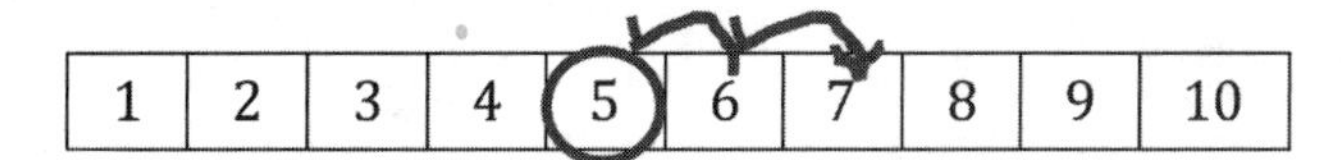


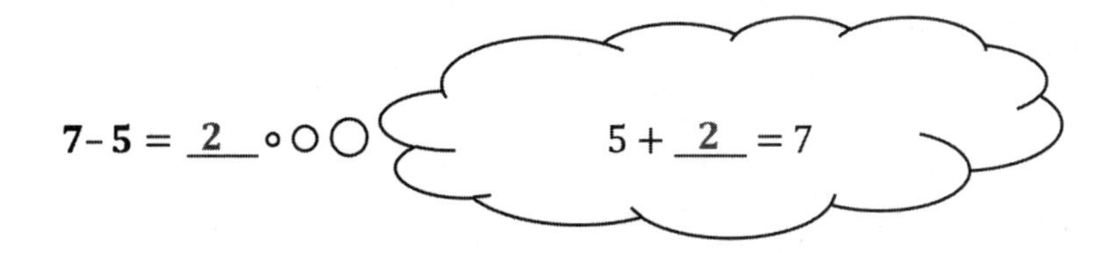


2. Utiliza la sucesión numérica como ayuda para resolver.

| 1 | 2 | 3 | 4 | 5 | 6 | 7 | 8 | 9 | 10 |
|---|---|---|---|---|---|---|---|---|---|

9 – 6 = 3

6 + 3 = 9

Ahora que he practicado, no es necesario que marque con un círculo el número en la sucesión numérica ni que dibuje flechas. Simplemente puedo señalar con mi lápiz e imaginar los saltos. Para resolver 9 – 6, comenzaré en 6 y contaré hasta llegar a 9. Es como resolver problemas con sumandos faltantes.

6 + 3 = 9, entonces 9 – 6 = 3.

Nombre ______________________ Fecha ____________

Usa la recta numérica para resolver los problemas.

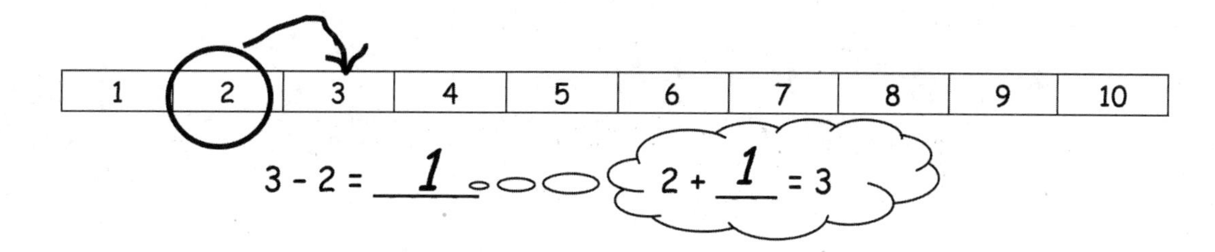


1.

| 1 | 2 | 3 | 4 | 5 | 6 | 7 | 8 | 9 | 10 |
|---|---|---|---|---|---|---|---|---|---|

5 - 3 = ______ 3 + ____ = 5

2.

| 1 | 2 | 3 | 4 | 5 | 6 | 7 | 8 | 9 | 10 |
|---|---|---|---|---|---|---|---|---|---|

a. 8 - 6 = ______ 6 + ______ = 8

b. 7 - 4 = ______ 4 + ______ = 7

c. 8 - 2 = ______ ________________

d. 9 - 6 = ______ ________________

Usa la recta numérica para resolver los problemas. Relaciónalos con el enunciado de suma que te puede ayudar.

| 1 | 2 | 3 | 4 | 5 | 6 | 7 | 8 | 9 | 10 |
|---|---|---|---|---|---|---|---|---|---|

3. a. 6 - 4 = ______    | 6 + 4 = 10 |

   b. 9 - 5 = ______    | 10 = 7 + 3 |

   c. 10 - 6 = ______    | 4 + 5 = 9 |

   d. 10 - 7 = ______    | 6 = 4 + 2 |

4. Escribe un enunciado numérico de suma y resta para el vínculo numérico. Puedes usar la recta numérica para resolver los problemas.

| 1 | 2 | 3 | 4 | 5 | 6 | 7 | 8 | 9 | 10 |
|---|---|---|---|---|---|---|---|---|---|

a.
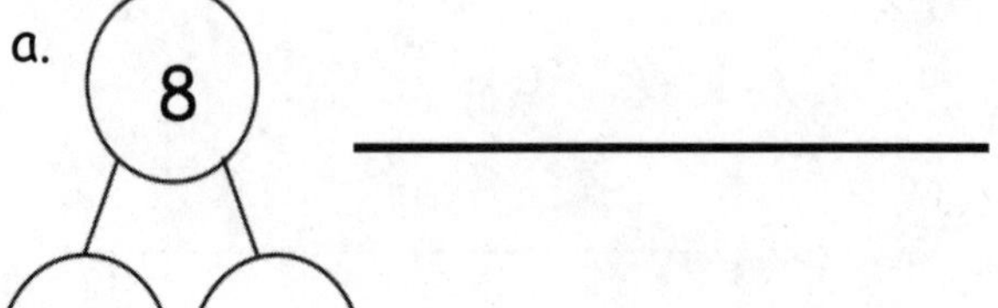


______________________

______________________

b.
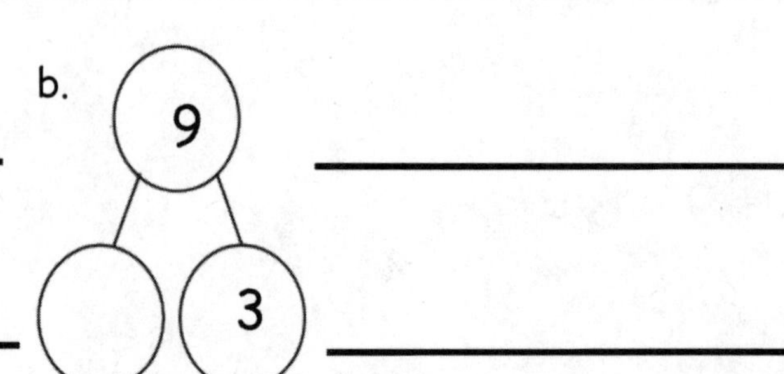


______________________

______________________

1. Utiliza la sucesión numérica para completar el vínculo numérico, y luego, escribe un enunciado de suma y otro de resta que correspondan.

| 1 | 2 | 3 | 4 | 5 | 6 | 7 | 8 | 9 | 10 |
|---|---|---|---|---|---|---|---|---|---|

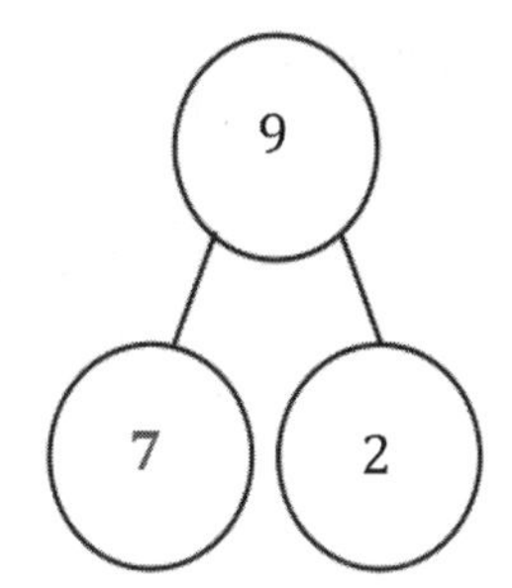


$9 - 2 = 7$

$2 + 7 = 9$

Puedo contar hacia atrás desde 9 usando 2 saltos. Llegaré a 7. Esto significa que 7 es la parte que falta en el vínculo numérico. $9 - 2 = 7$ y $2 + 7 = 9$.

2. Resuelve los enunciados numéricos. Elige la mejor manera de resolver. Marca la caja.

| |  Cuenta hasta |  Cuenta hacia atrás |
|---|---|---|
| a. $9 - 1 = $ 8 |  | X |
| b. $8 - 7 = $ 1 | X |  |

Para $9 - 1$, es más rápido contar hacia atrás porque solo necesito dar un salto hacia atrás. $9 - 1 = 8$.

Sin embargo, 8 y 7 están muy cerca, de manera que es más rápido seguir contando desde 7. $7 + 1 = 8$, de manera que solo necesito dar 1 salto hacia adelante.

3. Resuelve el enunciado numérico. Elige la mejor manera de resolver. Utiliza la sucesión numérica para mostrar el motivo.

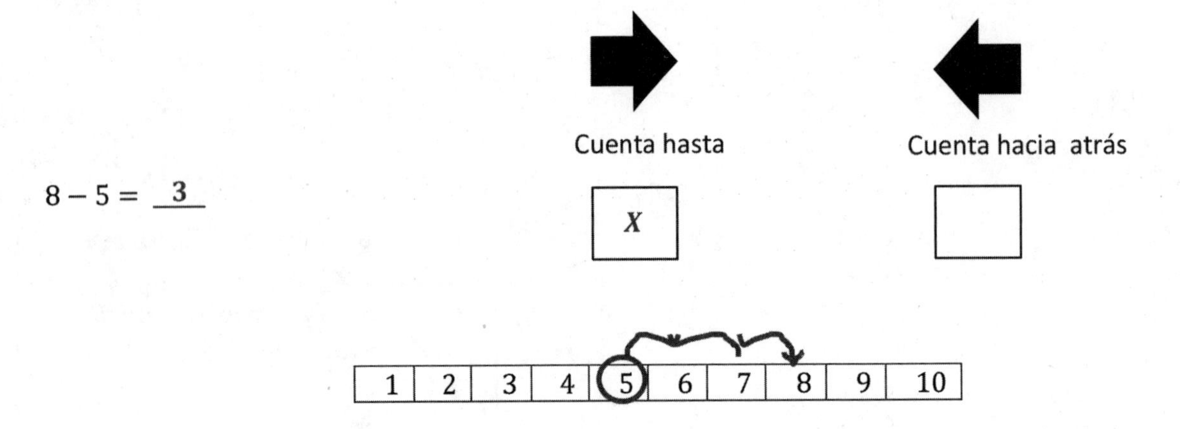


Conté *hacia adelate* porque necesitaba menos saltos.

Los números 8 y 5 están muy cerca. Es más rápido contar hacia adelante cuando los números están cerca. Empezaré a contar desde 3 y contaré 5 saltos para llegar a 8.

4. Haz un dibujo matemático o escribe un enunciado numérico para mostrar por qué motivo es mejor hacerlo así.

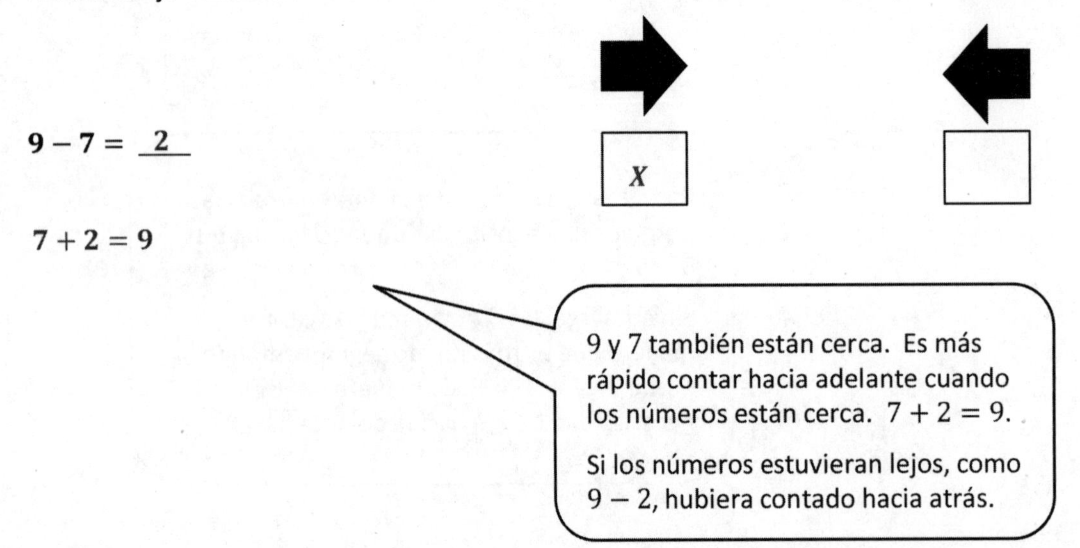

Nombre ______________________ Fecha ____________

Usa la recta numérica para completar el vínculo numérico y escribe un enunciado de suma y uno de resta que sean correspondientes.

1.

*Ruta numérica*

| 1 | 2 | 3 | 4 | 5 | 6 | 7 | 8 | 9 | 10 |
|---|---|---|---|---|---|---|---|---|---|

a.

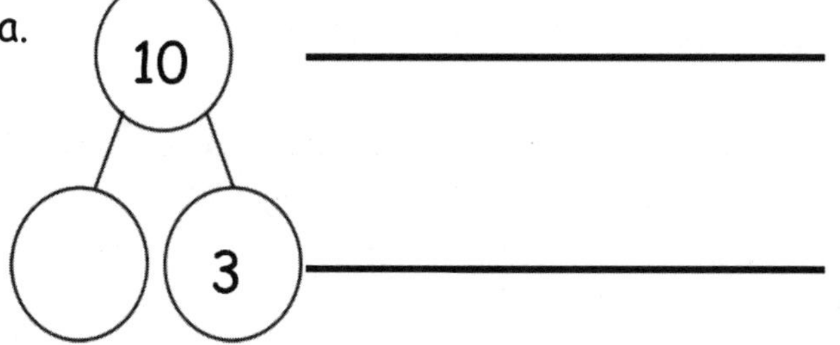


b.

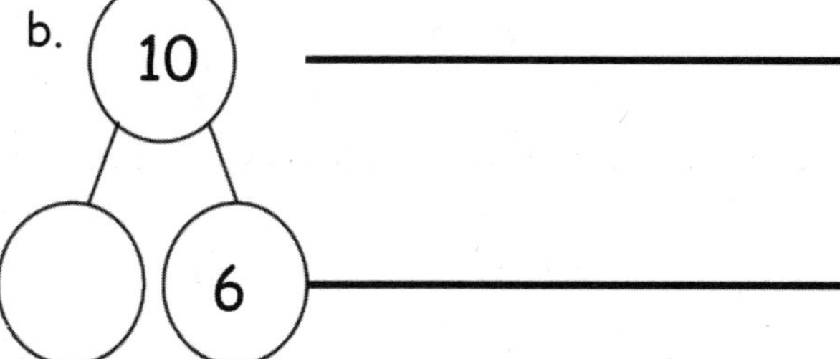


2. Resuelve los enunciados numéricos. Selecciona la mejor forma para resolverlos. Marca el recuadro.

Cuenta hacia adelante

Cuenta hacia atrás

| | Cuenta hacia adelante | Cuenta hacia atrás |
|---|---|---|
| a. 9 - 7 = ______ | ☐ | ☐ |
| b. 8 - 2 = ______ | ☐ | ☐ |
| c. 7 - 5 = ______ | ☐ | ☐ |

3. Resuelve el enunciado numérico. Selecciona la mejor forma para resolverlos. Usa la recta numérica para mostrar por qué.

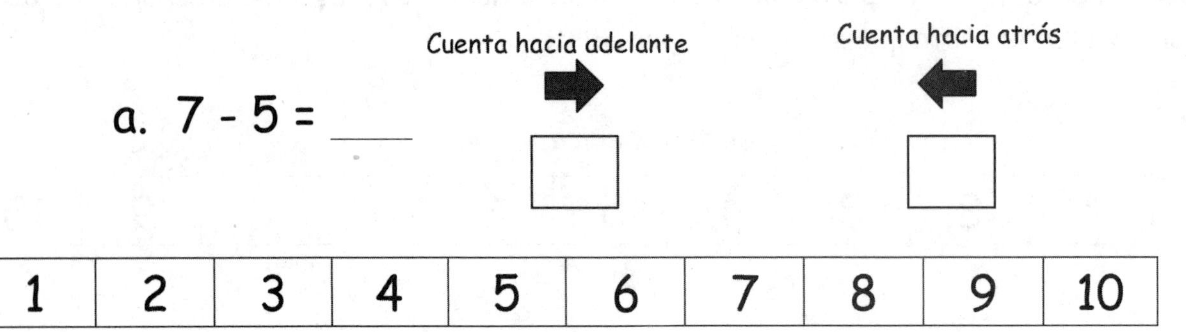


Conté ____________ porque se necesitaban menos saltos.

---

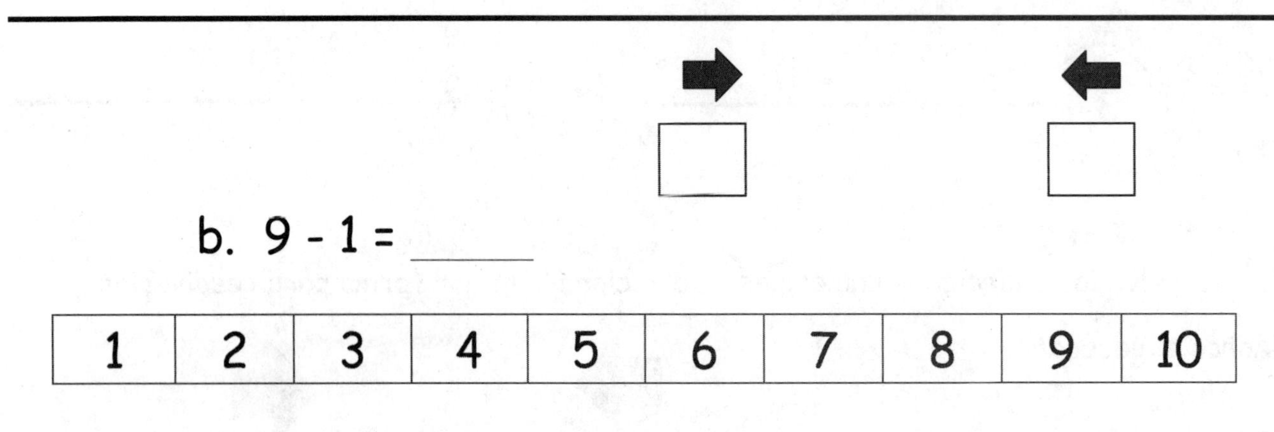


Conté ____________ porque se necesitaban menos saltos.

---

c. 10 - 8 = ______

Haz un dibujo matemático o escribe un enunciado numérico para mostrar por qué esto es mejor.

Lee el cuento. Haz un dibujo matemático para resolver.

Bob compra 9 carros de juguete nuevos. Saca 2 de la bolsa. ¿Cuántos carros de juguete quedan en la bolsa todavía?

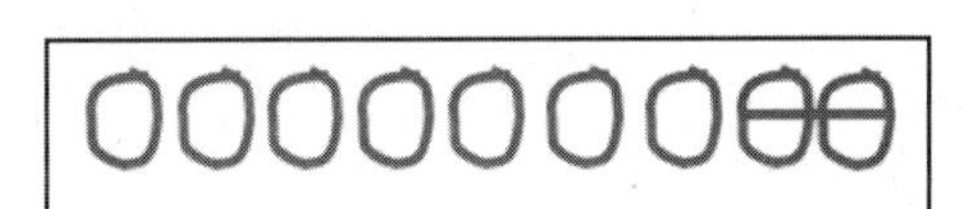

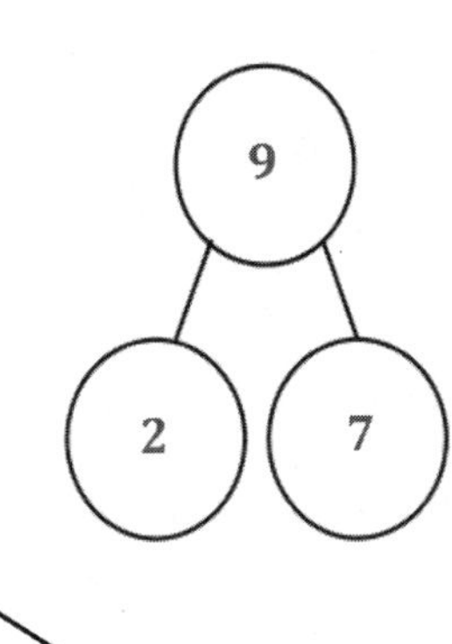


9 - 2 = 7

7 carros de juguete están en la bolsa todavía.

Puedo dibujar 9 círculos por los 9 carros de juguete. Luego, puedo tachar 2 porque Bob sacó 2 carros de la bolsa. Quedan 7 círculos. Esos son los 7 carros de juguete que todavía están en la bolsa.

En el vínculo numérico, puedo mostrar que 9 es el número total de carros. La parte que sacó es 2. La parte que todavía está es 7.

$9 - 2 = 7$.

Nombre ______________________ Fecha ____________

Lee la historia. Realiza un dibujo matemático para resolverlo.

Ejemplo: 3-2=1

1. Se dejaron 6 perros calientes en la parrilla. Se quitaron dos que ya estaba cocidos. ¿Cuántos perros calientes permanecen en la parrilla?

6

6 - ____ = ____

Quedan ____ perros calientes en la parrilla.

2. Bob compra 8 coches nuevos de juguete. Él toma 3 de la bolsa. ¿Cuántos coches aún se encuentran en la bolsa?

____ - ____ = ____

Quedan ____ coches todavía en la bolsa.

3. Kira ve 7 pájaros en el árbol. Tres pájaros volaron lejos. ¿Cuántos pájaros se encuentran todavía en el árbol?

____ - ____ = ____

____ aves están todavía en el árbol.

4. Brad tiene 9 amigos en una fiesta. Seis de sus amigos los recogieron. ¿Cuántos amigos se encuentran todavía en la fiesta?

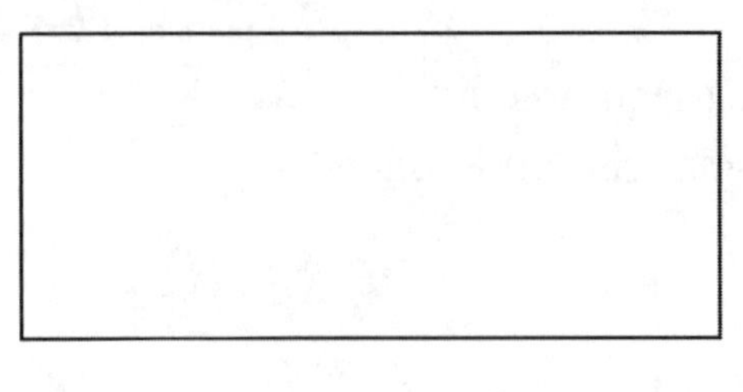

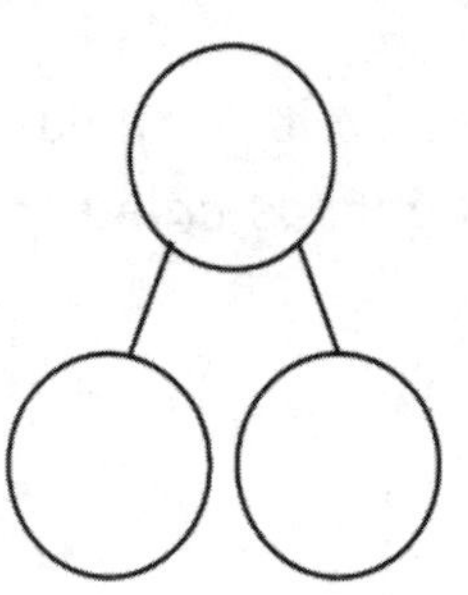

____ - ____ = ____

____ amigos todavía están en la fiesta.

5. Jordan estaba jugando con 10 coches. Le dio 7 a Kate. ¿Con cuántos coches Jordán está jugando ahora?

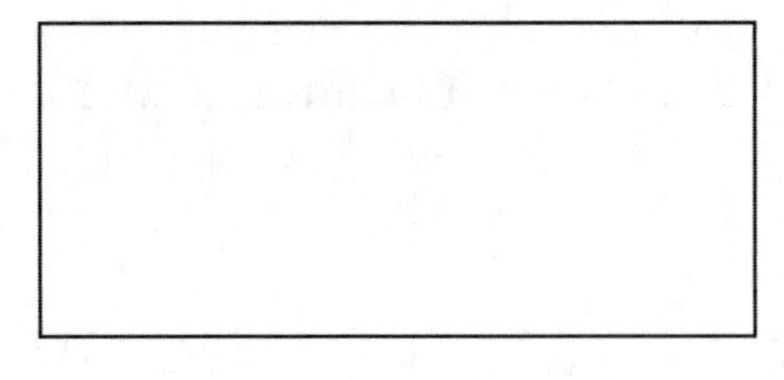

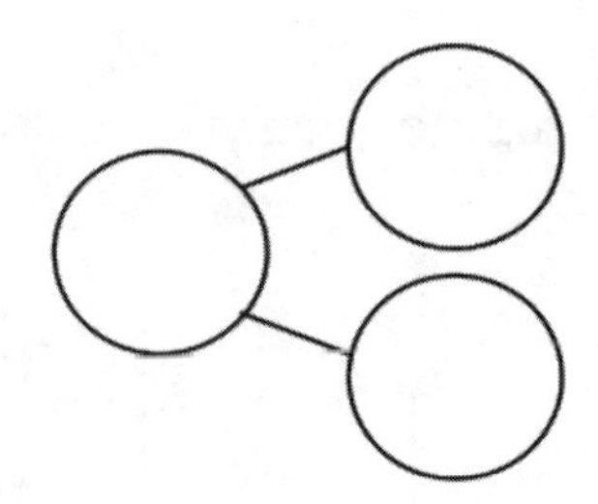

____ - ____ = ____

Jordan está jugando con ____ coches ahorita.

6. Tony toma 4 libros de la estantería. Había 10 libros en el estante al inicio. ¿Cuántos libros hay en el estante ahora?

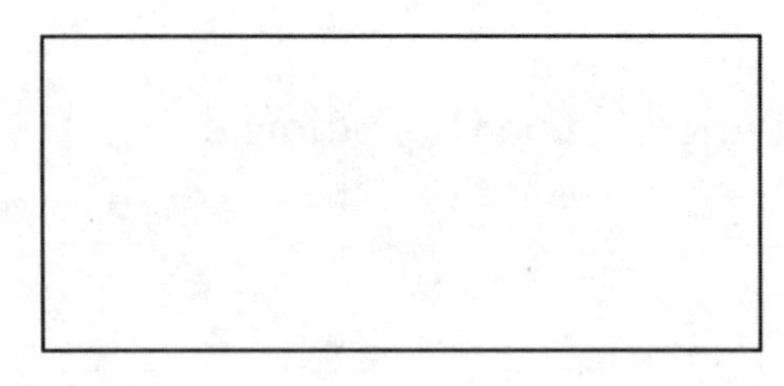

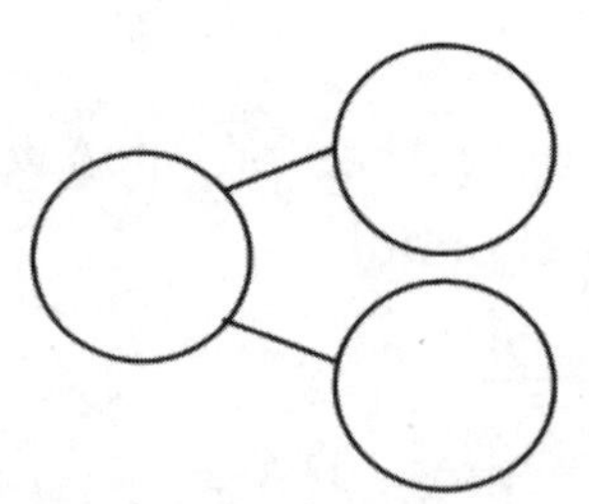

____ - ____ = ____

____ libros están en el estante ahora.

Lee los cuentos matemáticos. Haz dibujos matemáticos para resolver.

Tom tiene una caja de 8 crayones. 3 crayones son rojos. ¿Cuántos crayones no son rojos?

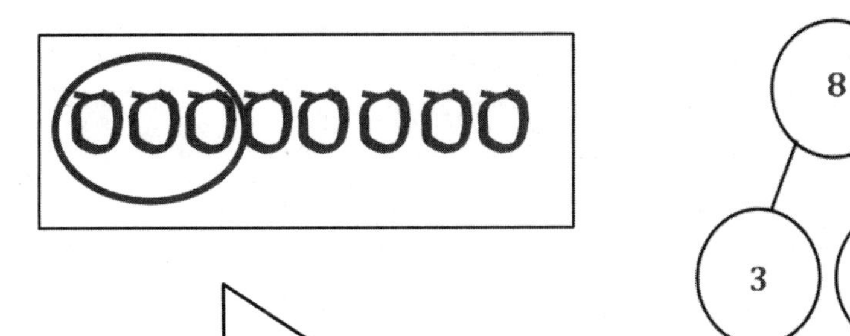

8 - 3 = 5

5 crayones no son rojos.

Puedo dibujar 8 círculos por los 8 crayones. Puedo hacer un círculo alrededor de los 3 crayones que son rojos. Así, quedan 5 crayones que no son rojos.

En el vínculo numérico, puedo mostrar que 8 es el número total de crayones. La parte que es roja es 3. La parte que no es roja es 5.

$$8 - 3 = 5.$$

El enunciado de mi respuesta es *5 crayones no son rojos*.

Nombre ______________________ Fecha ____________

Lee las historias matemáticas. Haz un dibujo matemático para resolverlo.

$5 - 4 = 1$

1. Tomás tiene una caja con 7 crayones. Cinco crayones son rojos. ¿Cuántos crayones no son rojos?

____ - ____ = ____

____ crayones no son rojos.

2. María recogió 8 flores. Dos son margaritas. Las demás son tulipanes. ¿Cuántos tulipanes recogió?

____ - ____ = ____

María recogió ____ tulipanes.

3. Hay 9 frutas en el tazón. Cuatro son manzanas. Las demás son naranjas. ¿Cuántas frutas son naranjas?

____ - ____ = ____

El tazón tiene ____ naranjas.

4. Mamá y Ben hicieron 10 galletas. Seis son estrellas. Las demás son redondas. ¿Cuántas galletas son redondas?

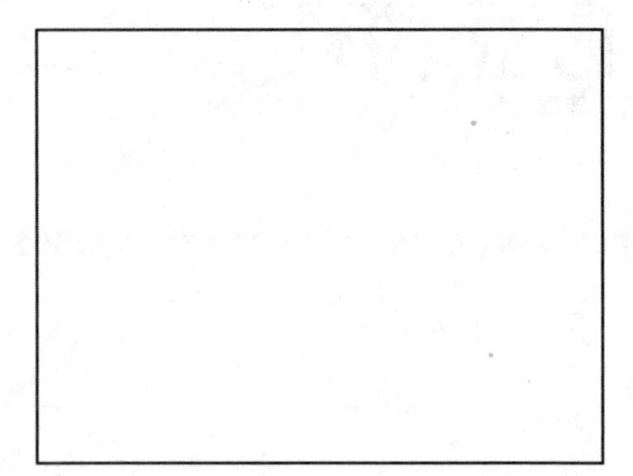

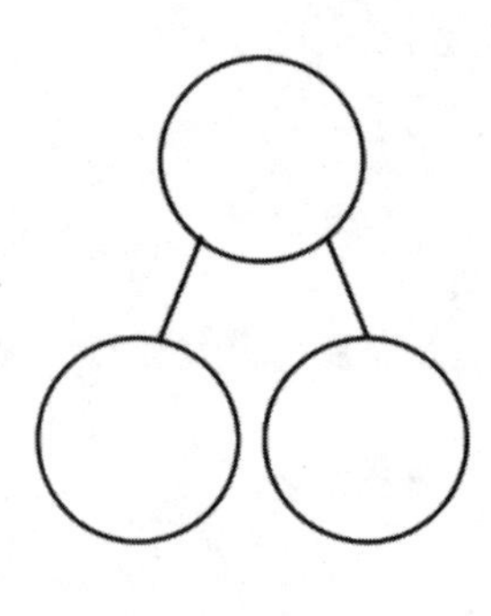

____ - ____ = ____

Hay ____ galletas redondas.

5. El estacionamiento tiene 7 espacios. Dos carros están estacionados en el estacionamiento. ¿Cuántos carros más pueden estacionarse en el estacionamiento?

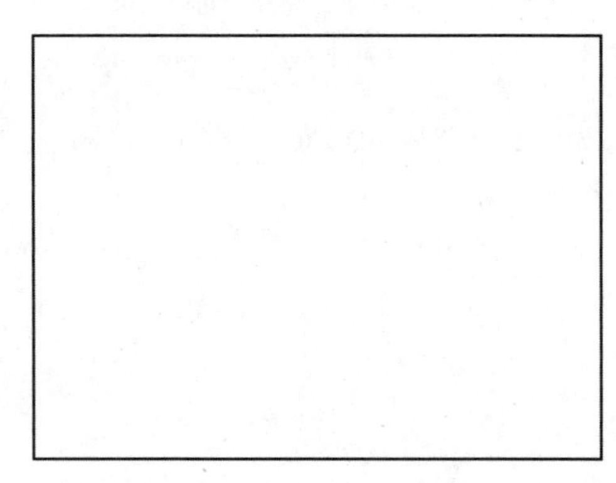

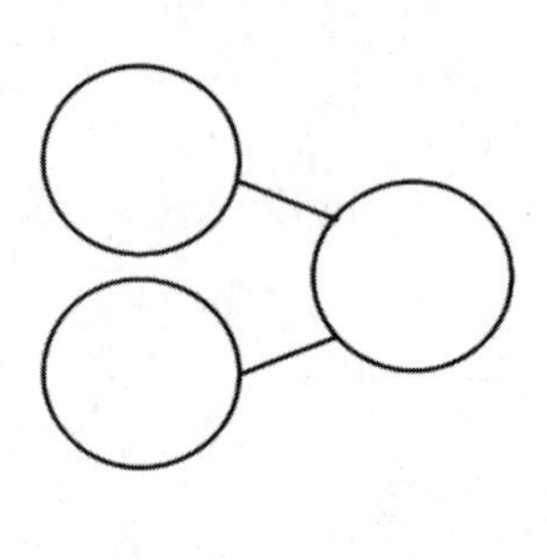

____ - ____ = ____

____ carros más pueden estacionarse en el estacionamiento.

6. Liz tiene 2 dedos con curitas. ¿Cuántos dedos no están lastimados?

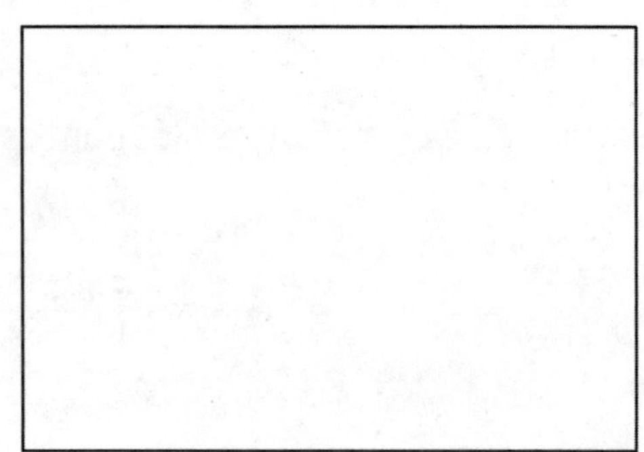

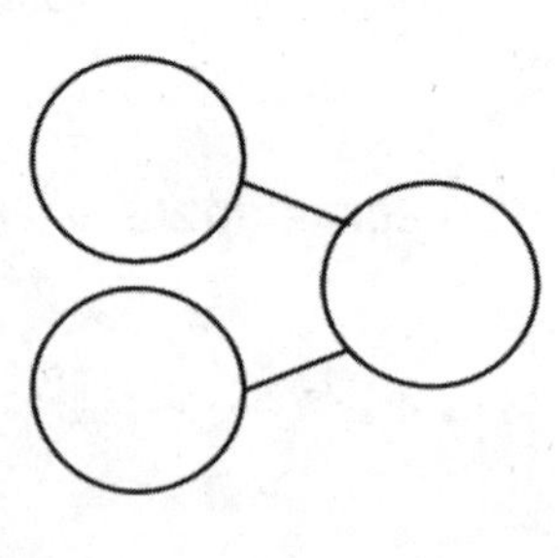

____ - ____ = ____

Escribe una afirmación para tu respuesta:

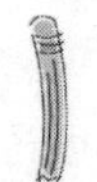

Resuelve el cuento matemático. Dibuja e identifica en el dibujo del vínculo numérico a resolver. Haz un círculo alrededor del número desconocido.

Lee tiene 9 carros de juguete en total. Coloca 6 en la caja de juguetes y lleva el resto a la casa de su amigo. ¿Cuántos carros de juguete Lee llevó a la casa de su amigo?

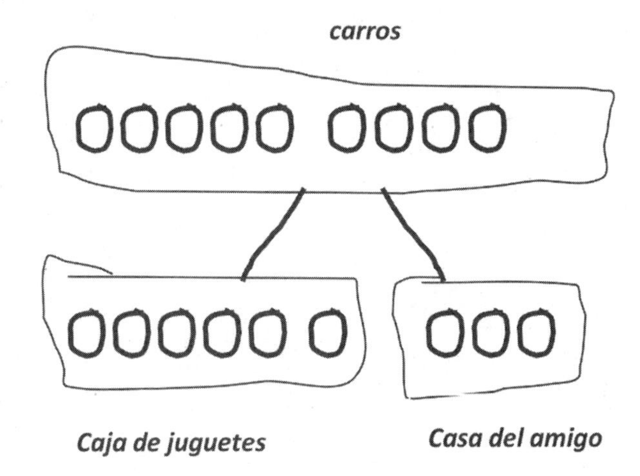


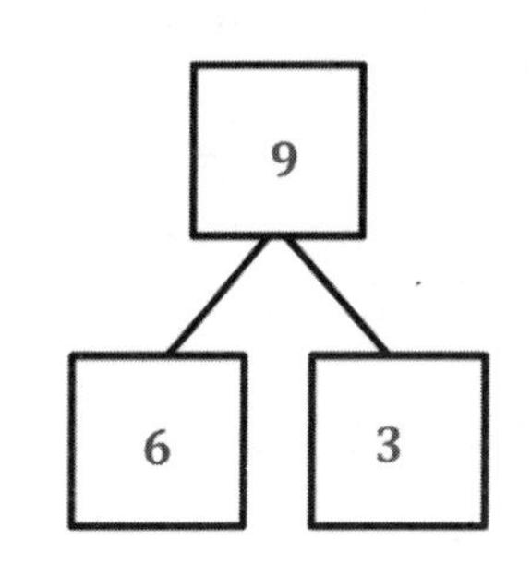


$\underline{6} + \underline{3} = 9$

$9 - \underline{6} = \underline{3}$

Lee lleva __3__ carros a la casa de su amigo

Puedo dibujar 9 círculos para los 9 carros de juguete. Hago 6 círculos en la caja de juguetes, y sigo contando mientras dibujo más carros de juguete en la caja donde dice "casa de su amigo". Esos son 3 carros más. Lee lleva 3 carros de juguete a la casa de su amigo.

En el vínculo numérico, puedo mostrar que 9 es el número total de carros. La parte que coloca en la caja de juguetes es 6, y la parte que él se lleva es 3.

$6 + 3 = 9.$

$9 - 6 = 3.$

Nombre ______________________________ Fecha ______________

Resuelve el relato matemático. Dibuja una imagen de los vínculos numéricos, ponle nombre y resuélvela. Encierra en un círculo el número desconocido.

1. Gracia tiene un total de 7 muñecas. Pone 2 en la caja de juguetes y lleva el resto a la casa de su amiga. ¿Cuántas muñecas llevó a la casa de su amiga?

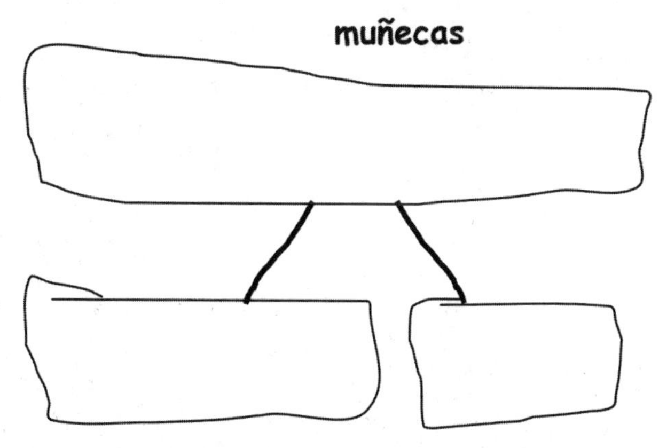


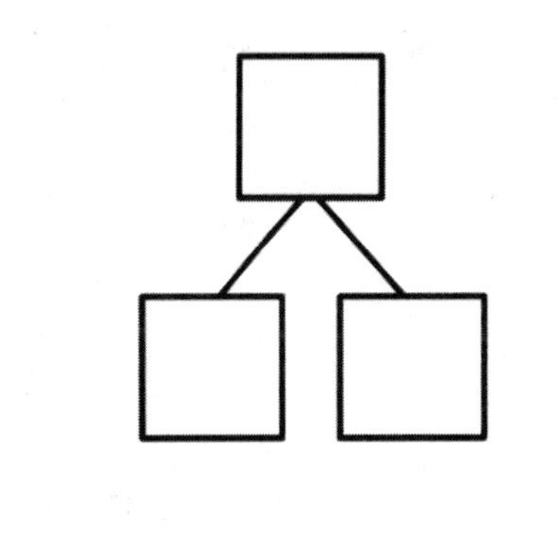

_____ + _____ = 7

7 - _____ = _____

Gracia llevó ______ muñecas a la casa de su amiga.

2. Jack puede invitar a 8 amigos a su fiesta de cumpleaños. Hace 3 invitaciones. ¿Cuántas invitaciones todavía necesita hacer?

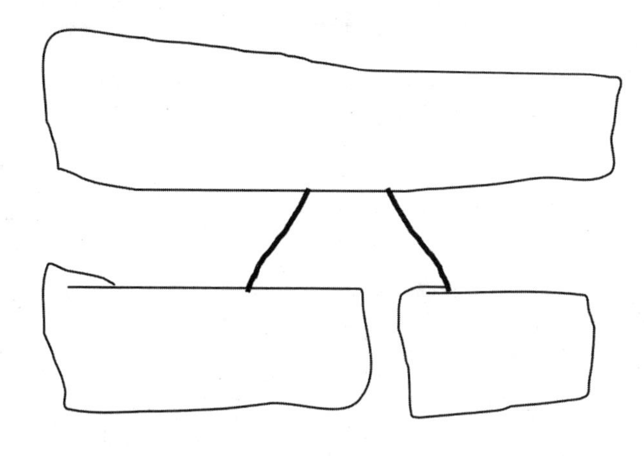

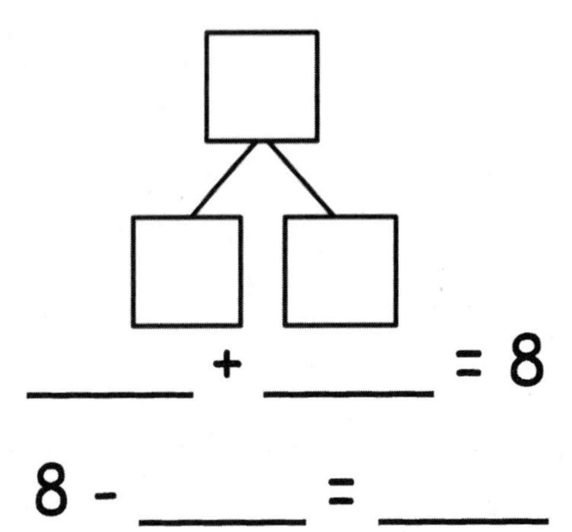

_____ + _____ = 8

8 - _____ = _____

Jack todavía necesita hacer ______ invitaciones.

3. Hay 9 perros en el parque. Cinco perros juegan con las pelotas. El resto están comiendo huesos. ¿Cuántos perros están comiendo huesos?

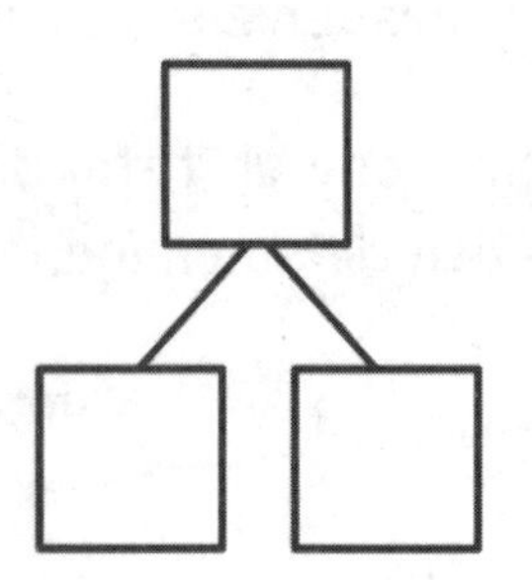

_____ + _____ = 9

_____ perros comen huesos.

_____ - _____ = _____

4. Hay 10 estudiantes en la clase de Jim. Siete compraron el almuerzo en la escuela. El resto trajeron el almuerzo de casa. ¿Cuántos estudiantes trajeron el almuerzo de casa?

_____ - _____ = _____

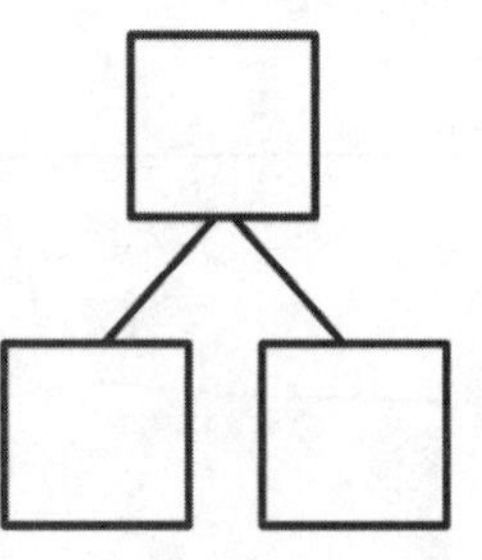

_____ estudiantes trajeron el almuerzo de casa.

El problema de ejemplo presenta dos posibles enunciados numéricos. Se considera que ambos son razonables y correctos. Si el niño elige escribir el primer enunciado numérico, sugiera que él/ella dibuje una caja alrededor de la solución.

Haz un dibujo matemático y haz un círculo alrededor de la parte que conoces. Tacha la parte desconocida. Completa el enunciado numérico y el vínculo numérico.
Una tienda tenía 6 camisas en el exhibidor. Ahora, hay 2 camisas en el exhibidor. ¿Cuántas camisas se vendieron?

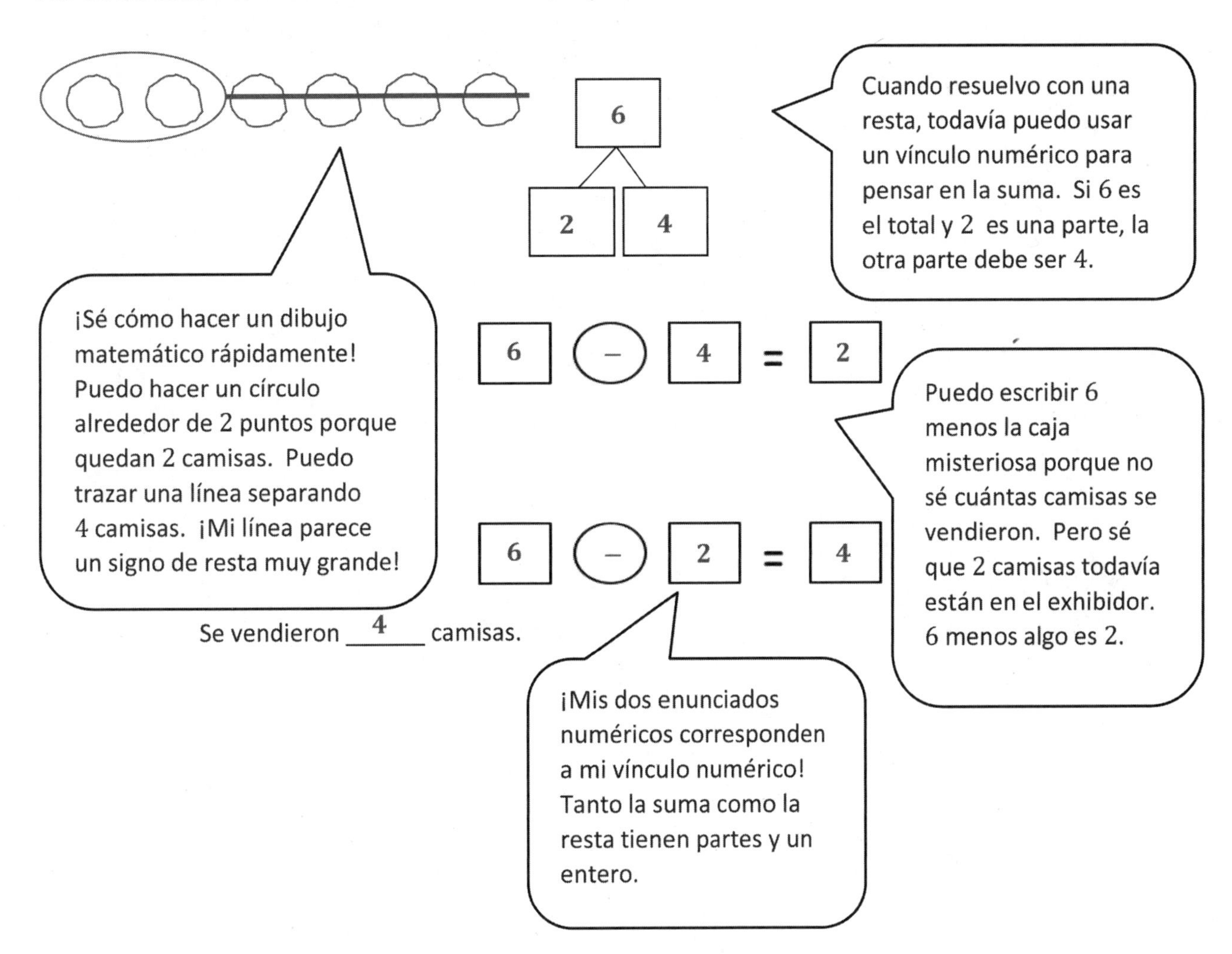

Nombre ______________________________ Fecha ______________

Haz un dibujo matemático y encierra en un círculo la parte que conoces.
Tacha la parte desconocida.
Completa el enunciado numérico y el vínculo numérico.

Ejemplo 3 - 1 = 2

1. Missy recibió 6 regalos en su cumpleaños. Desempacó algunos. Cuatro siguen empacados. ¿Cuántos regalos desempacó?

6

Missy desempacó ______ regalos.

6 - ☐ = ☐

2. Ana tiene una caja con 8 marcadores. Algunos se cayeron al piso. Seis siguen en la caja. ¿Cuántos marcadores se cayeron al piso?

______ marcadores se cayeron al piso.

☐ - ☐ = ☐

3. Nick hizo 7 bollos para sus amigos. Se comieron algunos bollos. Ahora, solo quedan 5. ¿Cuántos bollos se comieron?

Se comieron ______ bollos.

☐ - ☐ = ☐

4. Un perro tiene 8 huesos. Escondió algunos. Todavía le quedan 5 huesos. ¿Cuántos huesos están escondidos?

_______ huesos están escondidos.

$\square - \square = \square$

5. 10 estudiantes se pueden sentar en la mesa de la cafetería. Algunos de los asientos ya están ocupados. Siete asientos están vacíos. ¿Cuántos asientos están ocupados?

_______ asientos están ocupados.

$\square - \square = \square$

6. Ron tiene 10 barras de chicle. Le da una barra a cada uno de sus amigos. Ahora, le quedan 3 barras de chicle. ¿Con cuántos amigos compartió Ron?

Ron compartió con _______ amigos.

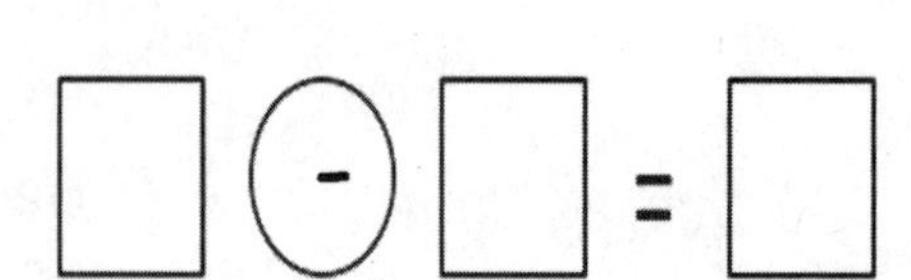

1. Empareja los cuentos matemáticos con los enunciados numéricos que narran el cuento. Haz un dibujo matemático para resolver.

a.

Hay 9 flores en un florero.
5 son rojas.
Las restantes flores son amarillas.
¿Cuántas flores son amarillas?

$3 + 7 = 10$

$10 - 3 = 7$

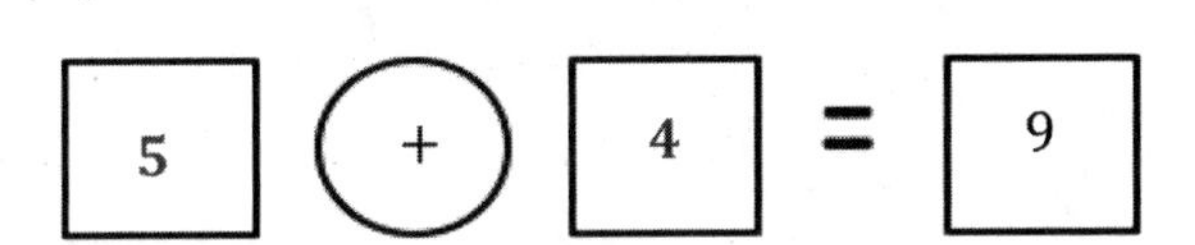

b.

Hay 10 manzanas en una cesta.
3 son rojas.
Las manzanas restantes son verdes.
¿Cuántas manzanas son verdes?

$5 + 4 = 9$

$9 - 5 = 4$

En el primer cuento matemático, puedo hacer 5 círculos por las flores rojas y luego, puedo seguir contando y dibujando hasta tener 9 círculos. Veo que hay 4 flores amarillas. Este cuento corresponde a la segunda caja de enunciados numéricos. Lo sé porque el número total de flores es 9. 5 más 4 es igual a 9, y 9 menos 5 es igual a 4.

Para el segundo cuento matemático, puedo hacer 10 círculos por las 10 manzanas. Luego, puedo hacer un círculo alrededor de las 3 manzanas que son rojas. Eso deja fuera 7 manzanas verdes. Eso corresponde a la primera caja de enunciados numéricos. 3 más 7 es igual a 10.

10 menos 3 es igual a 7.

2. Usa el vínculo numérico para contar un cuento matemático con suma y resta y haz dibujos. Escribe un enunciado numérico de suma y resta.

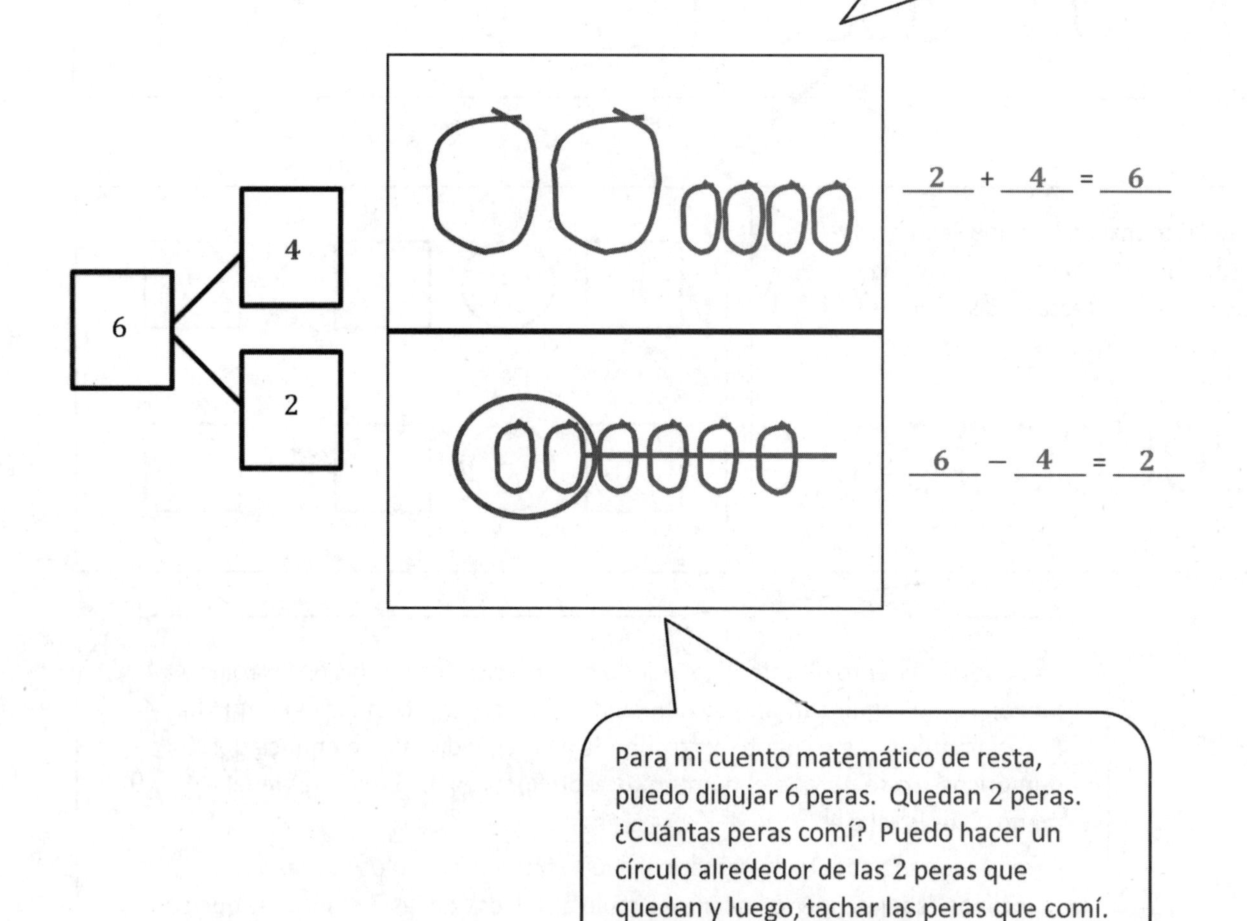

Nombre ______________________ Fecha ____________

Relaciona los relatos de matemáticas con los enunciados numéricos para relatar el cuento. Realiza un dibujo matemático para resolverlo.

1. a.

Hay 10 flores en una vasija.
6 son rojas.
Las demás son amarillas.
¿Cuántas flores son amarillas?

☐ + ☐ = 9

9 - ☐ = ☐

b.

Hay 9 manzanas en una cesta.
6 son rojas.
Las demás son verdes.
¿Cuántas manzanas son verdes?

3 + ☐ = 10

10 - ☐ = ☐

c.

Kate se ha pintado las uñas.
3 tienen diseños.
Las demás son simples.
¿Cuántas uñas son simples?

6 + ☐ = 10

10 - 6 = ☐

Usa el vínculo numérico para contar un relato de matemáticas de suma y resta con dibujos. Escribe un enunciado numérico de suma y resta.

2.

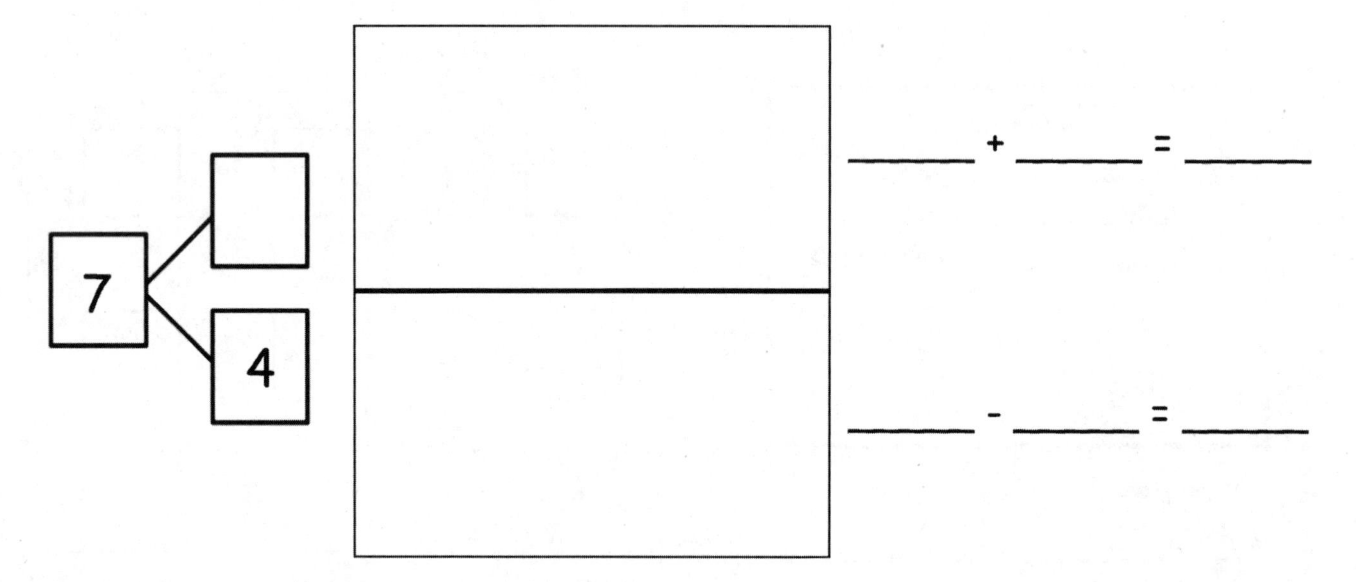


3.

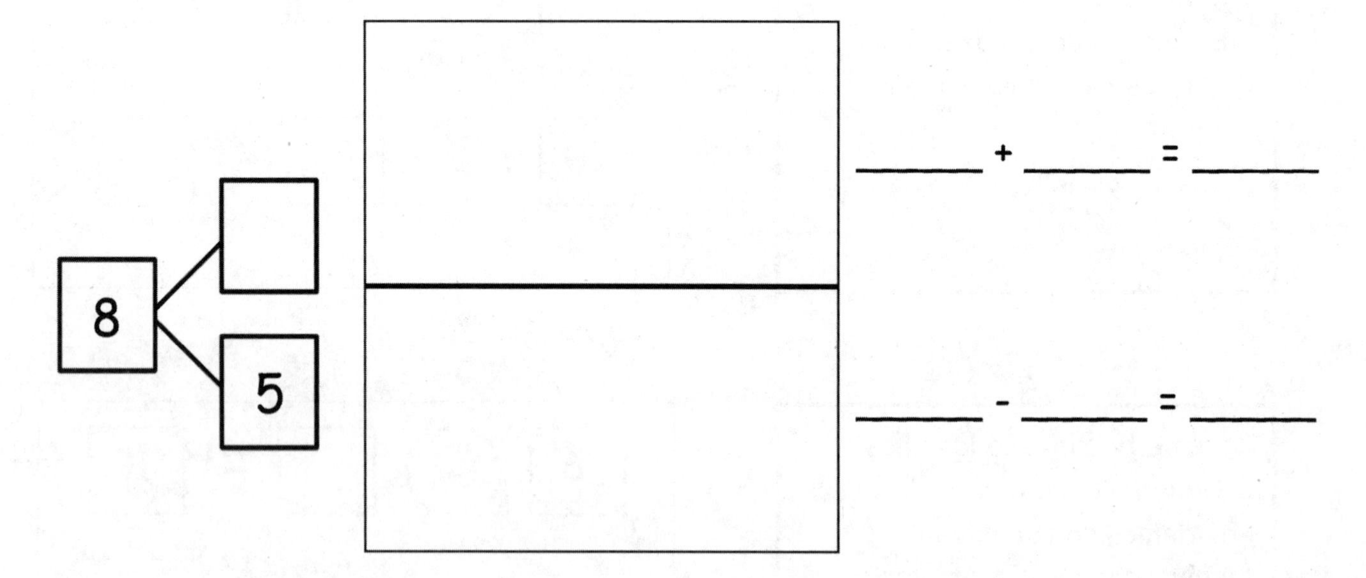

1. Muestra la resta. Si lo deseas, haz un dibujo del grupo 5 para cada problema.

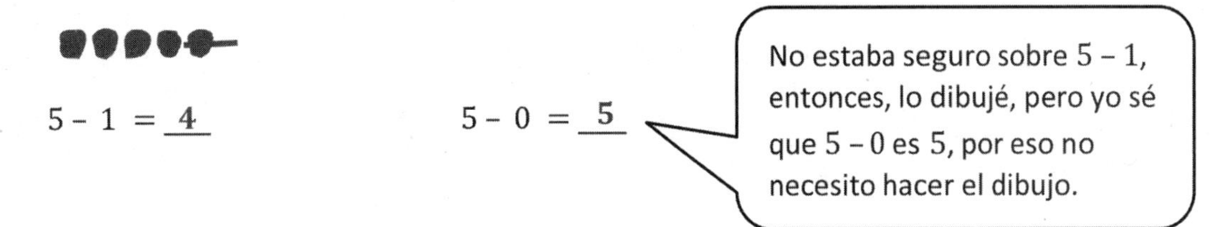


$5 - 1 = \underline{4}$ $\quad$ $5 - 0 = \underline{5}$

2. Muestra la resta. Si lo deseas, haz un dibujo del grupo de 5 como el modelo para cada problema.

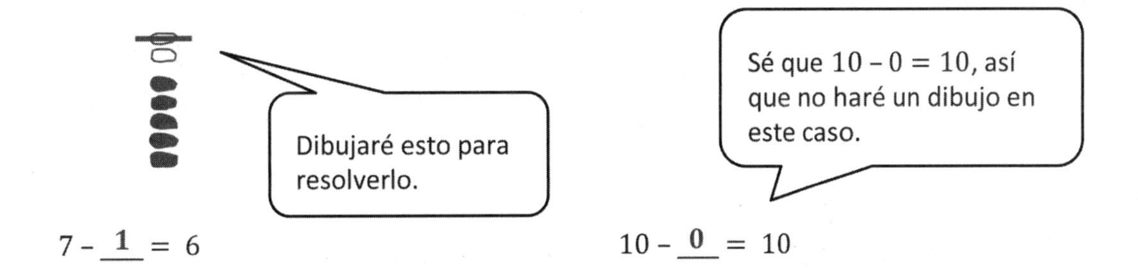


$7 - \underline{1} = 6$ $\quad$ $10 - \underline{0} = 10$

3. Escribe el enunciado numérico de resta que corresponda al dibujo del grupo de 5.

●●●●● ○○○○

$\underline{9} - \underline{0} = \underline{9}$

Aquí hay una trampa, pero puedo resolverlo. 8 menos algo debe ser igual a 0. Debe haber la misma cantidad en ambos lados del signo igual. 8 – 8 es la misma cantidad que 0.

4. Rellena el número que falta. Visualiza tus grupos de 5 como ayuda.

$9 - \underline{1} = 8$ $\quad$ $0 = 8 - \underline{8}$

Puedo imaginar 9 círculos en mi mente. ¿Cuántos tengo que quitar para que queden 8? Únicamente 1. Puedo borrar 1 de los 9 en mi mente y así, me quedarían 8.

Nombre ______________________ Fecha ______________

Muestra la resta. Si quieres, **usa un dibujo del** grupo de 5 para cada problema.

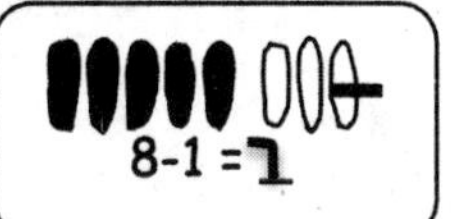


1.

9 - 1 = _____

2.

9 - 0 = _____

3.

6 - _____ = 6

4.

6 = 7 - _____

Muestra la resta. Si quieres, **haz un dibujo de** grupo de 5 como el modelo para cada problema.

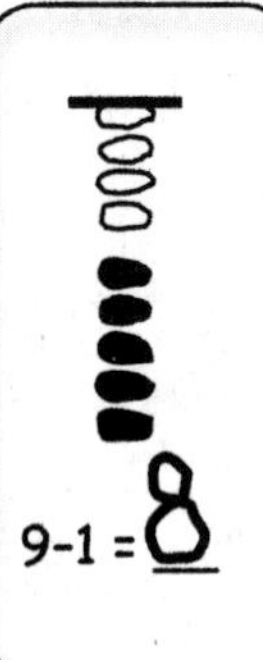


5.

9 - _____ = 9

6.

8 = 8 - _____

7.

10 - _____ = 9

8.

7 - _____ = 7

Escribe el enunciado numérico de resta para que corresponda con el groupo de 5.

9.

____ - ____ = ____

10.

____ - ____ = ____

11. 

____ - ____ = ____

12. 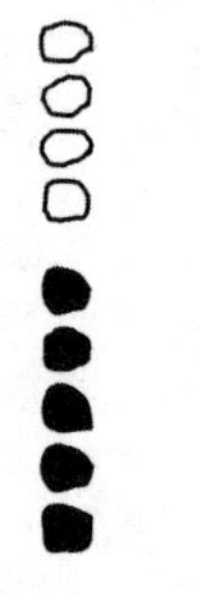

____ - ____ = ____

13. 

____ - ____ = ____

14. Llena el número que falta. Visualiza tus grupos de 5 para ayudarte.

a. 7 - _____ = 6

b. 0 = 7 - _____

c. 8 - _____ = 7

d. 6 - _____ = 5

e. 8 = 9 - _____

f. 9 = 10 - _____

g. 10 - _____ = 10

h. 9 - _____ = 8

1. Tacha para restar.

$6 - 5 =$ 1

2. Haz un dibujo de grupo de 5 como los anteriores. Muestra la resta.

$1 = 5 -$ 4

$5 -$ 5 $= 0$

3. Haz un dibujo de grupo de 5 como el modelo para cada problema. Muestra la resta.

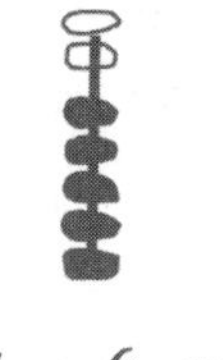

$7 -$ 6 $= 1$

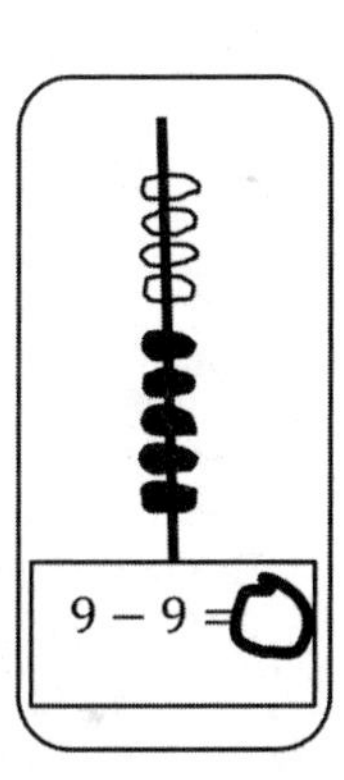


4. Escribe el enunciado numérico de resta que corresponda al dibujo del grupo de 5.

8 – 7 = 1

5. Rellena los números que faltan. Visualiza tus grupos de 5 como ayuda.

$7 -$ 6 $= 1$ $1 = 8 -$ 7

Nombre ______________________________ Fecha ______________

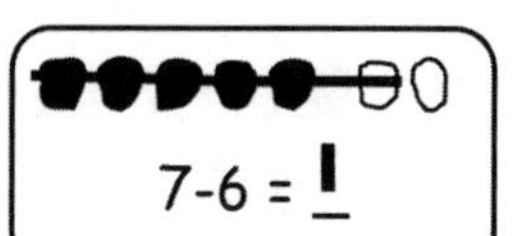


Tacha para restar.

1. ●●●●● ○○○○○

10 - 10 = ______

2. ●●●●● ○○○○

9 - 8 = ______

Haz un dibujo de grupos de 5 como los de arriba. Muestra la resta.

3.

1 = ______ - 7

4.

8 - ______ = 0

5.

0 = ______ - 7

6.

6 - ______ = 1

Haz un dibujo de grupos de 5 como el modelo para cada problema. Muestra la resta.

7.

9 - ______ = 1

8.

0 = 8 - ______

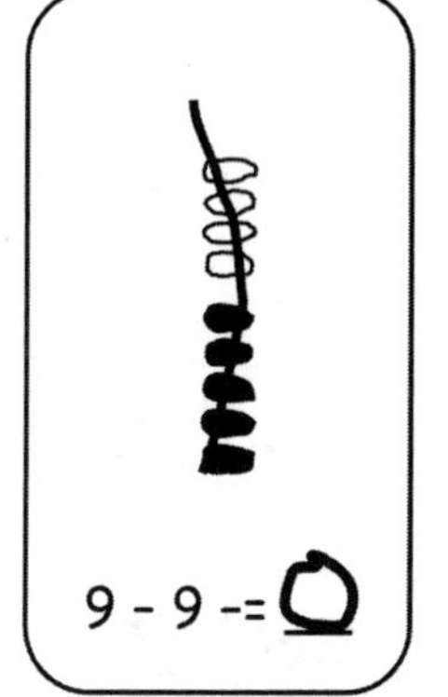

Escribe el enunciado numérico de resta para que corresponda con el grupo de 5.

9.

____ - ____ = ____

10.

____ - ____ = ____

11. 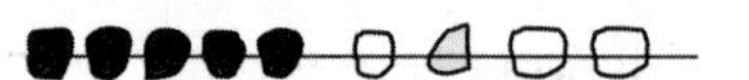

____ - ____ = ____

12. 

____ - ____ = ____

13. 

____ - ____ = ____

14. Llena el número que falta. Visualiza tus grupos de 5 para ayudarte.

a. 7 - ____ = 0

b. 1 = 7 - ____

c. 8 - ____ = 1

d. 6 - ____ = 0

e. 0 = 9 - ____

f. 1 = 10 - ____

g. 10 - ____ = 0

h. 9 - ____ = 1

1. Resuelve los conjuntos **de enunciados numéricos. Busca** los grupos que pueden eliminarse fácilmente.

Para retirar 5, lo más fácil es tachar todo el grupo de 5 puntos negros. No tengo que contarlos. Así, me quedan 3 puntos blancos.

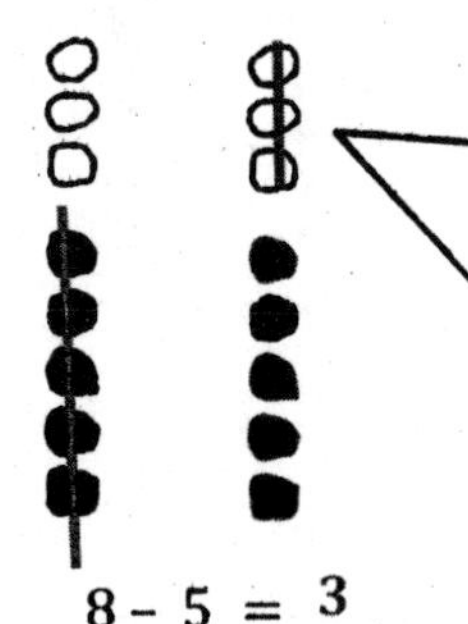

Para restar 3, simplemente, puedo tachar los tres puntos blancos. Es un grupo que se ve fácilmente y así, me quedará un grupo de 5. No necesito contar esos puntos porque sé que hay 5 puntos negros en mi dibujo del grupo de 5.

$8 - 5 = \underline{3}$

$8 - 3 = \underline{5}$

2. Resta. Haz un dibujo **matemático para cada problema como** los anteriores. Escribe un vínculo numérico.

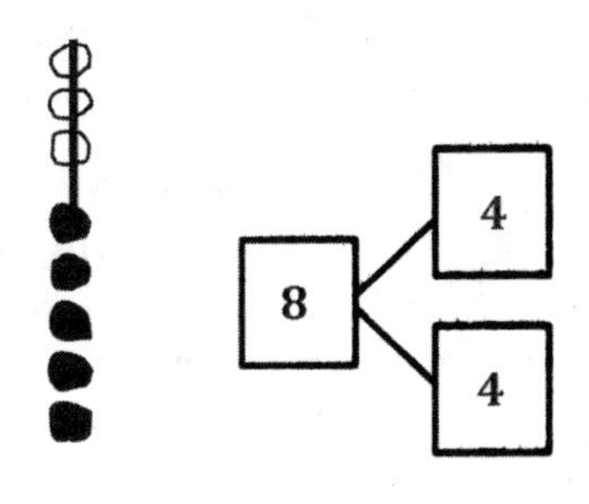


Puedo retirar los 5 puntos negros de una vez, y ver que quedaron 4, sin necesidad de contar.

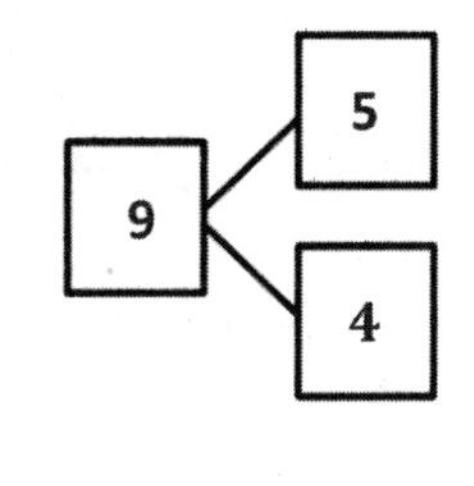


$8 - 4 = \underline{4}$

Sé que 4 y 4 son dobles que suman 8, entonces, $8 - 4 = 4$.

$9 - 5 = \underline{4}$

$9 - \underline{4} = 5$

Imagino mi dibujo del grupo de 5 con 5 puntos negros y 3 puntos blancos. Eso da 8.

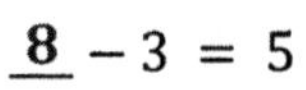

3. Resuelve. Visualiza tus **grupos de 5 como ayuda.**

$8 - \underline{5} = 3$

Al imaginar 8, hay un grupo de 5 y un grupo de 3.

$\underline{8} - 3 = 5$

4. Completa el enunciado numérico y el vínculo numérico para cada problema.

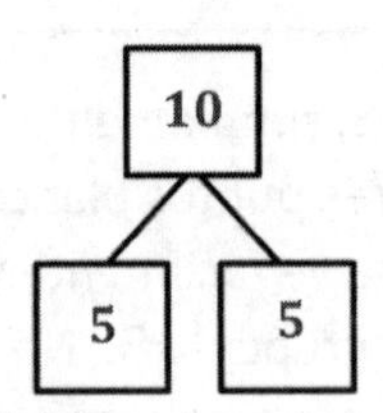


10 – 5 = 5

5. Empareja el enunciado numérico con la estrategia que te ayuda a resolver.

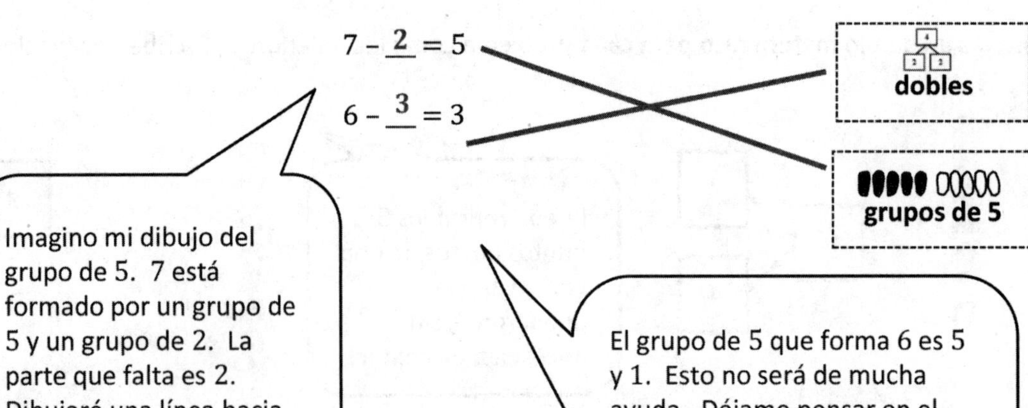

Nombre ______________________ Fecha ____________

Resuelve los conjuntos de enunciados numéricos. Busca grupos fáciles para tachar

6 - 1 = 5
6 - 5 = 1

1. 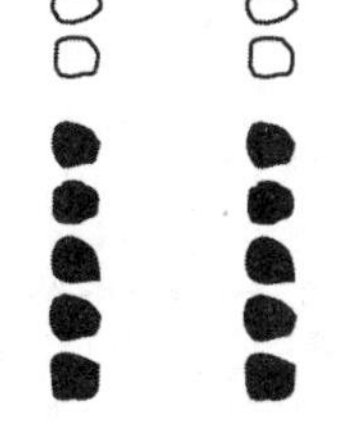

$7 - 5 =$ ____

$7 - 2 =$ ____

2. 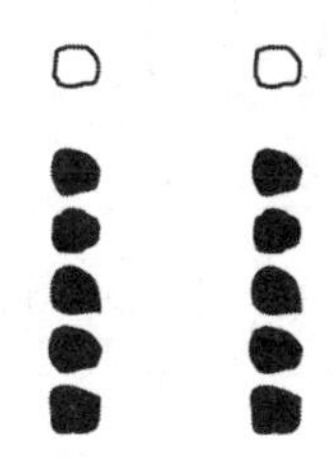

$6 - 5 =$ ____

$6 - 1 =$ ____

3. 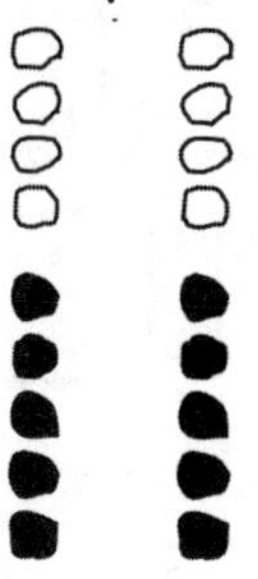

$9 -$ ____ $= 4$

$9 -$ ____ $= 5$

Resta. Haz un dibujo matemático para cada problema como los de arriba. Escribe un vínculo numérico.

4. 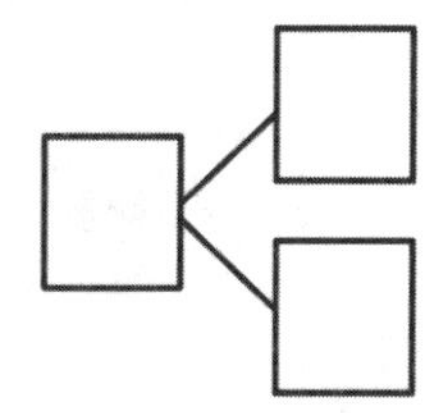

$10 - 5 =$ ______

5. 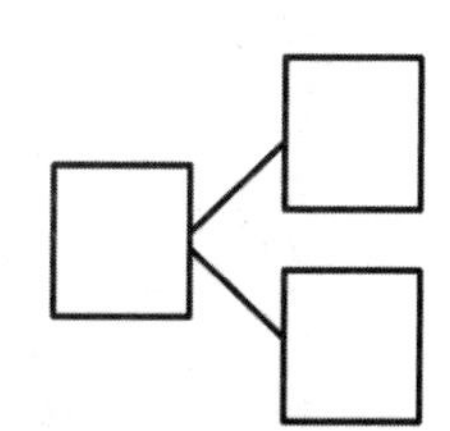

$8 - 5 =$ ______

$8 -$ ______ $= 5$

6. Resuelve. Visualiza grupos de 5 para ayudarte.

a. $9 -$ ______ $= 4$

b. ______ $- 5 = 5$

c. $8 -$ ______ $= 5$

d. ______ $- 5 = 2$

e. ______ $- 5 = 3$

f. ______ $- 4 = 5$

Competa el enunciado numérico y el vínculo numérico para cada problema.

7. 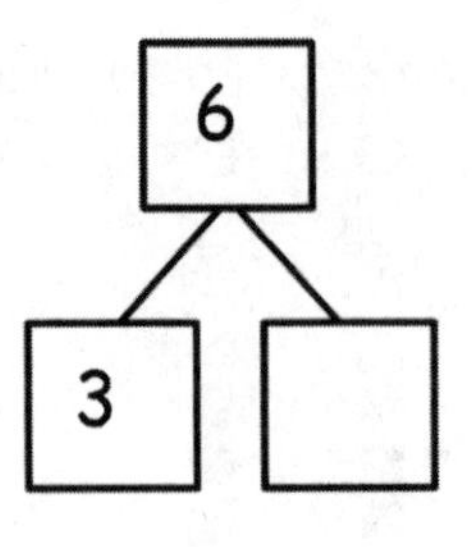


$6 - 3 =$ ______

8. 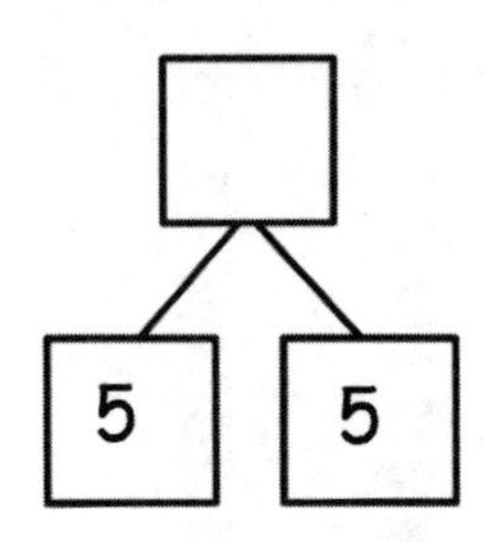


______ $- 5 = 5$

9. 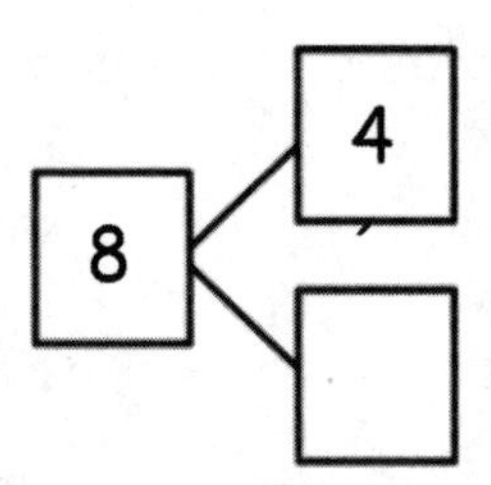


$8 -$ ______ $= 4$

10. Haz que el vínculo numérico corresponda con la estrategia que te ayuda a resolver.

a. $7 -$ ______ $= 2$ — dobles

b. $8 -$ ______ $= 3$ — Grupos de 5

c. $10 -$ ______ $= 5$ — Grupos de 5

d. ______ $- 3 = 3$ — dobles

e. $8 -$ ______ $= 4$ — Grupos de 5

f. $9 -$ ______ $= 5$ — dobles

1. Resuelve estos grupos de enunciados numéricos. Busca los grupos fáciles y elimínalos.

Puedo encontrar el 6 en 10 fácilmente. 6 está formado por 5 puntos negros y 1 punto blanco. Puedo tacharlos todos al mismo tiempo. Esto me deja 4. $10 - 6 = 4$.

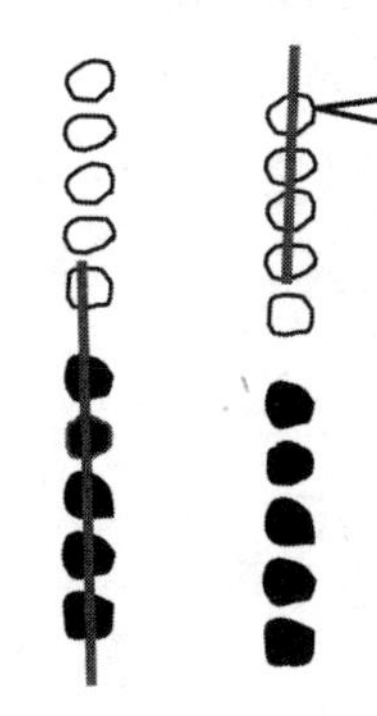

Para quitar la otra parte, puedo tachar 4 del final. Esto me deja 6. $10 - 4 = 6$.

$10 - 6 =$ 4

10 – 6 = 4

2. Resta. Luego escribe el enunciado de resta correspondiente. Haz un dibujo matemático si es necesario, y completa el vínculo numérico para cada uno.

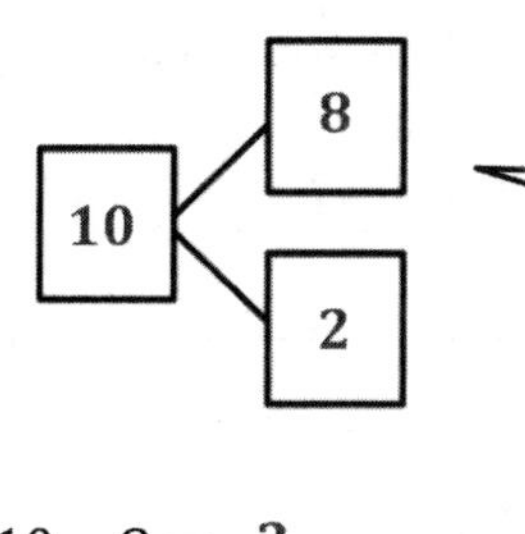


$10 - 8 =$ 2

**$10 - 2 = 8$**

No necesito hacer un dibujo matemático. Sé que 8 y 2 forman 10. En mi vínculo numérico, sé que el total es 10 y que las dos partes son 8 y 2. Para escribir mi enunciado de resta correspondiente, necesito restar la otra parte. $10 - 2 = 8$.

3. Completa el enunciado numérico y el vínculo numérico de cada problema. Empareja el vínculo numérico con el correspondiente problema de resta. Escribe el otro enunciado numérico de resta correspondiente.

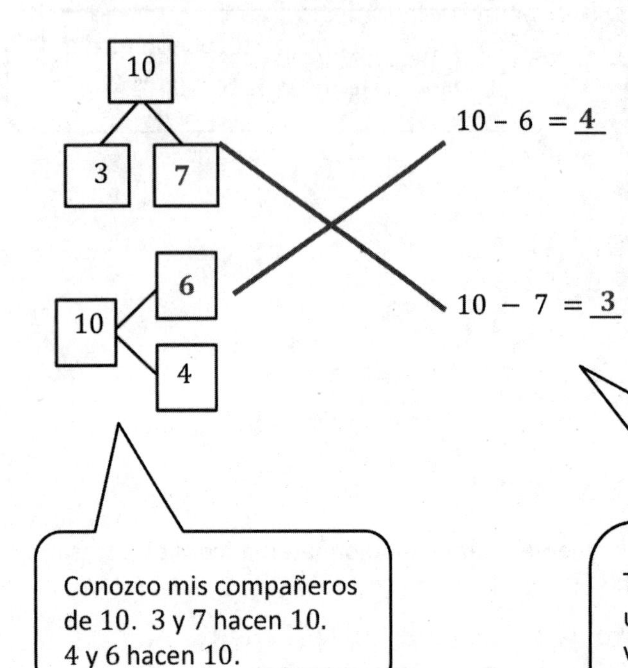


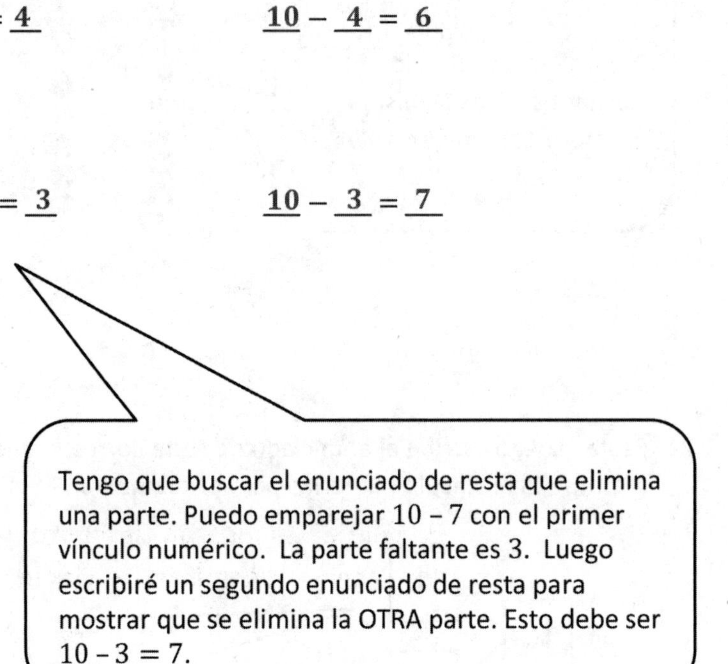

Nombre ______________________ Fecha ____________

Realiza un dibujo matemático y resuélvelo. Usa el primer enunciado numérico para ayudarte a escribir un enunciado numérico relacionado que coincida con tu imagen.

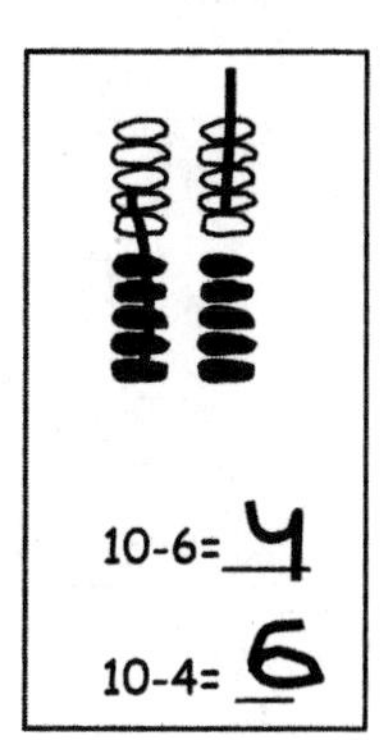


1.

10 - 2 = ______

____ - ____ = ____

2.

10 - 1 = ______

____ - ____ = ____

3.

10 - 7 = ______

____ - ____ = ____

Resta. Después, escribe el enunciado de resta relacionado. Realiza un dibujo matemático si es necesario y completa un vínculo numérico para cada uno.

4. 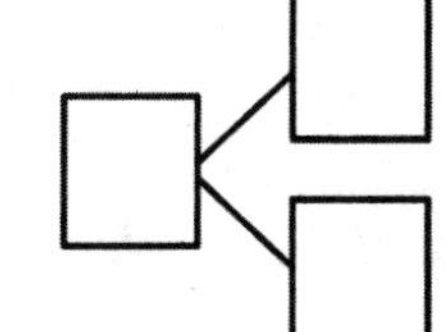

10 - 2 = ____

______________

5. 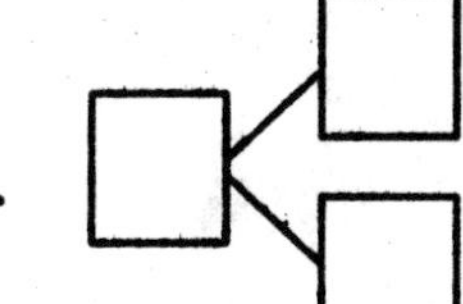

10 - ____ = 9

______________

6. 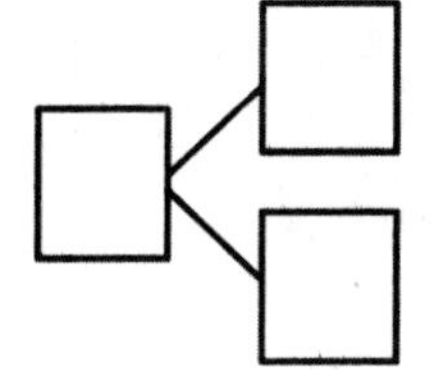

10 - ____ = 6

______________

7.

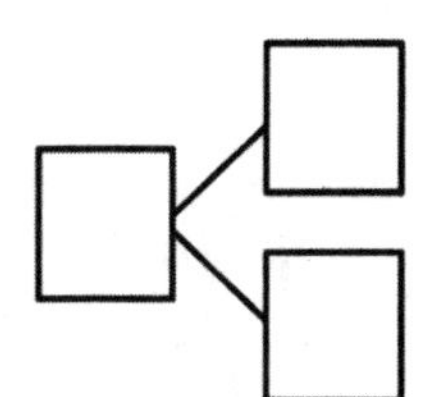

10 - ____ = 1

______________

8.

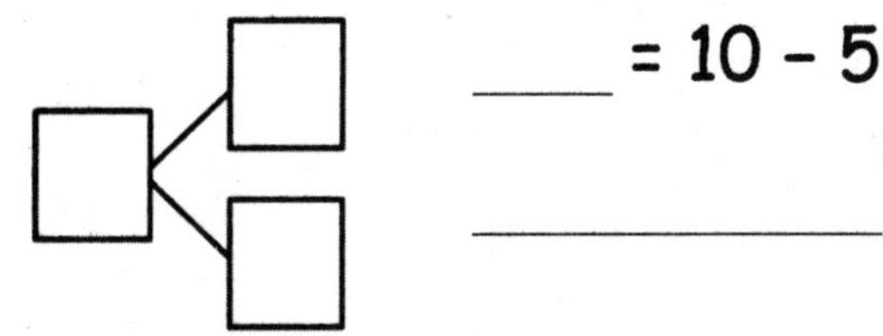

____ = 10 - 5

______________

9. Completa el vínculo numérico. Une el vínculo numérico con el enunciado de resta relacionado. Escribe el otro enunciado numérico de resta relacionado.

a.

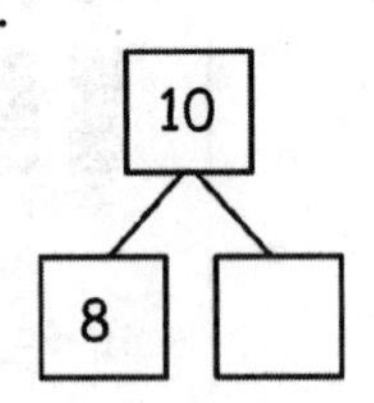


10 - 5 = ______ ______ - ______ = ______

b.

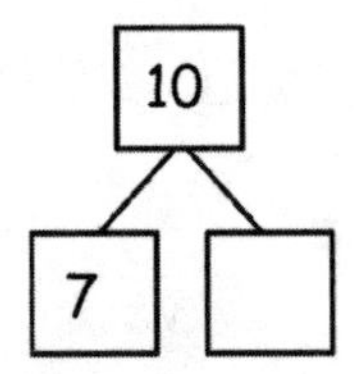


10 - 1 = ______ ______ - ______ = ______

c.

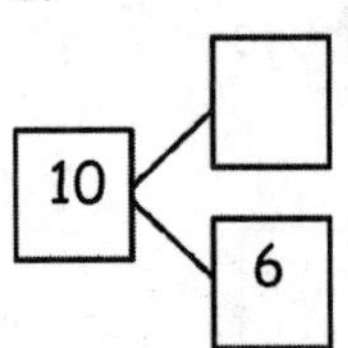


10 - 2 = ______ ______ - ______ = ______

d.

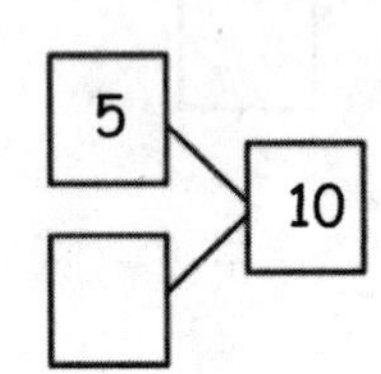


10 - 4 = ______ ______ - ______ = ______

e.

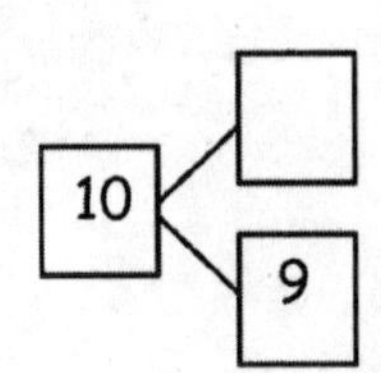


10 - 3= ______ ______ - ______ = ______

1. Haz dibujos de grupos de 5 y resuelve. Usa el primer enunciado numérico para ayudarte a escribir un enunciado numérico que coincida con tu dibujo.

Puedo encontrar el 6 en 9 fácilmente. 6 está formado por 5 puntos negros y 1 punto blanco. Puedo tacharlos todos a la vez. Esto me deja con 3. $9 - 6 = 3$

Para quitar la otra parte, puedo tachar 3 del final. Esto me deja con 6. $9 - 3 = 6$

$9 - 6 =$ __3__

__9__ $-$ __3__ $=$ __6__

2. Resta. Luego escribe el enunciado de resta correspondiente. Haz un dibujo matemático si es necesario y completa el vínculo numérico para cada uno.

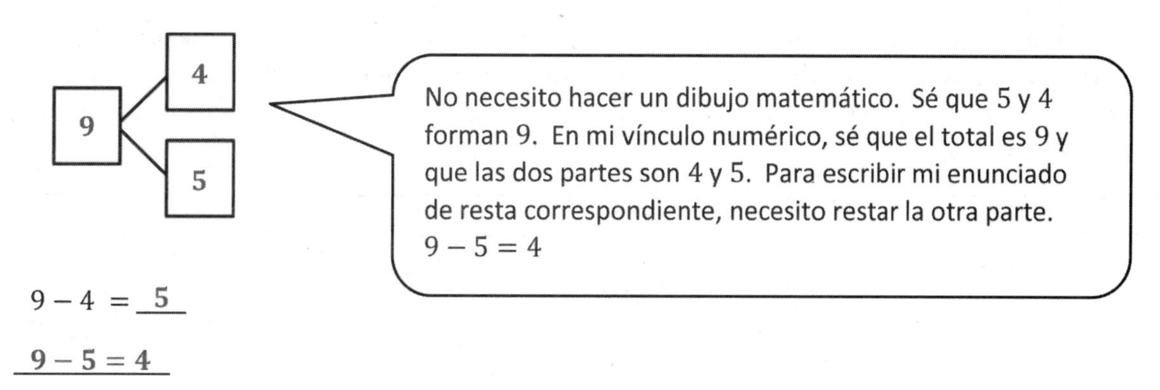

3. Usa dibujos de grupos de 5 para ayudarte a completar el vínculo numérico. Empareja el vínculo numérico con el problema de resta correspondiente. Escribe el otro enunciado numérico de resta correspondiente.

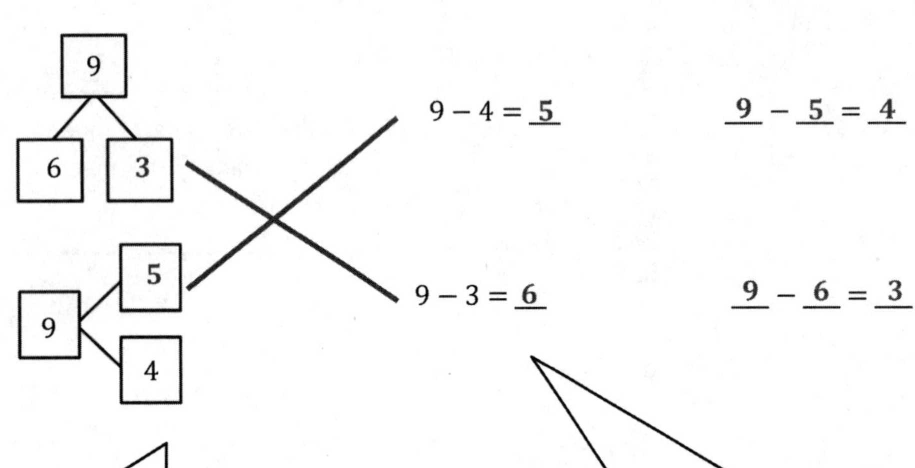


Puedo pensar en mis dibujos de grupos de 5 para ayudarme. Cuando dibujo 9 y quito 4, eso me deja con 5. Podría hacer un dibujo si quisiera, pero no lo necesito. 9 está formado por 5 y 4.

Tengo que buscar el enunciado de resta que elimine una parte. Puedo emparejar 9 – 3 con el primer vínculo numérico. La parte faltante es 6. Luego escribiré un segundo enunciado de resta para mostrar que se elimina la OTRA parte. Esto debe ser 9 – 6 = 3.

Nombre ______________________ Fecha ____________

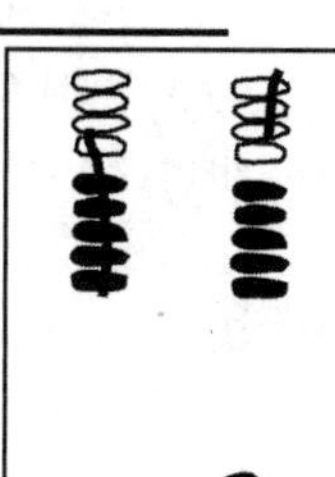


Dibuja grupos de 5 y resuelve. Utiliza el primer enunciado numérico como ayuda para escribir un enunciado numérico relacionado que coincida con tu imagen.

1.

9 - 2 = ____

____ - ____ = ____

2.

9 - 8 = ____

____ - ____ = ____

3.

9 - 4 = ____

____ - ____ = ____

Resta. A continuación, escribe el enunciado de resta relacionado. Realiza un dibujo matemático si es necesario y completa un vínculo numérico para cada uno.

4. 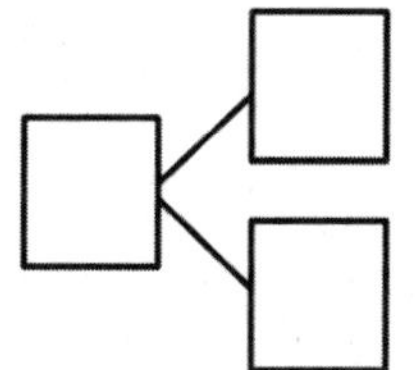

9 - 7 = ____

______________

5. 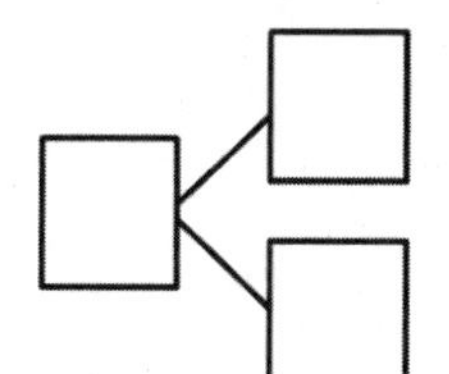

9 - ____ = 9

______________

6. 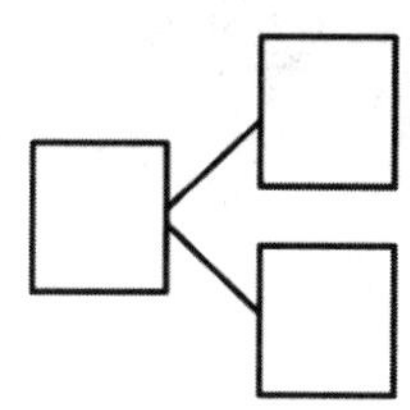

9 - ____ = 6

______________

7. 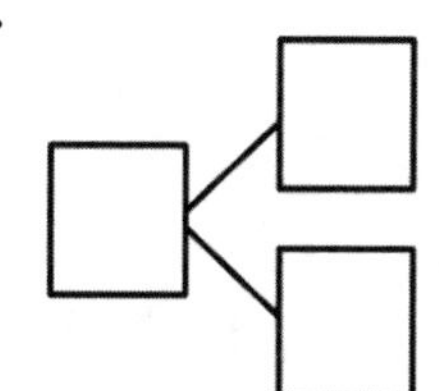

9 - ____ = 1

______________

8. 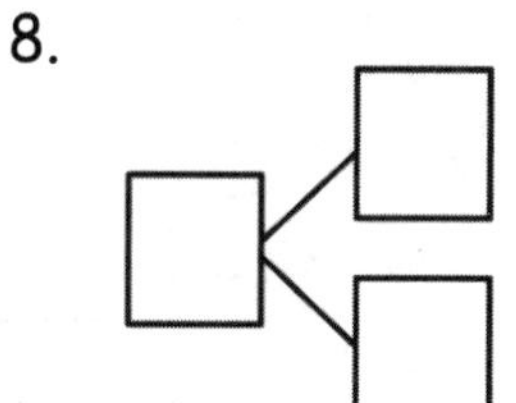

____ = 9 - 5

______________

9. Usa dibujos de grupos de 5 como ayuda para completar el vínculo numérico. Une el vínculo numérico con el enunciado de resta relacionado. Escribe el otro enunciado numérico de resta relacionado.

a.

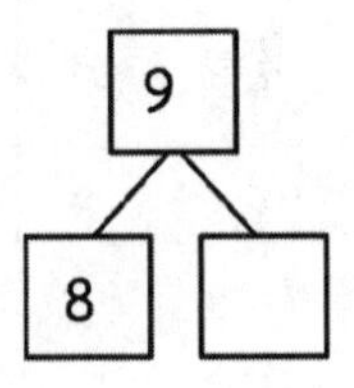


9 - 5 = ____ ____ - ____ = ____

b.

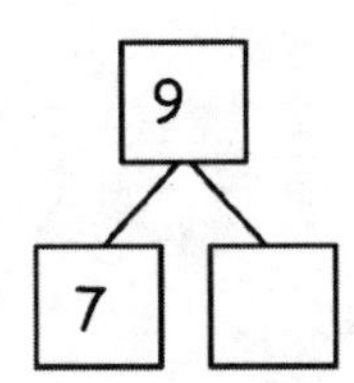


9 - 1 = ____ ____ - ____ = ____

c.

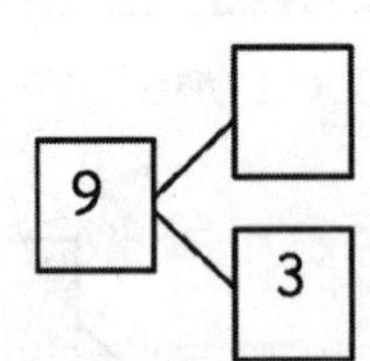


9 - 2 = ____ ____ - ____ = ____

d.

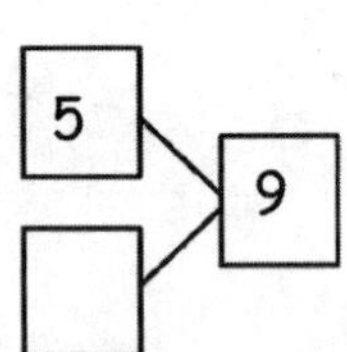


9 - 6 = ____ ____ - ____ = ____

e.

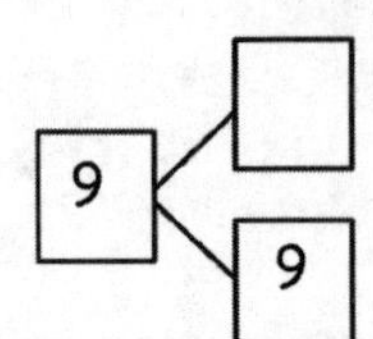


9 - ____ = 0 ____ - ____ = ____

Encuentra y resuelve los **problemas de suma que son dobles** y grupos de 5.

Crea tarjetas de resta para las **restas relacionadas. (Recuerda**, los dobles son solo 1 operación de resta relacionada en lugar de 2 **operaciones relacionadas.)**

Haz una tarjeta de vínculo **numérico, y usa tus tarjetas para jugar** Memoria.

| | | | | | |
|---|---|---|---|---|---|
| $5+0$ | $5+1$ | $5+2$ | $5+3$ | $5+4$ | $5+5$ |
| $6+0$ | $6+1$ | $6+2$ | $6+3$ | $6+4$ | |
| $7+0$ | $7+1$ | $7+2$ | $7+3$ | | |
| $8+0$ | $8+1$ | $8+2$ | | | |
| $9+0$ | $9+1$ | | | | |
| $10+0$ | | | | | |

$5 + 5 = 10$ es un doble y usa un grupo de 5. Ambos sumandos son 5.

$5 + 4$ usa un grupo de 5 ya que 5 es uno de los sumandos. Haré las tarjetas $9 - 5 = 4$ y $9 - 4 = 5$. Esta fila tiene más operaciones que usan un grupo de 5.

$5 + 4 = 9$

$9 - 4 = 5$

5 y 4 son las partes que forman 9.

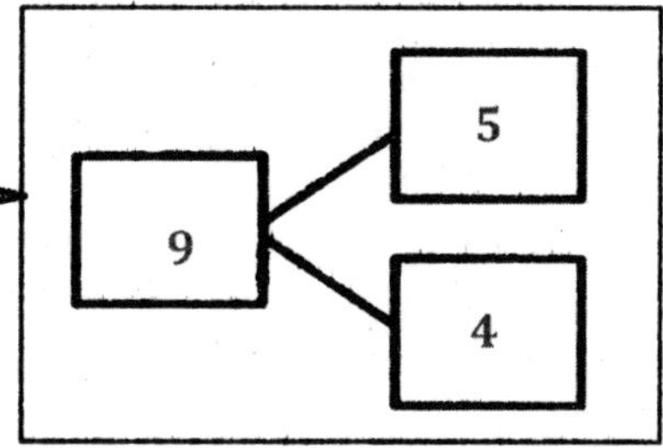


$9 - 5 = 4$

Nombre ______________________________ Fecha ______________

Encuentra y resuelve los 7 problemas de suma no sombreadas que tienen dígitos iguales y grupos de 5.

Realiza tarjetas de resta para las operaciones de resta relacionadas. (Recuerda, los dígitos iguales harán solo 1 operación de resta relacionada en lugar de 2 operaciones relacionadas).

Realiza una tarjeta con un vínculo numérico y usa tus tarjetas para jugar a la Memoria.

| | | | | | | | | | |
|---|---|---|---|---|---|---|---|---|---|
| 1 + 0 | 1 + 1 | 1 + 2 | 1 + 3 | 1 + 4 | 1 + 5 | 1 + 6 | 1 + 7 | 1 + 8 | 1 + 9 |
| 2 + 0 | 2 + 1 | 2 + 2 | 2 + 3 | 2 + 4 | 2 + 5 | 2 + 6 | 2 + 7 | 2 + 8 | |
| 3 + 0 | 3 + 1 | 3 + 2 | 3 + 3 | 3 + 4 | 3 + 5 | 3 + 6 | 3 + 7 | | |
| 4 + 0 | 4 + 1 | 4 + 2 | 4 + 3 | 4 + 4 | 4 + 5 | 4 + 6 | | | |
| 5 + 0 | 5 + 1 | 5 + 2 | 5 + 3 | 5 + 4 | 5 + 5 | | | | |
| 6 + 0 | 6 + 1 | 6 + 2 | 6 + 3 | 6 + 4 | | | | | |
| 7 + 0 | 7 + 1 | 7 + 2 | 7 + 3 | | | | | | |
| 8 + 0 | 8 + 1 | 8 + 2 | | | | | | | |
| 9 + 0 | 9 + 1 | | | | | | | | |
| 10 + 0 | | | | | | | | | |

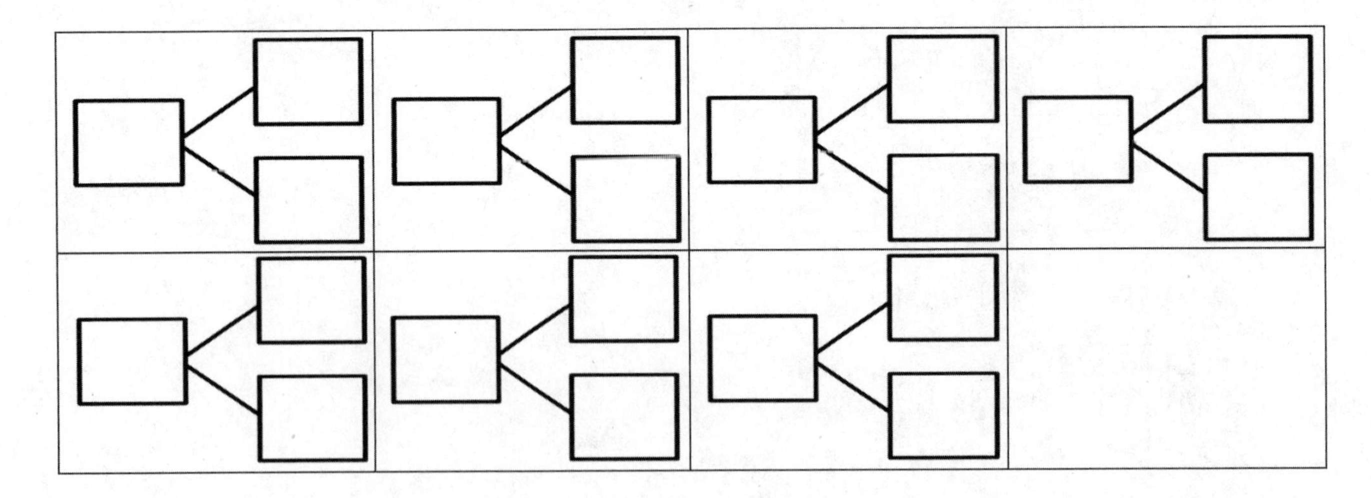

Resuelve los problemas de suma que están a continuación que no están sombreados. Escribe las dos operaciones de resta que podrían haber tenido el mismo vínculo numérico. Para ayudarte a practicar más tus operaciones de suma y resta, haz tus propias tarjetas de vínculos numéricos.

| | | | | | |
|---|---|---|---|---|---|
| $5 + 0$ | $5 + 1$ | $5 + 2$ | $5 + 3$ | $5 + 4$ | $5 + 5$ |
| $6 + 0$ | $6 + 1$ | $6 + 2$ | $6 + 3$ | $6 + 4$ | |
| $7 + 0$ | $7 + 1$ | $7 + 2$ | $7 + 3$ | | |
| $8 + 0$ | $8 + 1$ | $8 + 2$ | | | |
| $9 + 0$ | $9 + 1$ | | | | |
| $10 + 0$ | | | | | |

$7 + 2$ es 9. Puedo hacer dos enunciados de resta, comenzando con el total de 9.
$9 - 7 = 2$ y $9 - 2 = 7$.

| | |
|---|---|
| $9 - 7 = 2$ | $9 - 2 = 7$ |
| $10 - 7 = 3$ | $10 - 3 = 7$ |

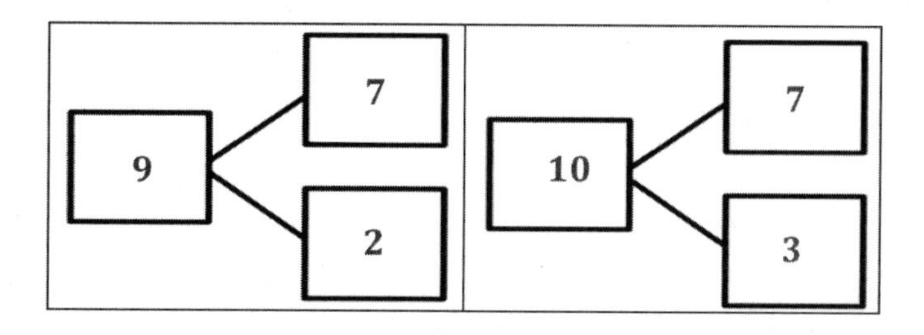

Nombre ______________________________　　Fecha ______________

Resuelve los problemas de suma no sombreados a continuación.

| | | | | | | | | | |
|---|---|---|---|---|---|---|---|---|---|
| 1 + 0 | 1 + 1 | 1 + 2 | 1 + 3 | 1 + 4 | 1 + 5 | 1 + 6 | 1 + 7 | 1 + 8 | 1 + 9 |
| 2 + 0 | 2 + 1 | 2 + 2 | 2 + 3 | 2 + 4 | 2 + 5 | 2 + 6 | 2 + 7 | 2 + 8 | |
| 3 + 0 | 3 + 1 | 3 + 2 | 3 + 3 | 3 + 4 | 3 + 5 | 3 + 6 | 3 + 7 | | |
| 4 + 0 | 4 + 1 | 4 + 2 | 4 + 3 | 4 + 4 | 4 + 5 | 4 + 6 | | | |
| 5 + 0 | 5 + 1 | 5 + 2 | 5 + 3 | 5 + 4 | 5 + 5 | | | | |
| 6 + 0 | 6 + 1 | 6 + 2 | 6 + 3 | 6 + 4 | | | | | |
| 7 + 0 | 7 + 1 | 7 + 2 | 7 + 3 | | | | | | |
| 8 + 0 | 8 + 1 | 8 + 2 | | | | | | | |
| 9 + 0 | 9 + 1 | | | | | | | | |
| 10 + 0 | | | | | | | | | |

4 + 2

Escoge una operación de suma en la tabla. Usa la tabla para escribir las dos operaciones de resta que tendrían el mismo vínculo numérico. Repítelo con el fin de hacer un conjunto rápido de tarjetas de resta. Para ayudarte a practicar tus operaciones de suma y resta aún más, realiza tus propias tarjetas de memoria rápida de vínculos numéricos con las plantillas de la última página.

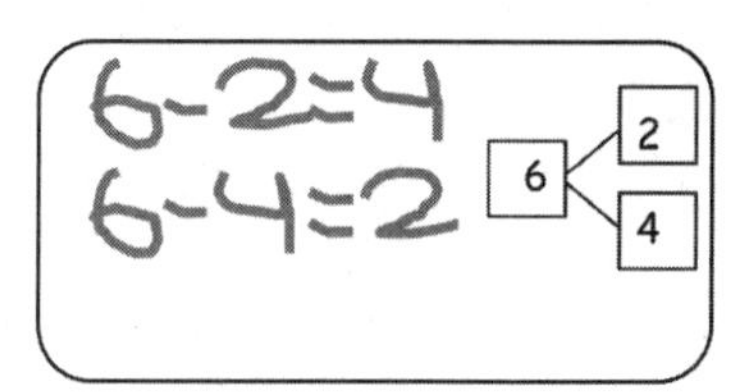

| | |
|---|---|
| | |
| | |
| | |
| | |
| | |
| | |
| | |
| | |
| | |

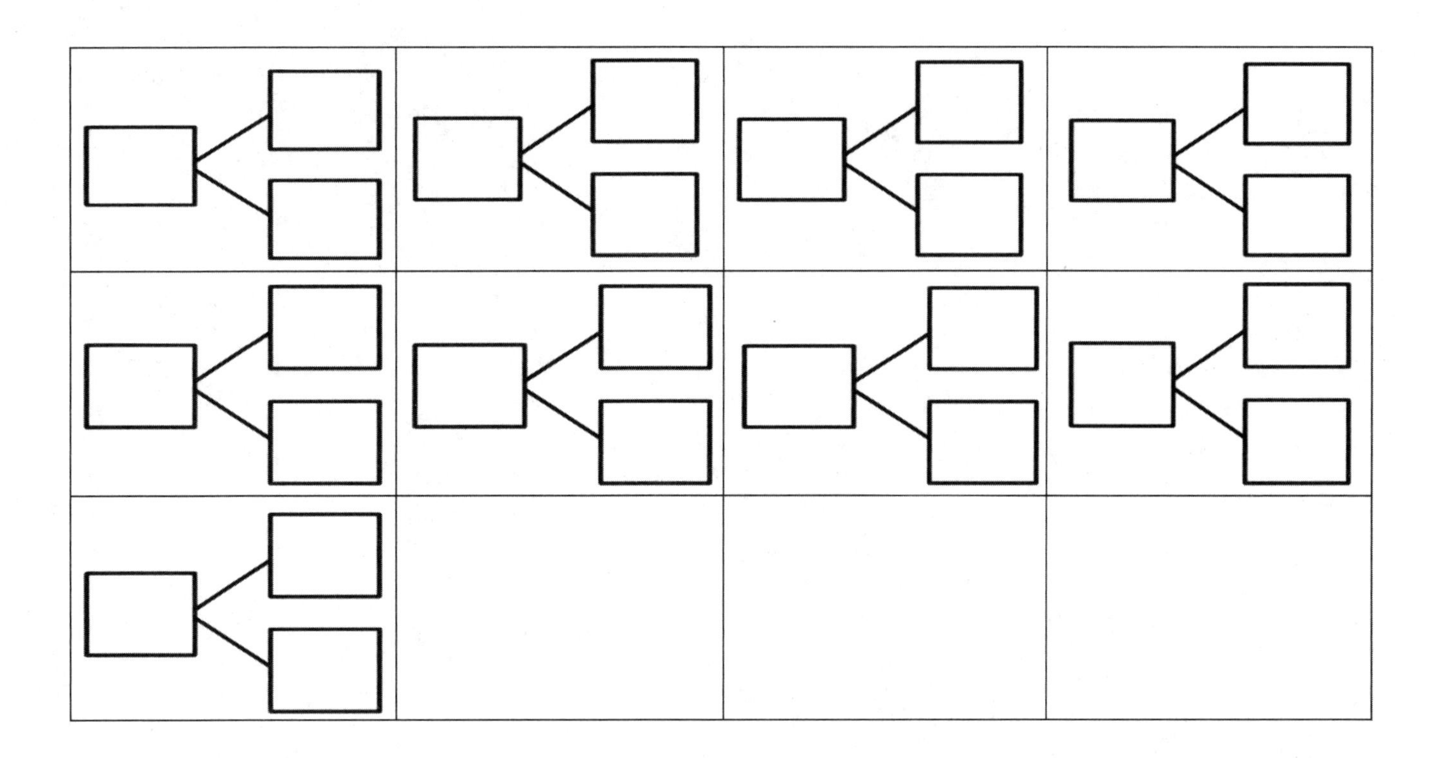

# 1.er grado
# Módulo 2

Lee el cuento matemático. Haz un dibujo matemático simple y coloca etiquetas. Haz un círculo alrededor de 10 y resuelve.

Maddy va al estanque y atrapa 8 insectos, 3 ranas y 2 renacuajos. ¿Cuántos animales atrapó en total?

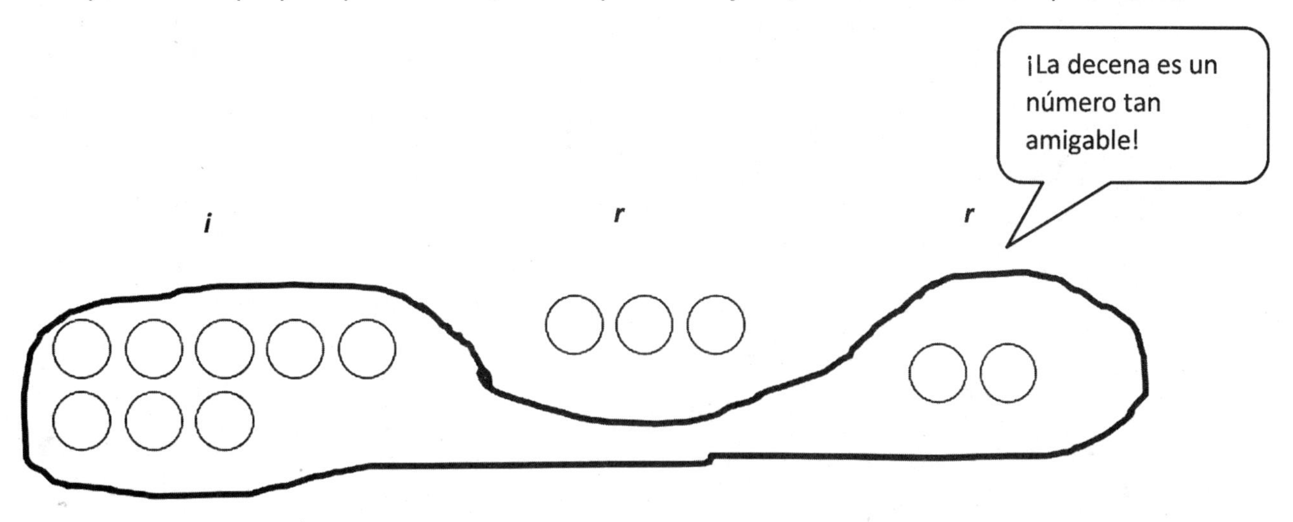


$8 + 3 + 2 = 13$

$8 + 2 = 10$

$10 + 3 = 13$

Tengo 10 y 3 más. ¡Eso suma 13 animales!

Puedo formar una decena sumando 8 y 2. Puedo formar un grupo con 8 y 2, de la misma manera que los atábamos en clase con un hilo.

Maddy atrapó __13__ animales.

Nombre ______________________ Fecha ____________

Lee el relato de matemáticas. Haz un dibujo matemático sencillo con etiquetas. Encierra en un círculo 10 y resuelve.

1. Chris trajo algunos manjares. Él compró 5 barras de granola, 6 cajas de pasas y 4 galletas. ¿Cuántos manjares compró Chris?

____ + ____ + ____ = ____

10 + ____ = ____

Chris compró ______ manjares.

---

2. Cindy tiene 5 gatos, 7 carpas doradas y 5 perros. ¿Cuántas mascotas tiene en total?

____ + ____ + ____ = ____

10 + ____ = ____

Cindy tiene _____ mascotas.

3. Mary recibe calcomanías en la escuela por su buen trabajo. Ella recibió 7 calcomanías en relieve, 7 calcomanías con olor y 3 calcomanías planas. ¿Cuántas calcomanías obtuvo Mary en la escuela en total?

____ + ____ + ____ = ____

10 + ____ = ____

Mary recibió ____ calcomanías en la escuela.

---

4. Jim se sentó en una mesa con 4 maestros y 9 niños. ¿Cuántas personas se sentaron en la mesa después de que Jim se sentó?

____ + ____ + ____ = ____

____ + ____ = ____

Había ____ personas en la mesa después de que Jim se sentó.

1. Haz un círculo alrededor de los números que forman una decena. Haz un dibujo. Completa el enunciado numérico.

(3) + 4 + (7) = □

10

__4__ + __3__ + __7__

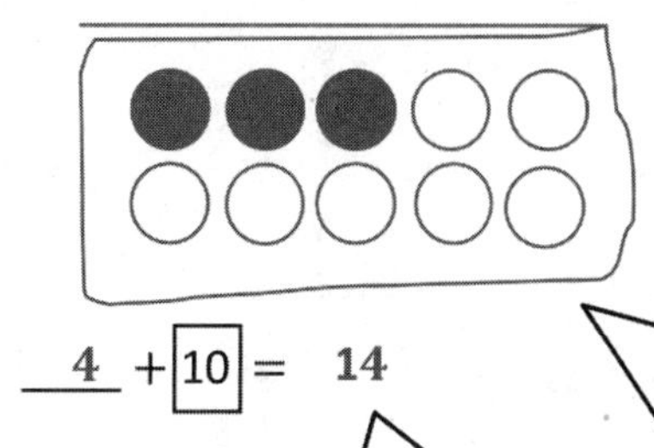

__4__ + [10] = 14

Puedo reorganizar los números para mostrar la estrategia de formar decenas.

Al sumar cantidades en diferente orden, llego al mismo total.

Puedo completar el nuevo enunciado numérico que muestra cómo formé una decena. Ambos enunciados numéricos tienen el mismo total, 14.

Puedo dibujar un grupo de 3 y 7 primero porque sé que forman una decena. Puedo hacer un círculo alrededor del grupo de diez, de la misma manera que lo hicimos con el hilo.

2. Haz un círculo alrededor de los números que forman una decena y luego, forma un vínculo numérico con ellos. Escribe un nuevo enunciado numérico.

(10)

3 + (5) + (5) = __13__ __3__ + __10__ = __13__

Puedo dibujar un vínculo numérico para mostrar cómo formaré una decena a partir de dos números.

Este es mi nuevo enunciado numérico. Diez y 3 más es igual a 13.

Nombre ______________________________ Fecha _______________

Encierra en un círculo los números que hacen diez. Dibuja una imagen. Completa el enunciado numérico.

1. 6 + 2 + 4 = ☐

10

6 + _____ + 2 10 + _____ = _____

---

2. 5 + 3 + 5 = ☐

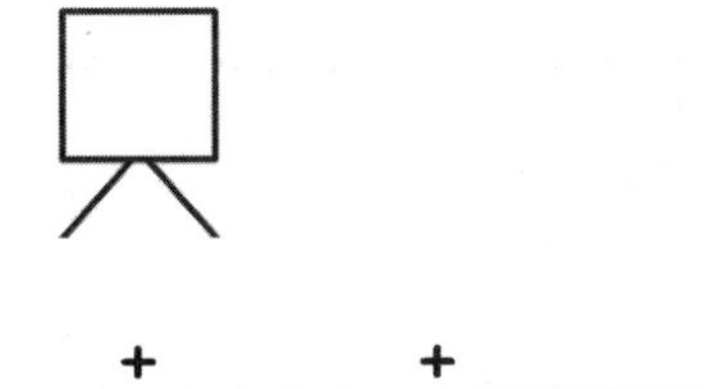

_____ + _____ + _____ 10 + _____ = _____

---

3. 5 + 2 + 8 = ☐

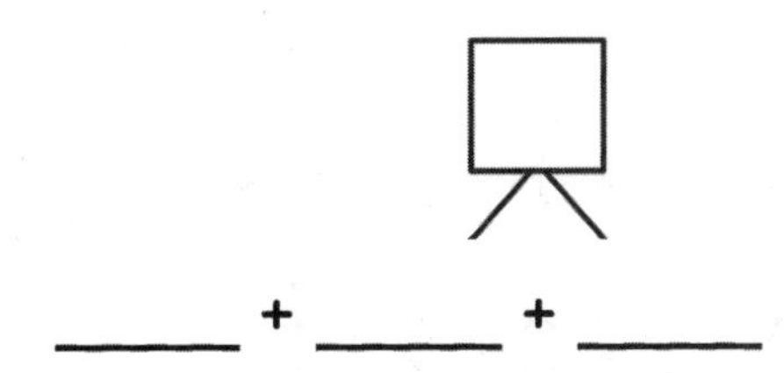

_____ + _____ + _____ _____ + 10 = _____

4. 2 + 7 + 3 = □

_____ + _____ + _____ _____ + 10 = _____

---

Encierra en un círculo los números que hacen diez, y colócalos dentro de un vínculo numérico. Escribe un enunciado numérico nuevo.

5.

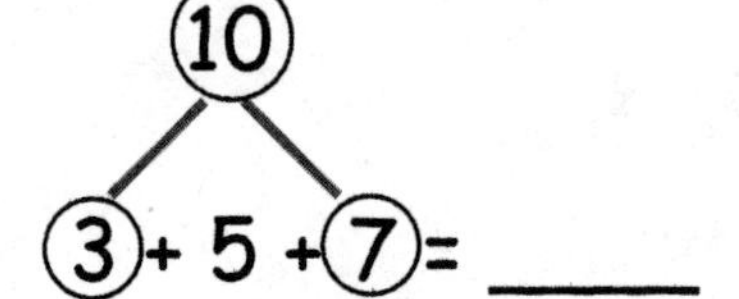


_____ + _____ = _____

---

6.

4 + 8 + 2 = _____ _____ + _____ = _____

---

Desafío: Encierra en un círculo los sumandos que hacen diez. Encierra en un círculo los enunciados numéricos verdaderos.

a. 5 + 5 + 3 = 10 + 3

b. 4 + 6 + 6 = 10 + 6

c. 3 + 8 + 7 = 10 + 6

d. 8 + 9 + 2 = 9 + 10

Dibuja, etiqueta y haz un círculo para mostrar cómo formar decenas te ayudó a resolver. Completa los enunciados numéricos.

1. Todd tiene 9 pasas y Jenny tiene 3. ¿Cuántas pasan tienen en total?

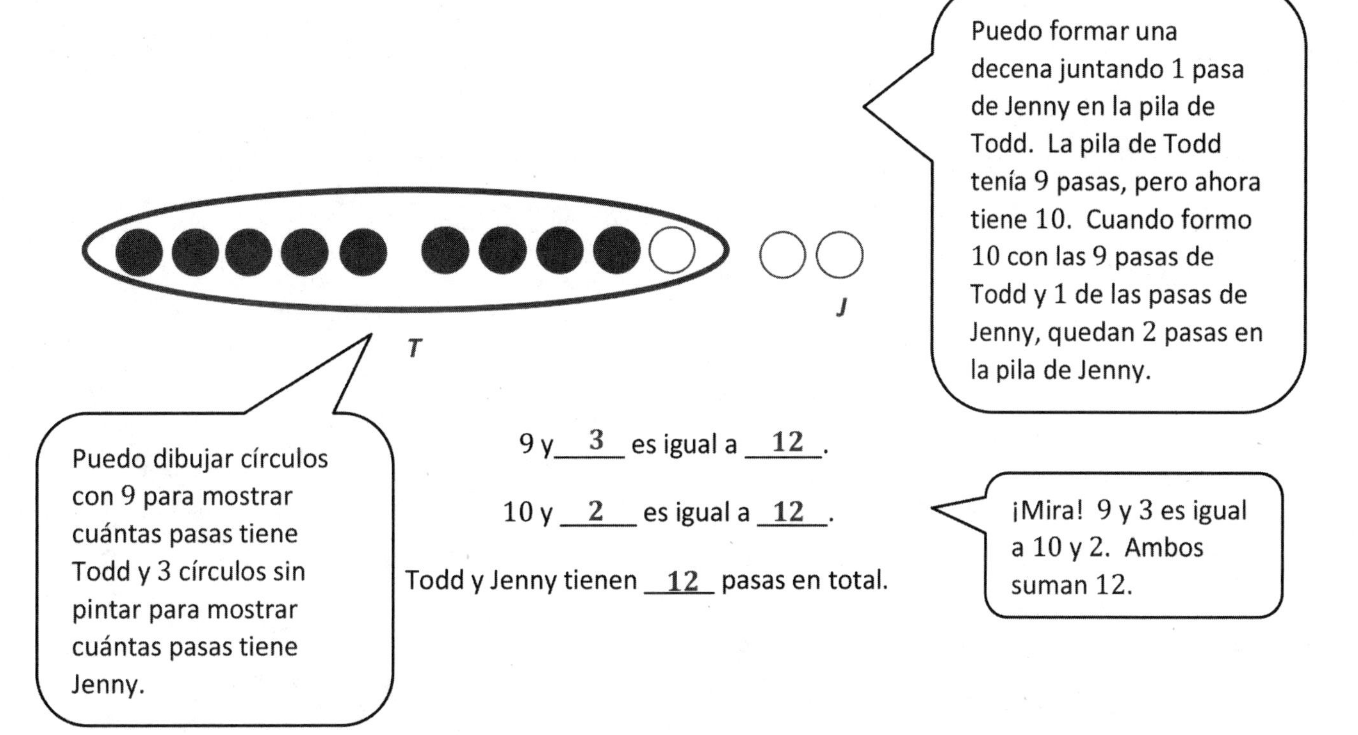


9 y __3__ es igual a __12__.

10 y __2__ es igual a __12__.

Todd y Jenny tienen __12__ pasas en total.

2. Hay 7 niños sentados sobre una alfombra y 9 niños en pie. ¿Cuántos niños hay en total?

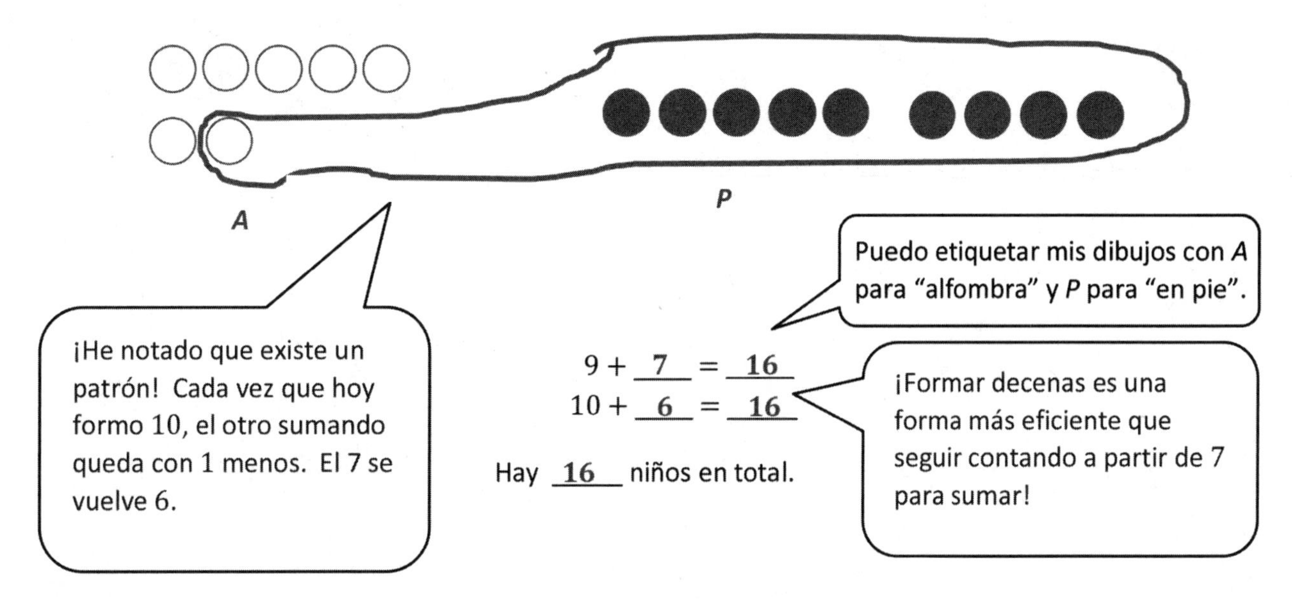


$9 + \underline{7} = \underline{16}$

$10 + \underline{6} = \underline{16}$

Hay __16__ niños en total.

Nombre ______________________ Fecha ____________

Dibuja, nombra y encierra en un (círculo) para mostrar cómo hiciste diez para ayudar a resolver.
Completa los enunciados numéricos.

1. Ron tiene 9 canicas, y Sue tiene 4 canicas.
   ¿Cuántas canicas tienen en total?

9 y _______ hacen _______.

10 y _______ hacen _______.

Ron y Sue tienen ______ canicas.

---

2. Jim tiene 5 automóviles y Tina tiene 9. ¿Cuántos automóviles tienen ellos en total?

9 y _______ hacen _______.

10 y _______ hacen _______.

Jim y Tina tienen ___ automóviles.

3. Stan tiene 6 peces, y Meg tiene 9. ¿Cuántos peces tienen ellos en total?

9 + ____ = ____

10 + ____ = ____

Stan y Meg tienen ___ peces.

---

4. Rick hizo 7 galletas, y Mamá hizo 9. ¿Cuántas galletas hicieron Rick y Mamá?

9 + ____ = ____

10 + ____ = ____

Rick y Mamá hicieron ___ galletas.

---

5. Papá tiene 8 bolígrafos, y Tony tiene 9. ¿Cuántos bolígrafos tienen Papá y Tony en total?

9 + ____ = ____

10 + ____ = ____

Papá y Tony tienen ___ bolígrafos.

1. Resuelve. Haz un dibujo matemático usando el marco de diez para mostrar cómo formaste 10 para resolver.

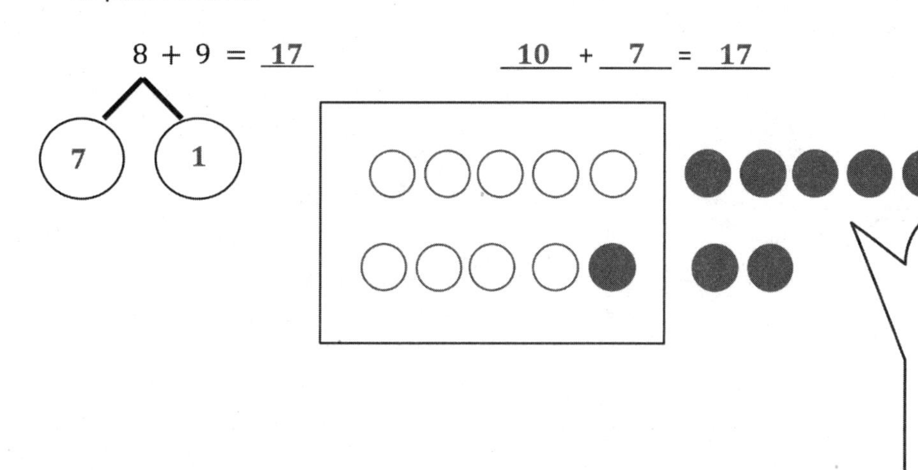


Considerando que 9 es el sumando mayor, puedo hacer 9 círculos primero. ¡Luego, puedo dibujar 8 círculos rellenos y puedo formar una decena! Tiene un marco a su alrededor. ¡Por eso se llama marco de diez!

2. Empareja los enunciados numéricos con los vínculos que usaste como ayuda para formar una decena

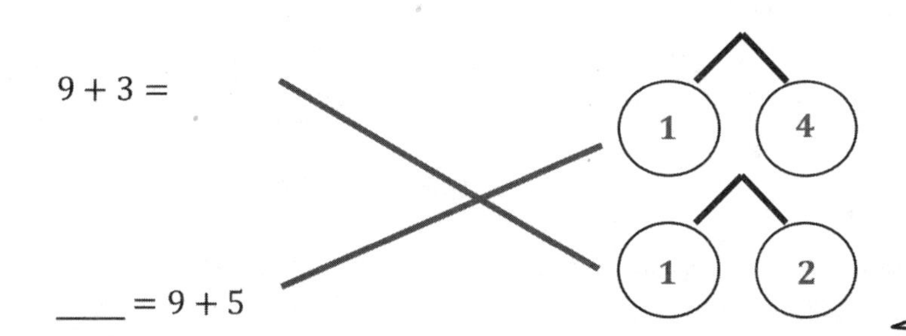


Puedo descomponer 3 en 1 y 2. Sé que 9 y 1 forman una decena. $9 + 3$ es igual a $10 + 2$.

3. Muestra cómo las expresiones son iguales.

Usa un vínculo numérico para formar una decena en la expresión *operación* 9 + dentro del enunciado numérico verdadero. Haz un dibujo para mostrar el total.

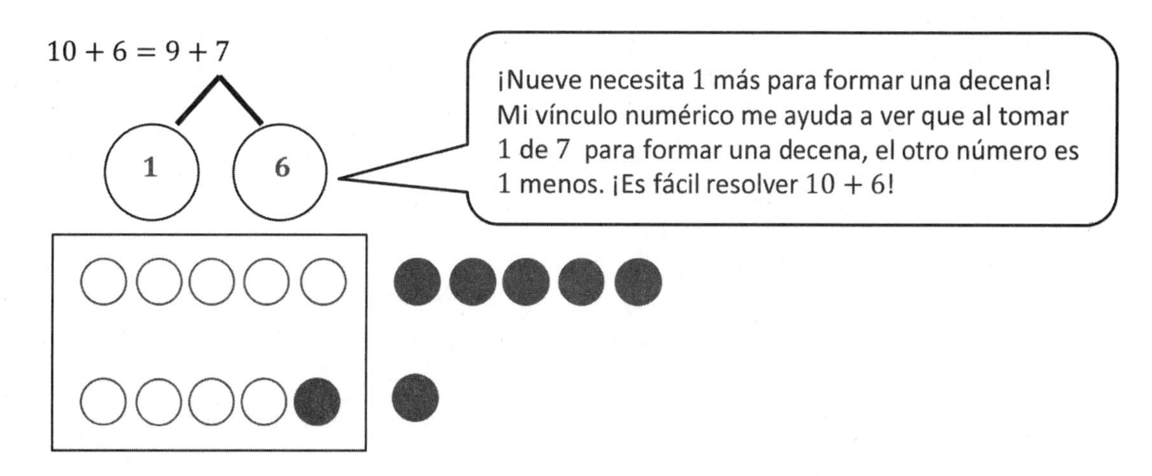

Nombre ______________________________ Fecha ______________

Resuelve. Haz dibujos matemáticos usando la tabla de decenas para mostrar cómo hicieron 10 para resolver.

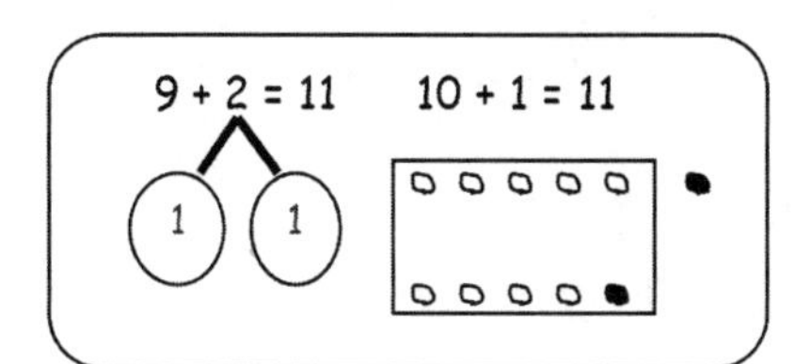


1. 9 + 3 = ____        ____ + ____ = ____

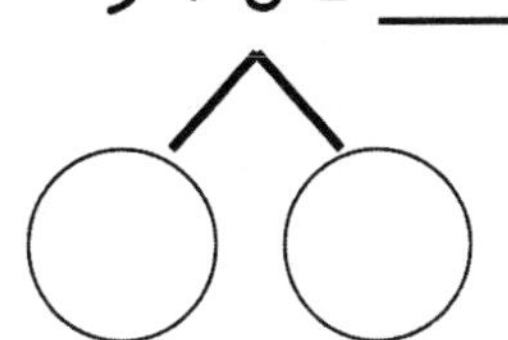

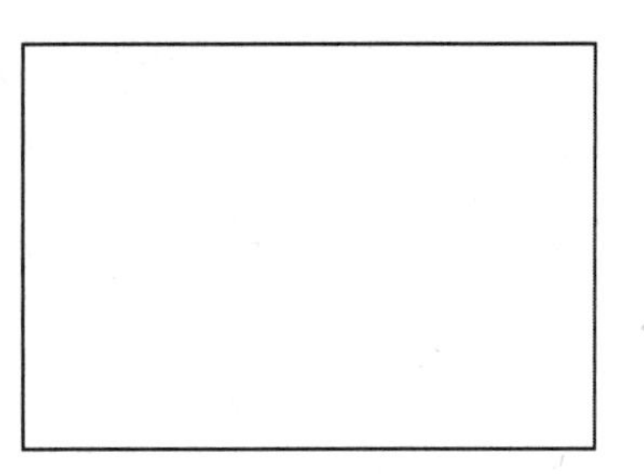

---

2. 9 + 6 = ____        ____ + ____ = ____

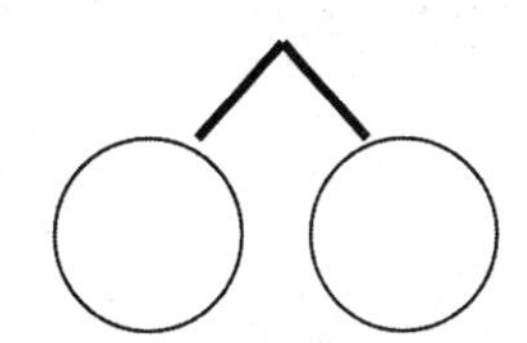

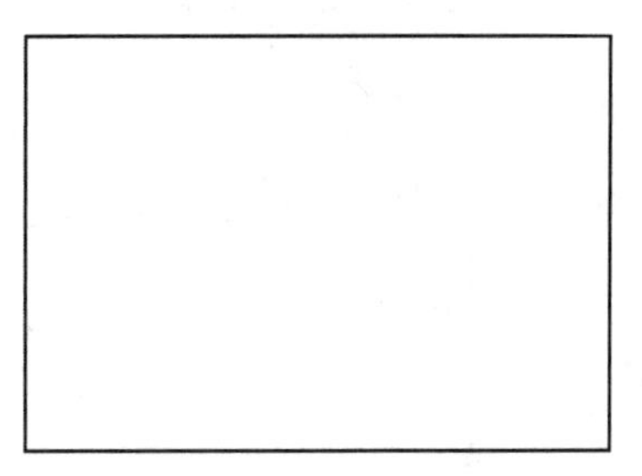

---

3. 7 + 9 = ____        ____ + ____ = ____

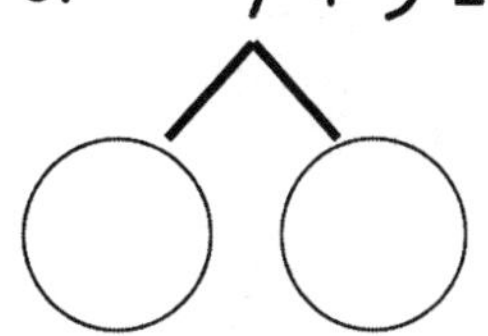

4. Relaciona los enunciados numéricos con los enlaces que usaron para ayudar a hacer diez.

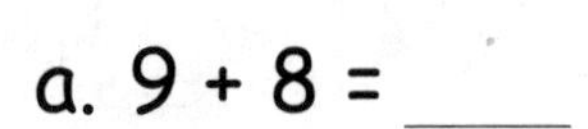

a. 9 + 8 = ____

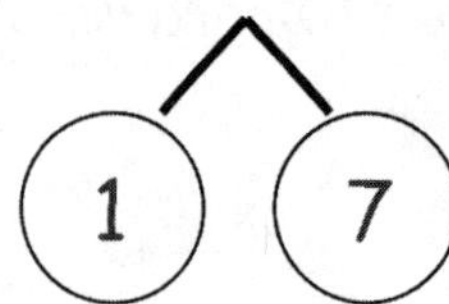


b. ___ = 9 + 6

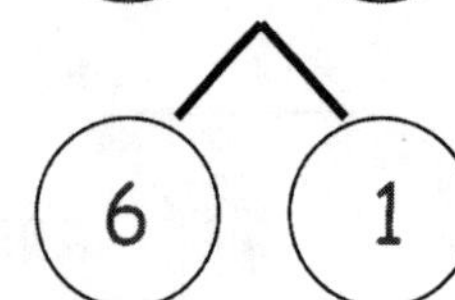


c. 7 + 9 = ____

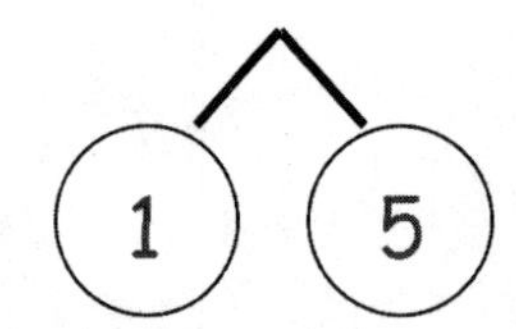


---

5. Muestra de qué forma las expresiones son iguales.

Usa vínculos numéricos para hacer diez en la expresión de la operación 9+ dentro del vínculo numérico verdadero. Dibuja para mostrar el total.

a. 9 + 2 = 10 + 1

b. 10 + 3 = 9 + 4

c. 5 + 10 = 6 + 9

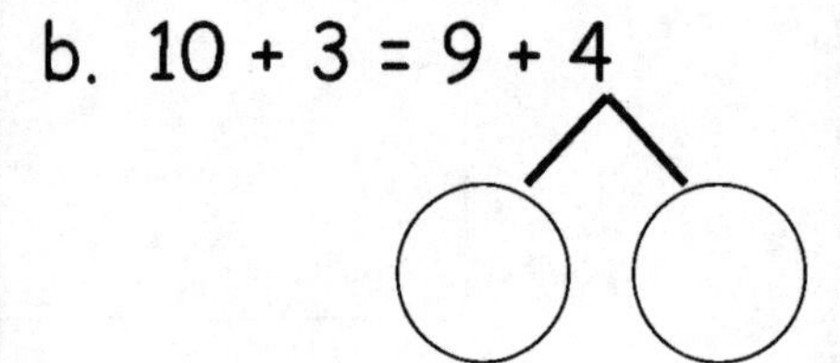

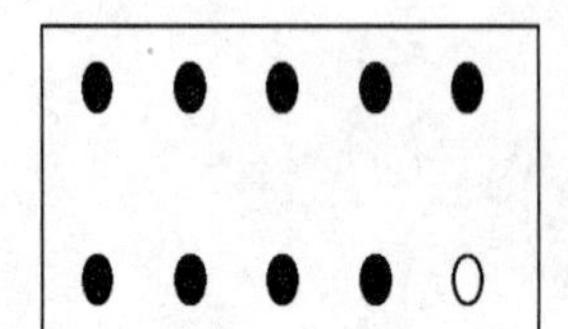

1. Resuelve el enunciado numérico. Usa un vínculo numérico para mostrar tu razonamiento. Escribe el hecho 10 + y el nuevo vínculo numérico.

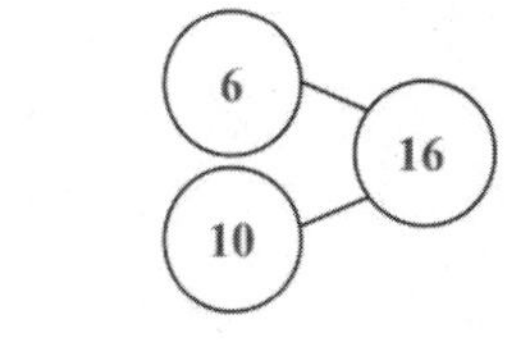


9 + 7 = 16 10 + 6 = 16

9 + 7 es igual a 10 + 6, pero cuando dibujo mi vínculo numérico, es mucho más fácil de resolver cuando una parte es 10.

Resuelve. Empareja el enunciado numérico con el vínculo numérico 10 +.

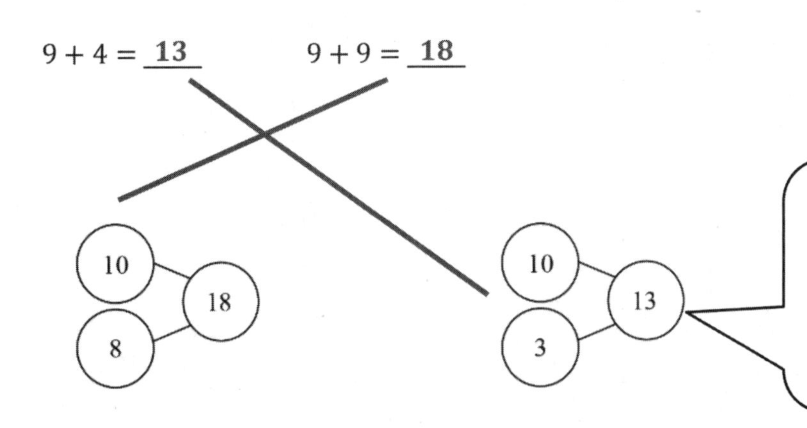


Cuando hago vínculos numéricos con una decena como una de las partes, puedo resolver rápidamente porque 10 es un número amigable y yo sé las operaciones de 10 +.

2. Usa una estrategia eficiente para resolver los enunciados numéricos.

Seguir contando

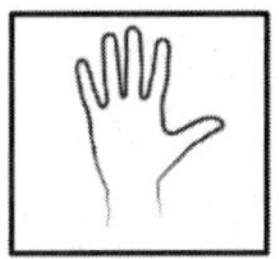

Formar una decena

Vínculo numérico

6 + 9 = 15 10 + 5 = 15

5 1

Puedo usar la estrategia de formar decenas para resolver rápidamente. Demoraría mucho tiempo seguir contando desde 6.

9 + 2 = 11

Para mí es fácil seguir contando 2 más para resolver. Nueeeve, 10, 11.

Nombre ______________________________ Fecha ______________

Resuelve los enunciados numéricos. Usa vínculos numéricos para mostrar su razonamiento. Escribe la operación de 10+ y un nuevo vínculo numérico.

1. $9 + 6 =$ _____ $10 +$ _____ $=$ _____

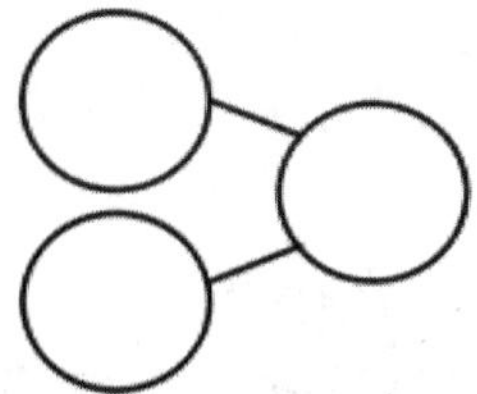

2. $9 + 8 =$ _____ _____ $+$ _____ $=$ _____

3. $5 + 9 =$ _____ _____ $+$ _____ $=$ _____

4. $7 + 9 =$ _____ _____ $+$ _____ $=$ _____

5. Resuelve. Relaciona el enunciado numérico con el vínculo numérico de 10+.

a. $9 + 5 =$ _____ b. $9 + 6 =$ _____ c. $9 + 8 =$ _____

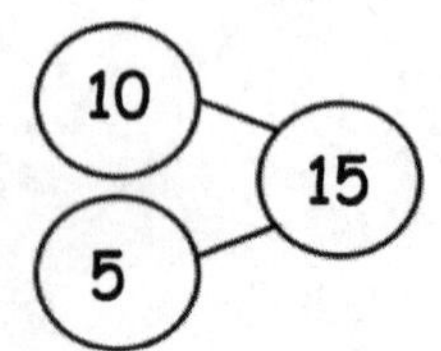


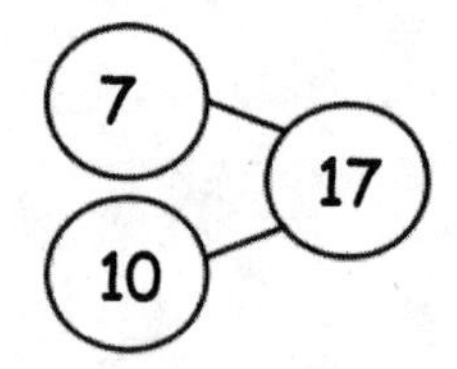


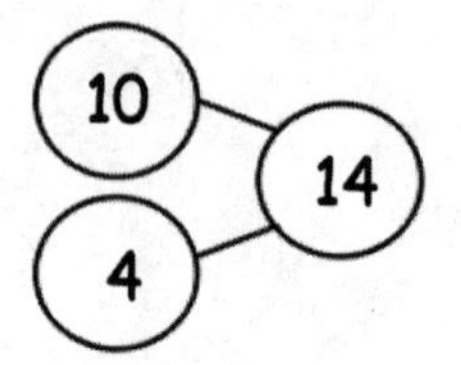


Usa una estrategia eficiente para resolver los enunciados numéricos.

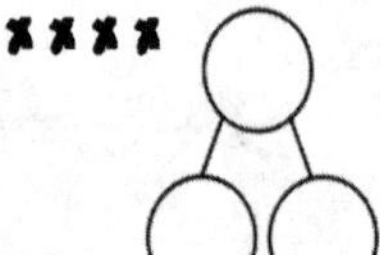

6. $9 + 7 =$ _____ 7. $9 + 2 =$ _____ 8. $9 + 1 =$ _____

9. $8 + 9 =$ _____ 10. $4 + 9 =$ _____ 11. $9 + 9 =$ _____

1. Resuelve. Usa tus vínculos numéricos. Dibuja una línea para emparejar los hechos relacionados. Escribe la cuenta 10 + relacionada.

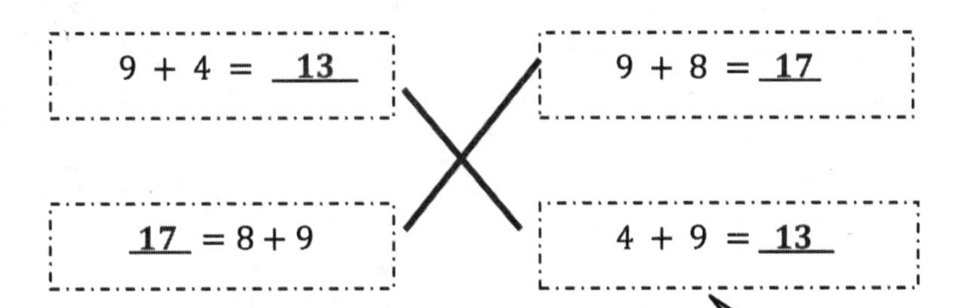


10 + 7 = 17

10 + 3 = 13

No siempre tengo que empezar con el primer número cuando estoy sumando, siempre que sume todas las partes. Puedo empezar con 4 o 9. De cualquier forma, mi total es 13.

2. Completa los enunciados de suma para que sean verdaderos.

$\underline{15} = 9 + 6$

$10 + \underline{9} = 19$

$\underline{10} + 7 = 17$

Sé que si el total es 19 y una parte es 10, entonces, la otra parte debe ser 9.
10 y 9 suman 19. ¡9 y 10 también suman 19!

3. Encuentra y colorea la expresión que sea igual a la expresión que se encuentra en el sombrero del hombre de nieve. Escribe el enunciado numérico verdadero.

$\underline{10 + 5} = \underline{6 + 9}$

Para resolver 6 + 9, me gustaría formar una decena con el 9. ¡Puedo descomponer imaginariamente el 6 en 5 y 1 ya que 9 necesita a 1 para formar una decena!

Nombre ______________________ Fecha ____________

1. Resuelve. Usa tus vínculos numéricos. Dibuja una línea para relacionar las operaciones numéricas. Escribe la operación relacionada de 10+.

| | | | |
|---|---|---|---|
| a. | 9 + 6 = ____ | ____ = 9 + 8 | ____________ |
| b. | ____ = 3 + 9 | ____ = 7 + 9 | ____________ |
| c. | ____ = 9 + 5 | 6 + 9 = ____ | 10 + 5 = 15 |
| d. | 8 + 9 = ____ | 9 + 3 = ____ | ____________ |
| e. | 9 + 7 = ____ | 5 + 9 = ____ | ____________ |

2. Completa los enunciados de suma para hacer que sean verdaderos.

a. 3 + 10 = ____

b. 4 + 9 = ____

c. 10 + 5 = ____

d. 9 + 6 = ____

e. 7 + 10 = ____

f. ____ = 7 + 9

g. 10 + ____ = 18

h. 9 + 8 = ____

i. ____ + 9 = 19

j. 5 + 9 = ____

3. Encuentra y colorea la expresión que es igual a la expresión en el sombrero del hombre de nieve. Escribe el siguiente enunciado numérico verdadero.

a.

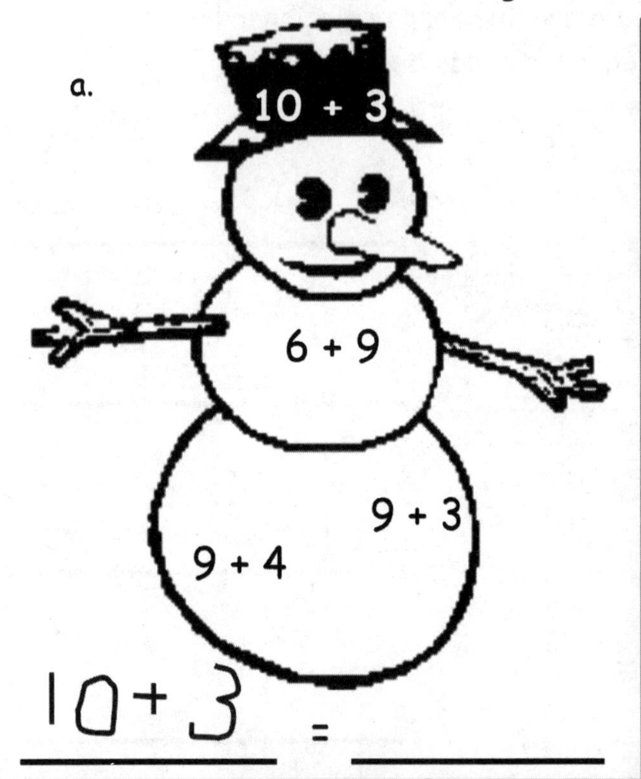


10 + 3 = ______

b.

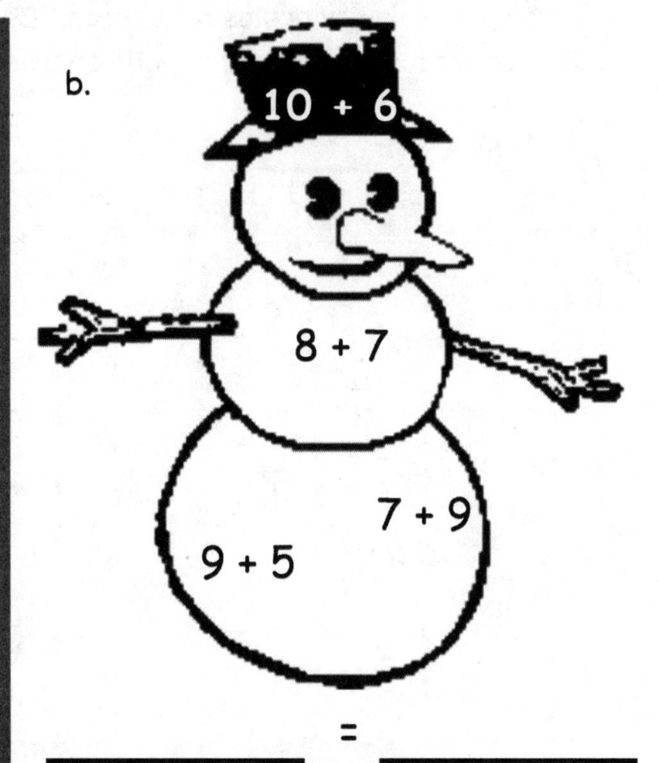


______ = ______

c.

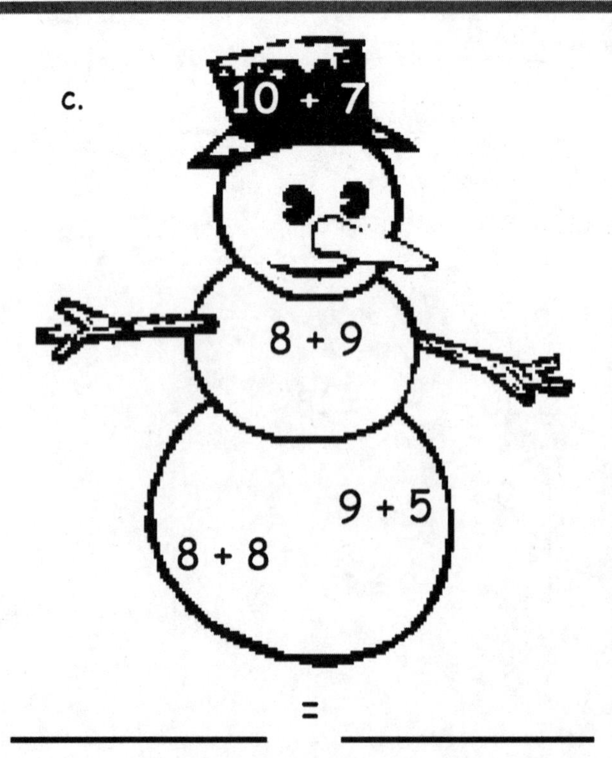


______ = ______

d.

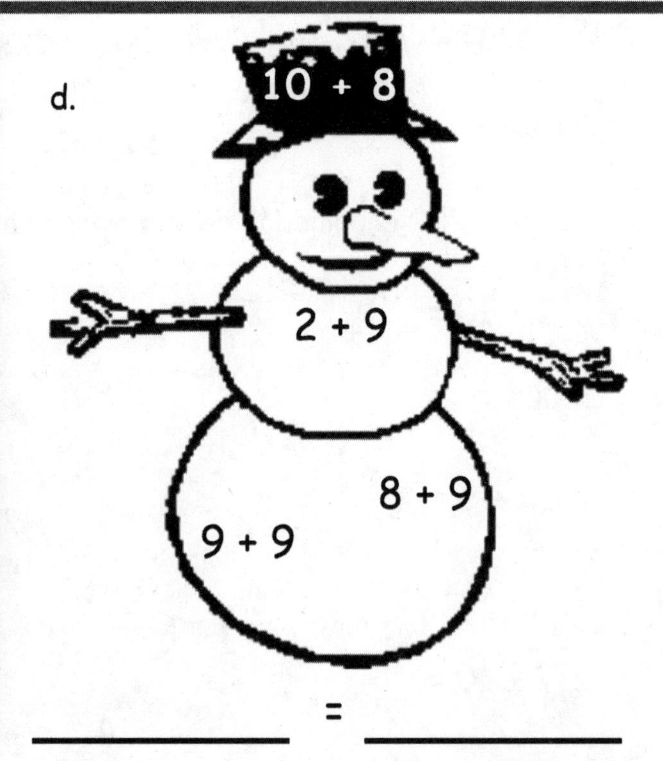


______ = ______

Dibuja, etiqueta y haz un círculo para mostrar cómo formar decenas te ayudó a resolver. Escribe los enunciados numéricos que usaste para resolver.

John tiene 8 pelotas de tenis. Toni tiene 5. ¿Cuántas pelotas de tenis tienen ellos en total?

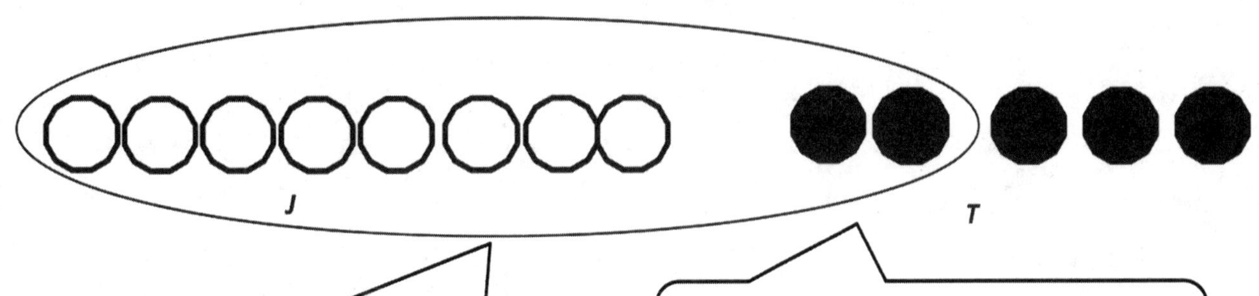


Puedo formar una decena con 8 si tomo 2 del grupo de 5. Haré un círculo alrededor del grupo de diez.

Cuando formo una decena, me sobran 3. Puedo escribir un enunciado numérico, $10 + 3 = 13$.

$\underline{8} + \underline{5} = \underline{13}$

$\underline{10} + \underline{3} = \underline{13}$ John y Toni tienen __13__ pelotas de tenis en total.

Si $8 + 5 = 13$ y $10 + 3 = 13$, entonces yo sé que $8 + 5$ es igual a $10 + 3$.

Nombre ______________________ Fecha ____________

Dibuja, nombra y encierra dentro de un círculo para mostrar cómo hiciste diez para ayudar a resolver.

Escribe los enunciados numéricos que usaste para resolver.

00000000 ●●●
W B

8 + 3 = 11
10 + 1 = 11

1. Meg recibe 8 animales de juguete y 4 automóviles de juguete en una fiesta. ¿Cuántos juguetes tiene Meg en total?

8 + 4 = ____

10 + ____ = ____

Meg recibe ____ juguetes.

2. John hace 6 canastas en su primer juego de baloncesto y 8 canastas en su segundo. ¿Cuántas canastas hace en total?

____ + ____ = ____

____ + ____ = ____

John have ____ canastas.

3. May tiene una fiesta. Ella invita a 7 niñas y 8 niños. ¿Cuántos amigos invita en total?

_____ + _____ = _____

_____ + _____ = _____ May invita _____ amigos.

4. Alec colecciona sombreros de béisbol. Él tiene 9 sombreros de los Mets y 8 sombreros de los Yankees. ¿Cuántos sombreros hay en su colección?

_____ + _____ = _____

_____ + _____ = _____ Alac tiene _____ sombreros.

1. Resuelve. Haz un dibujo matemático usando el marco de diez para mostrar cómo formaste una decena para resolver.

$8 + 8 =$ 16

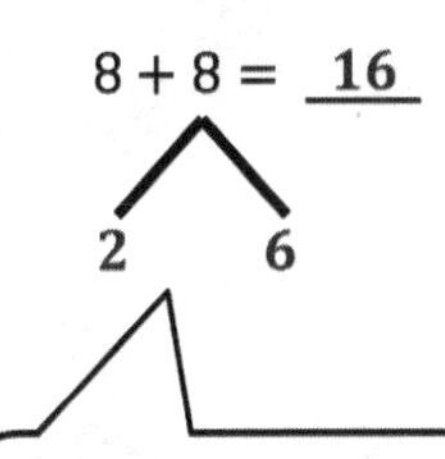

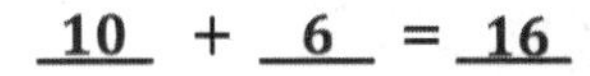

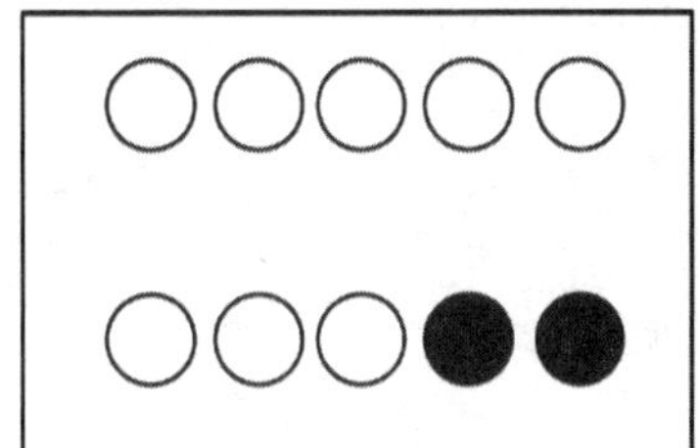

Ocho necesita a 2 para formar una decena. Entonces, hice una descomposición del segundo 8 en 2 y 6.

Formé una decena en mi dibujo primero. La decena está dentro de un marco. Mi imagen muestra una nueva expresión, 10 + 6.

2. Haz dibujos matemáticos usando el marco de diez para resolver. Haz un círculo alrededor del enunciado numérico verdadero. Marca con X el enunciado numérico que no es verdadero.

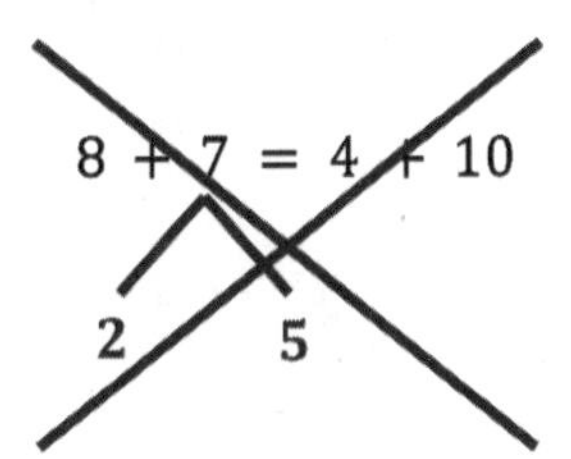

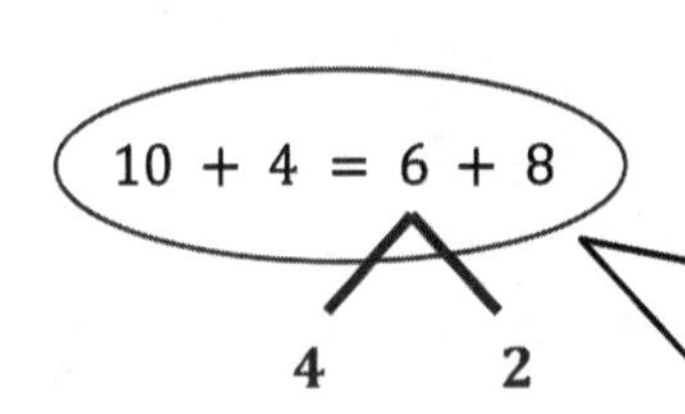

Cuando tengo 8 como un sumando, siempre tendré que descomponer el segundo sumando con 2 como una de las partes. ¡Así formo una decena!

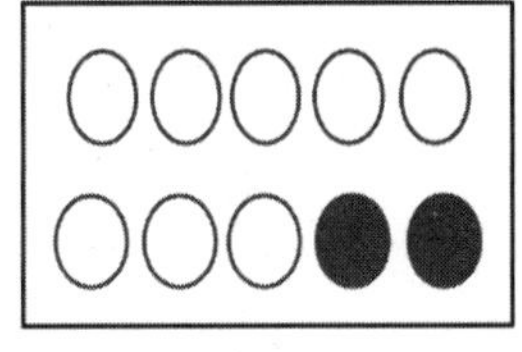

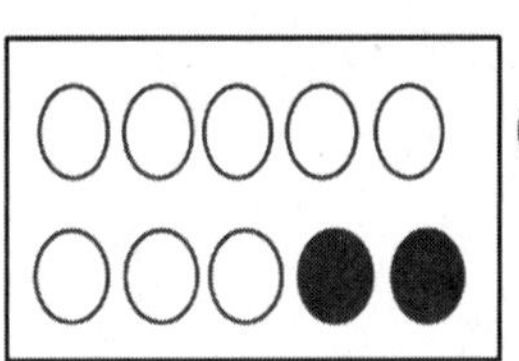

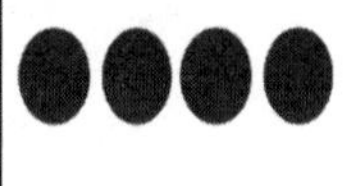

Mi imagen muestra el 7 en dos lugares porque hice la descomposición del 7 en 2 y 5. ¡Mi vínculo numérico muestra esto!

Nombre ______________________________ Fecha ______________

Resuelve. Haz dibujos matemáticos usando las tablas de decenas para mostrar cómo hiciste diez para resolver.

8 + 3 = 11
2 1

10 + 1 = 11

1. 8 + 4 = ____

_____ + _____ = ______

2. 8 + 6 = ____

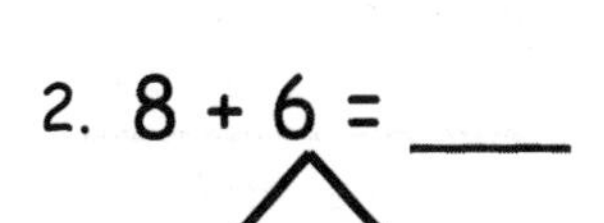

_____ + _____ = ______

3. 7 + 8 = ____

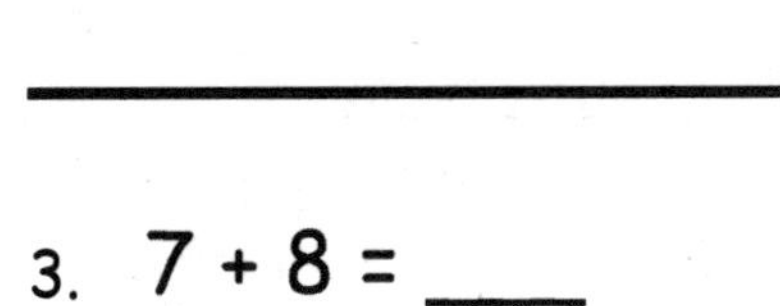

_____ + _____ = ______

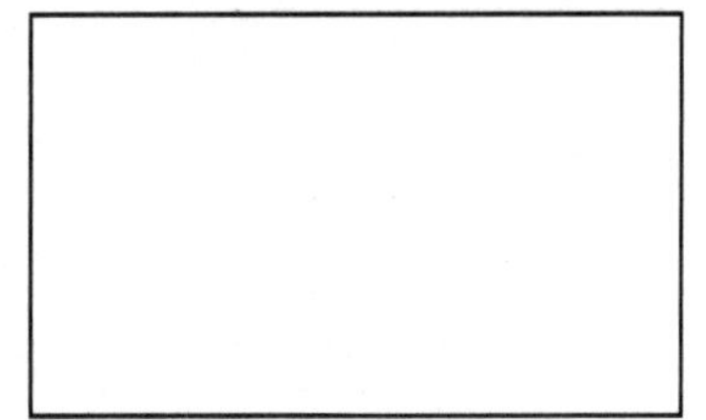

4. Haz dibujos matemáticos usando la tabla de decenas para resolver. Encierra en un círculo los enunciados numéricos verdaderos.

   Escribe una X para mostrar enunciados numéricos que no sean verdaderos.

a. $8 + 4 = 10 + 2$

b. $10 + 6 = 8 + 8$

c. $7 + 8 = 10 + 6$

d. $5 + 10 = 5 + 8$

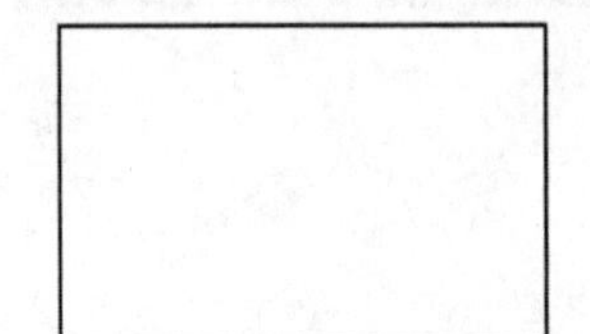

e. $2 + 10 = 8 + 3$

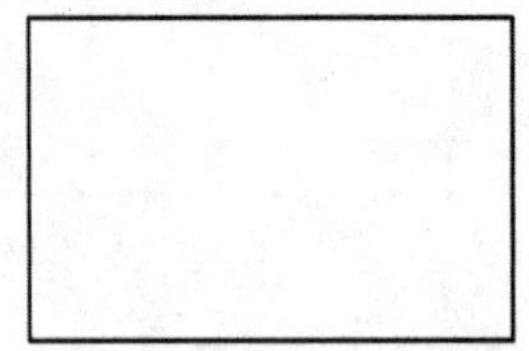

f. $8 + 9 = 10 + 7$

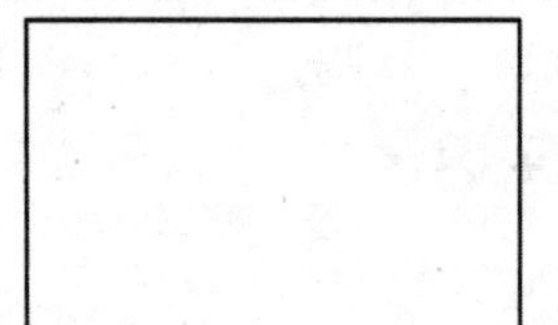

1. Usa un vínculo numérico para mostrar tu razonamiento. Escribe la operación 10 +.

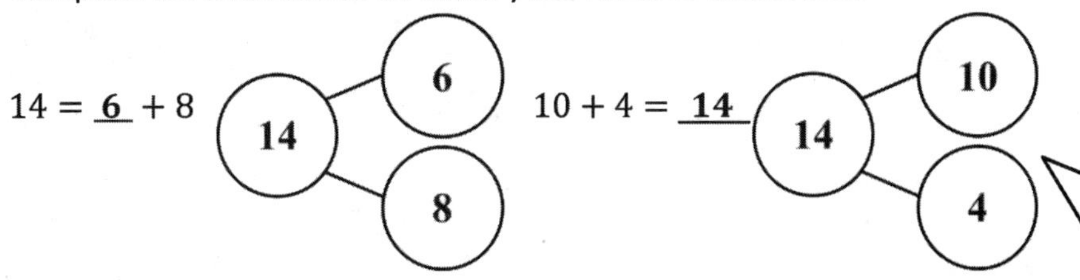


2. Completa los enunciados de suma y los vínculos numéricos.

$14 = \underline{6} + 8$ (14: 6, 8)

$10 + 4 = \underline{14}$ (14: 10, 4)

Puedo resolver el problema más eficientemente cuando uso 10 +. Completé este vínculo numérico más rápido.

3. Dibuja una línea para emparejar el enunciado numérico. Puedes utilizar un vínculo numérico o un dibujo del grupo de 5 para ayudarte.

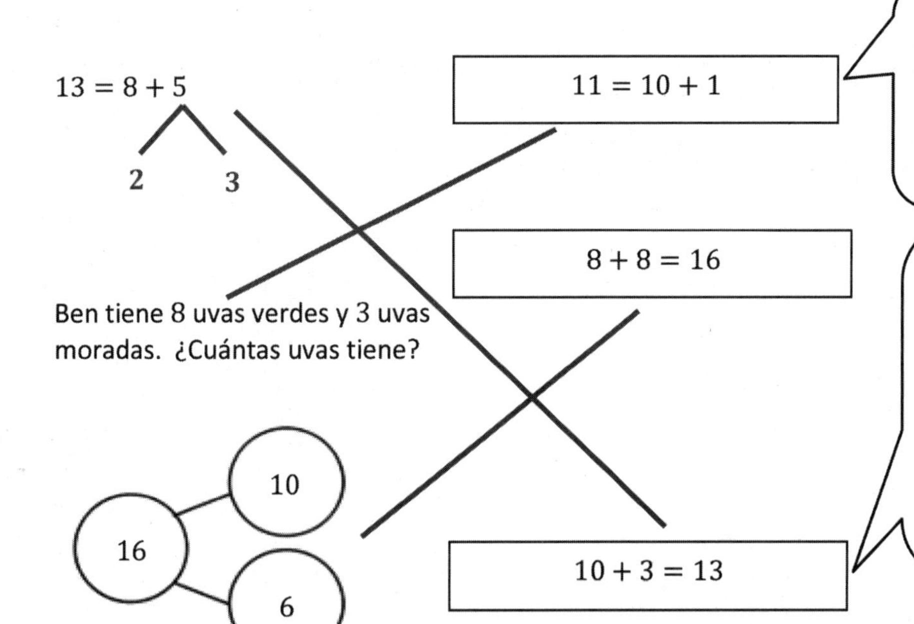


Me resultó más eficiente contar a partir de este número. Solo pensé ooocho, 9, 10, 11.

Me gusta usar la estrategia de hacer diez cuando el segundo sumando es más que 3 como en 8 + 5. Puedo separar 5 y hacer un problema más fácil, 10 + 3.

Nombre ________________ Fecha ________

Usa vínculos numéricos para mostrar tu razonamiento. Escribe la operación 10+.

1. 8 + 3 = ____ 10 + ____ = ____

2. 6 + 8 = ____ ____ + 10 = ____

3. ____ = 8 + 8 ____ = 10 + ____

4. ____ = 5 + 8 ____ = 10 + ____

---

Completa los enunciados de suma y los vínculos numéricos.

5. a. 7 + 8 = ____

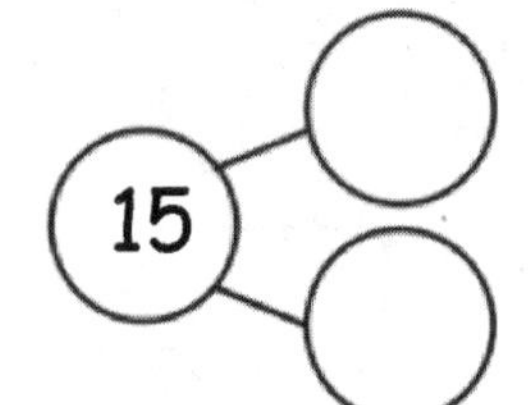


b. 10 + 5 = ____

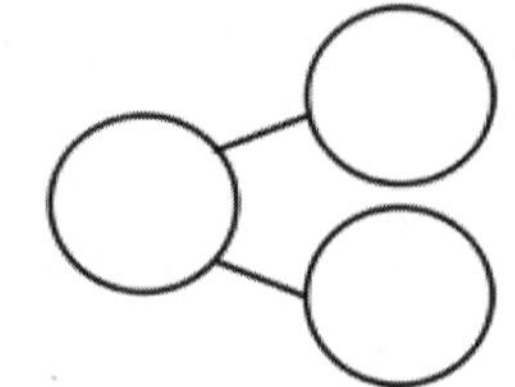

6. a. 16 = ____ + 8

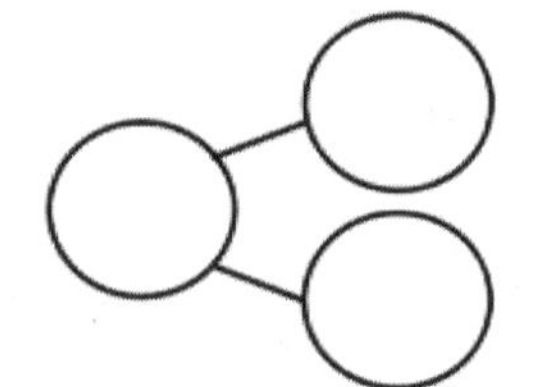

b. 10 + 6 = ____

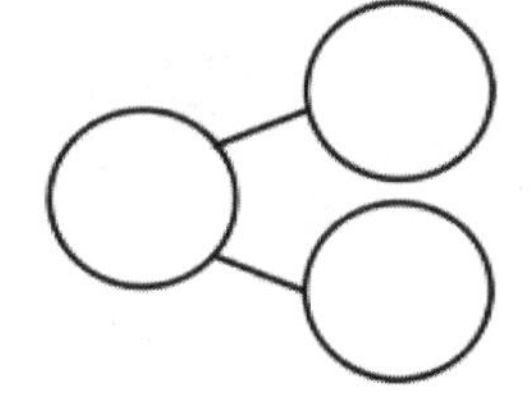

7. a. ____ = 9 + 8

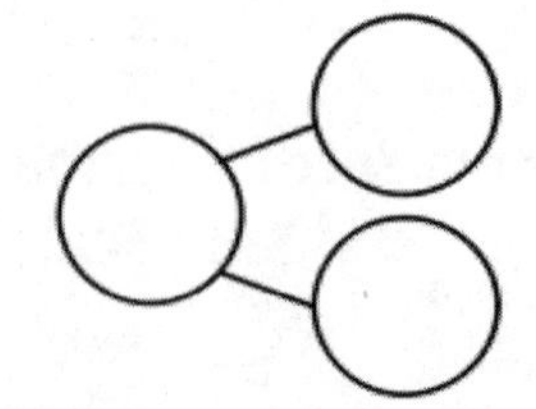

b. 10 + 7 = ____

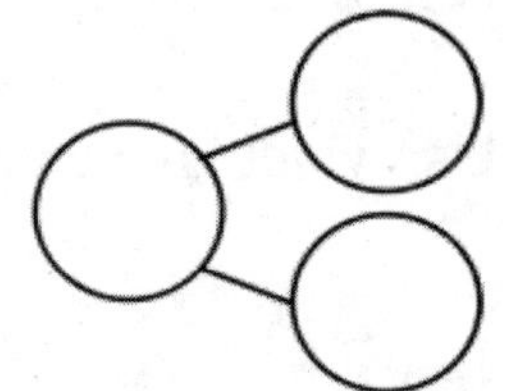

---

Dibuja una recta hacia el enunciado numérico que coincida. Puedes usar un vínculo numérico o un dibujo de grupos de 5 para ayudarte.

8. 11 = 8 + 3

| 8 + 6 = 14 |
|---|

9. Lisa tiene 5 piedras rojas y 8 piedras blancas. ¿Cuántas piedras tiene ella?

| 10 + 1 = 11 |
|---|

| 13 = 10 + 3 |
|---|

10.

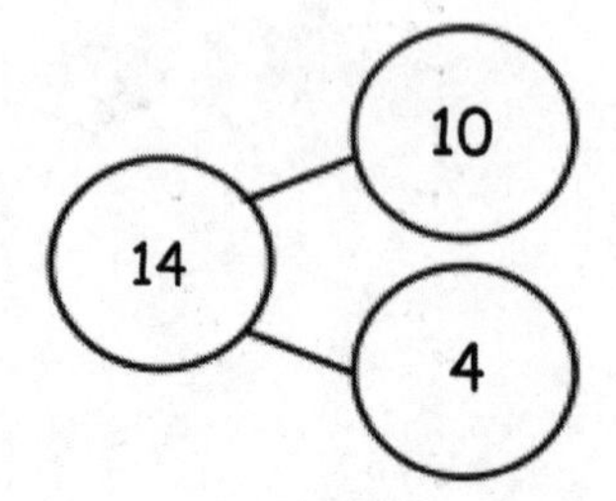

1. Resuelve. Empareja el enunciado numérico con el vínculo numérico de sumas de diez que te ayudó a resolver el problema. Escribe el enunciado numérico de sumas de diez.

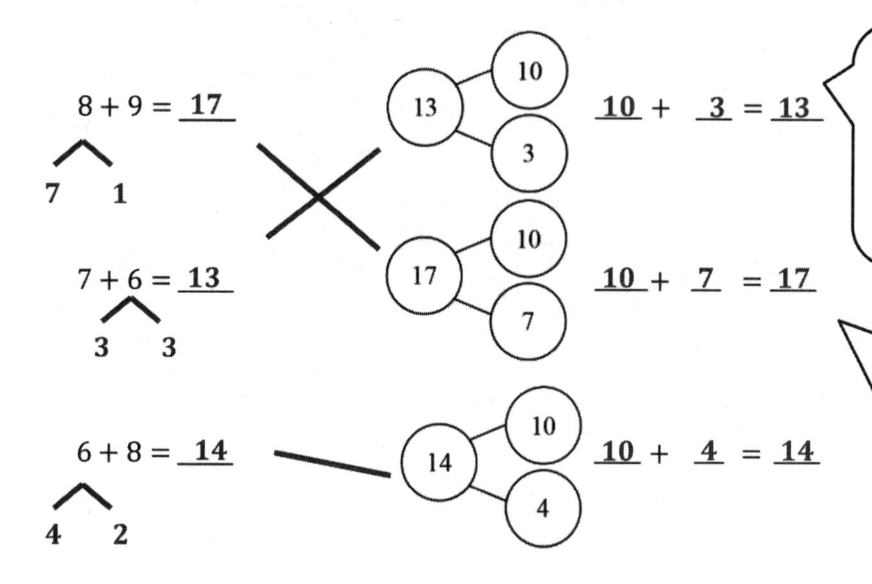


Para 7 + 6, puedo considerar diez con 7 porque está solo a 3 de distancia de diez. Tengo que restar 3 de 6. ¡Resuelvo 10 + 3 en un abrir y cerrar de ojos!

Para 8 + 9, dado que 9 es un sumando, ¡puedo restar 1 del otro sumando! Separé 8 en 7 y 1 para sumar diez con 9.

2. Completa los enunciados numéricos de modo que sean iguales al vínculo numérico dado.

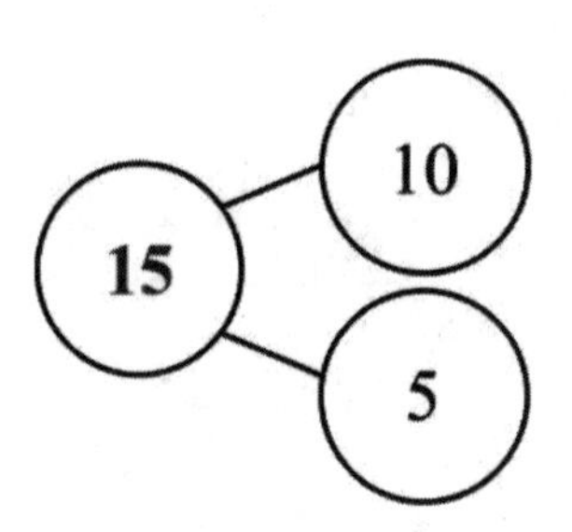


15 = 9 + 6

8 + 7 = 15

15 = 7 + 8

Considerando que 9 + 6 = 15 y 10 + 5 = 15, puedo decir que el enunciado numérico verdadero es: 9 + 6 = 10 + 5.

Nombre ______________________ Fecha __________

Resuelve. Relaciona el enunciado numérico con el vínculo numérico de diez-más que te ayudó a resolver el problema. Escribe el enunciado numérico de diez-más.

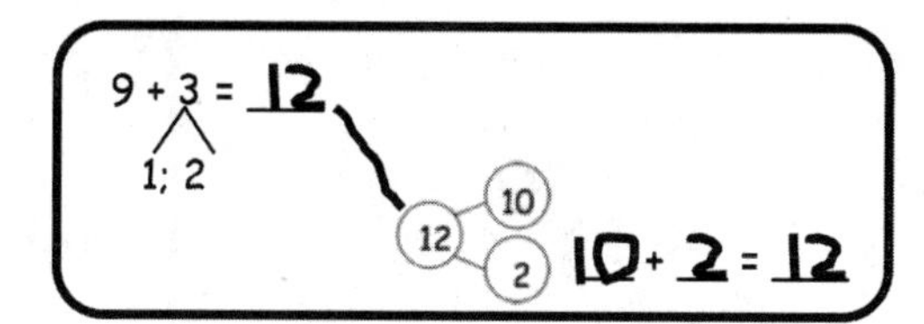


1. 8 + 6 = ____ (11: 10, 1) ____ + ____ = _____

2. 7 + 5 = ____ (15: 10, 5) ____ + ____ = _____

3. 5 + 8 = ____ (12: 10, 2) ____ + ____ = _____

4. 4 + 7 = ____ (14: 10, 4) ____ + ____ = _____

5. 6 + 9 = ____ (13: 10, 3) ____ + ____ = _____

Completa los enunciados numéricos para que sean iguales al vínculo numérico dado.

6.

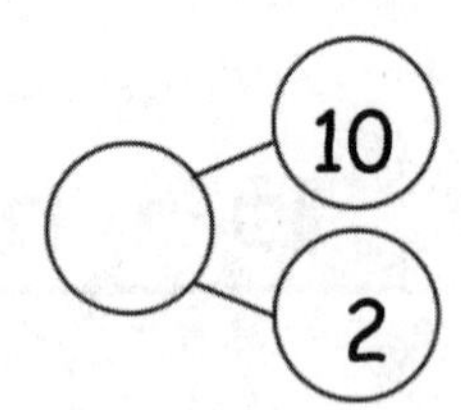


9 + ____ = 12

8 + ____ = 12

7 + ____ = 12

7.

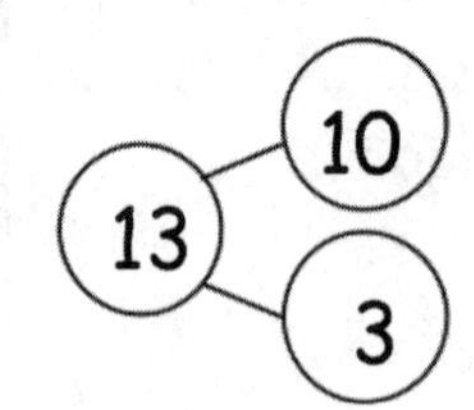


9 + ____ = 13

8 + ____ = 13

7 + ____ = 13

8.

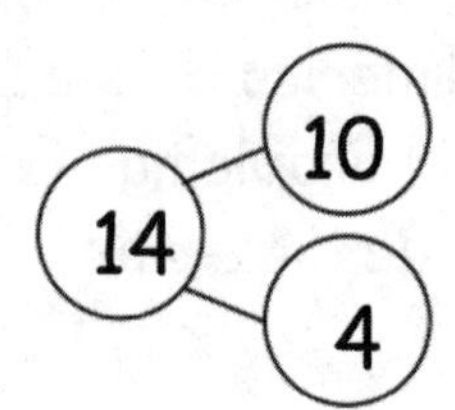


9 + ____ = 14

8 + ____ = 14

7 + ____ = 14

9.

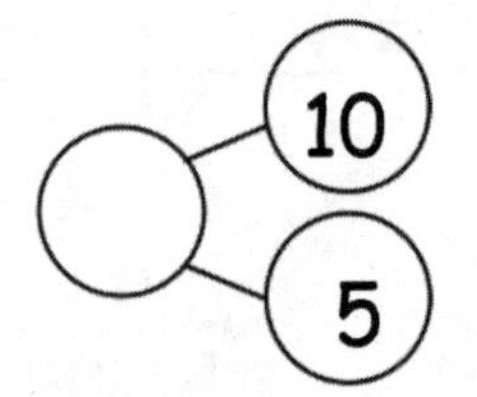


15 = 9 + ____

____ = 8 + ____

____ = 7 + ____

10.

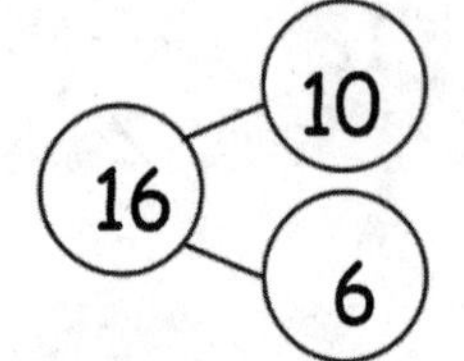


16 = 9 + ____

____ = 8 + ____

7 + ____ = ____

11.

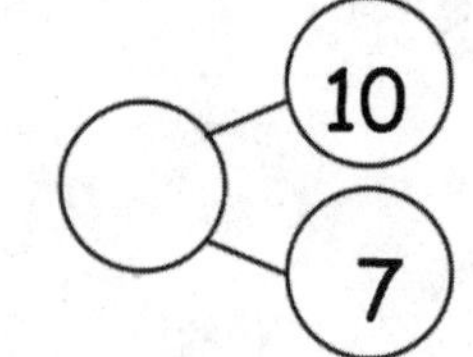


____ = 9 + 8

____ = 8 + ____

____ = 7 + ____

Mira el trabajo del estudiante. Corrígelo. Si la respuesta es incorrecta, incluye una solución correcta en el espacio debajo del trabajo del estudiante.

Jeremy tenía 7 piedras grandes y 8 piedras pequeñas en su bolsillo. ¿Cuántas piedras tenía Jeremy?

Trabajo de Mia

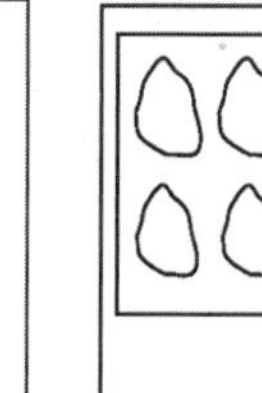


$7 + 8 = 15$

Trabajo de Joe

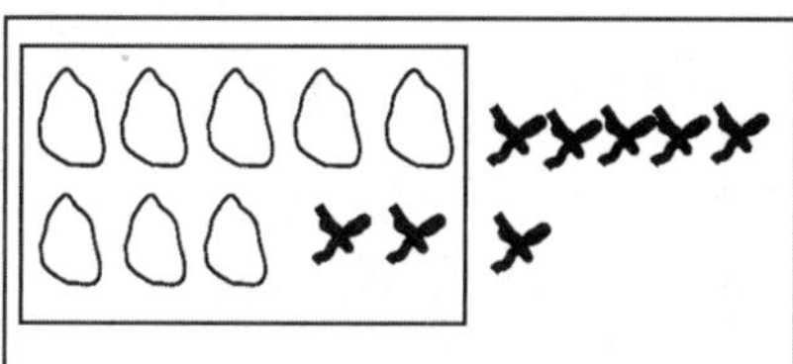

$8 + 7 = 16$

Trabajo de Pranav

$10 + 5 = 15$

Mia usó la estrategia de sumar de a diez y dibujó un vínculo numérico para separar 7 en 5 y 2. ¡Dibujó un círculo alrededor de 8 y 2 porque suman diez!

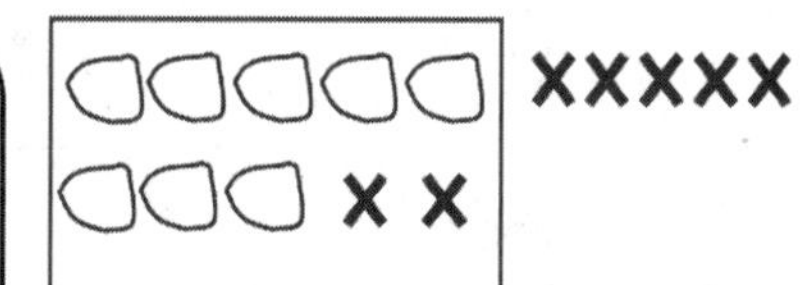

$8 + 7 = 15$

Pranav dibujó las piedras en grupos ordenados de 5. Su estrategia fue restar 8 de 10 y separar 7 en 5 y 2. Dibujó un recuadro para mostrar 10.

Al principio, Joe dibujó lindos grupos de 5, pero creo que se perdió en la cuenta. Su dibujo muestra que 7 se puede dividir en 2 y 6. ¡Eso no es posible! Puedo corregir esto separando 7 en 5 y 2 como hizo Mia.

Nombre ______________________________ Fecha ______________

Observa el trabajo del estudiante. Corrige el trabajo. Si la respuesta es incorrecta, muestra una solución correcta en el espacio debajo del trabajo del estudiante.

1. Todd tiene 9 automóviles rojos y 7 automóviles azules. ¿Cuántos automóviles tiene él en total?

Trabajo de Mary

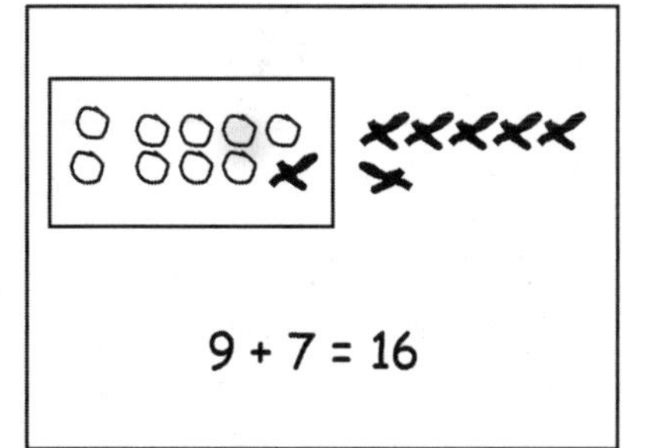


Trabajo de Joe

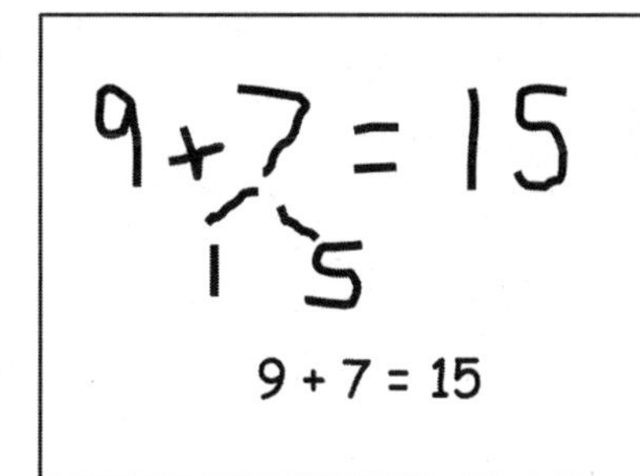


Trabajo de Len

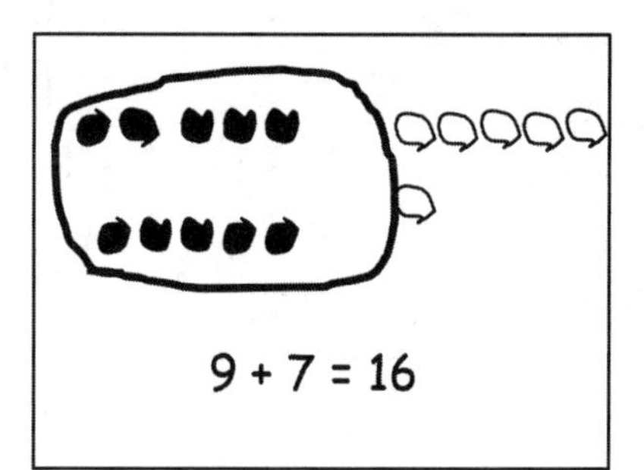


2. Jill tiene 8 peces beta y 5 carpas doradas. ¿Cuántos peces tiene ella en total?

Trabajo de Frank

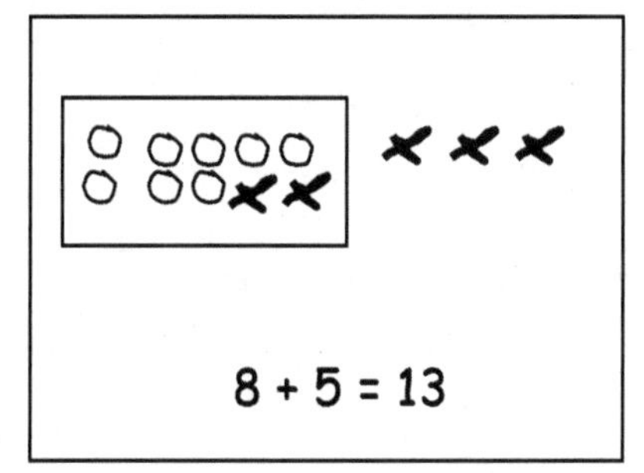


Trabajo de Lori

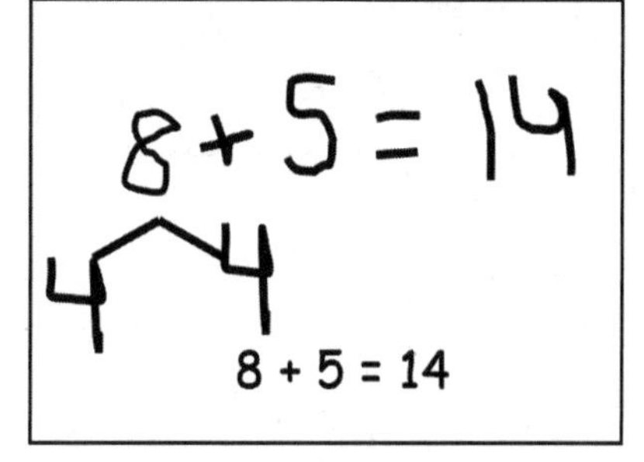


Trabajo de Mike

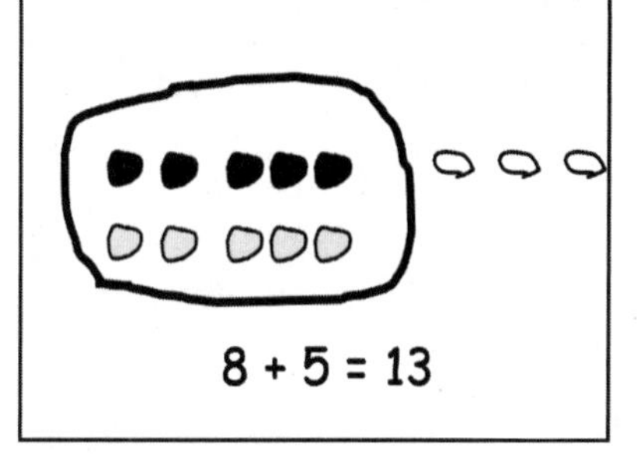

3. Dad horneó 7 pasteles de chocolate y 6 pasteles de vainilla. ¿Cuántos pasteles horneó en total?

Trabajo de Mary

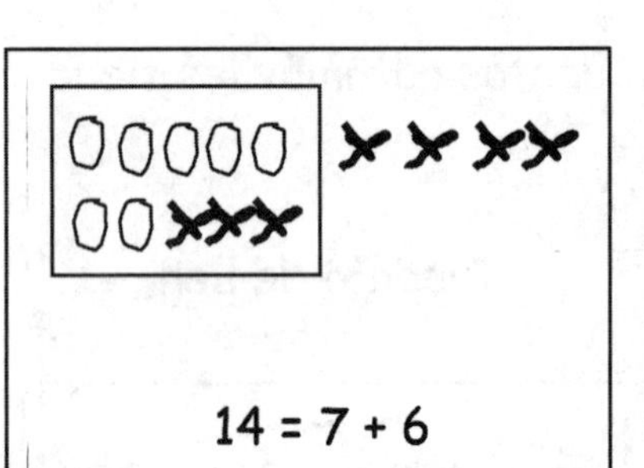


Trabajo de Joe

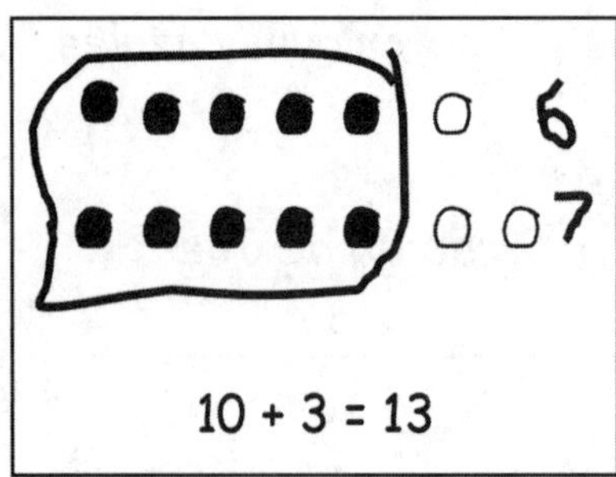


Trabajo de Lori

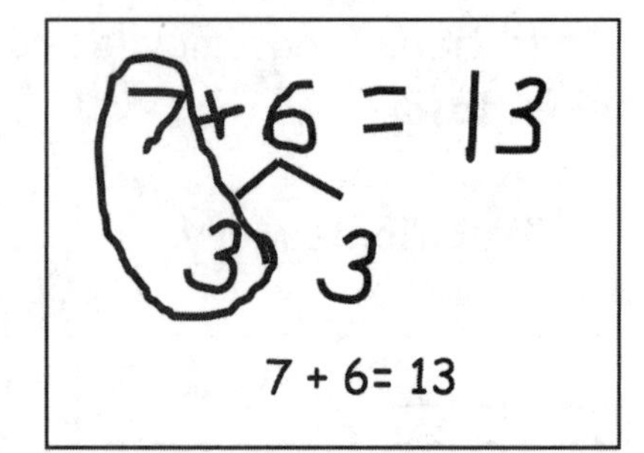


4. Mamá capturó 9 luciérnagas y Sue capturó 8 luciérnagas. ¿Cuántas luciérnagas atraparon en total?

Trabajo de Mike

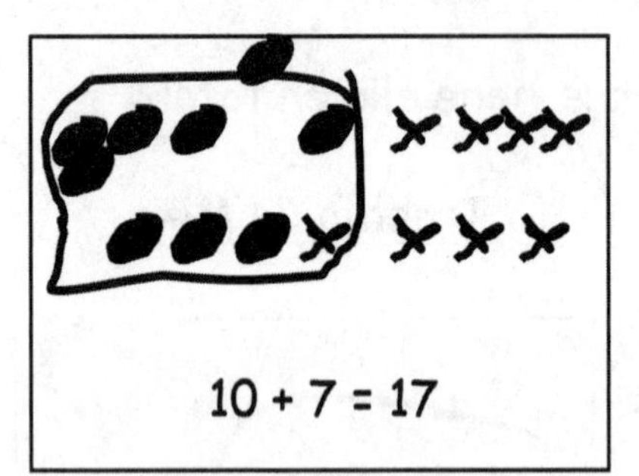


Trabajo de Len

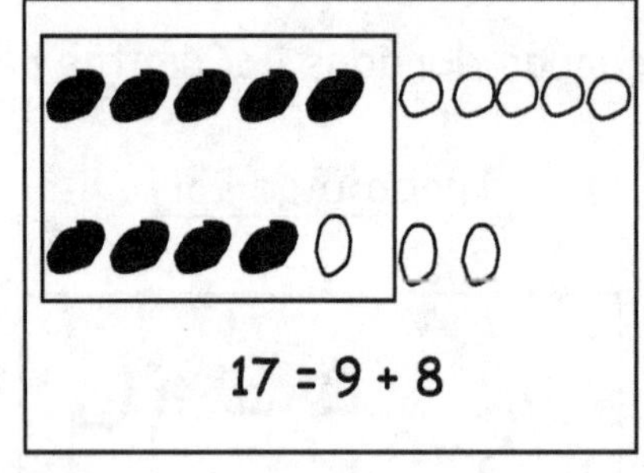


Trabajo de Frank

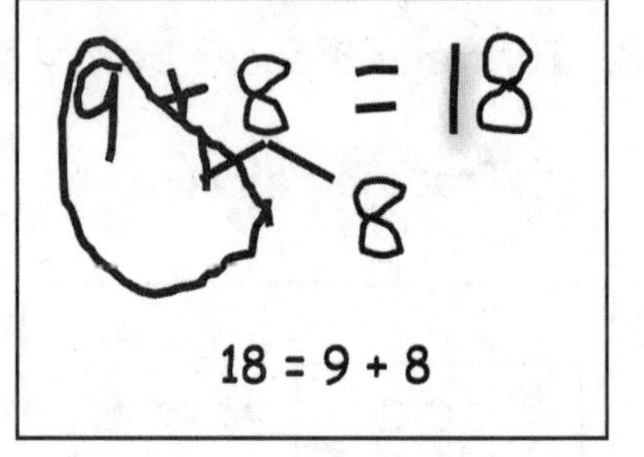

1. Haz un dibujo matemático simple. Tacha algunos de los 10 elementos o la otra parte para reflejar lo que sucede en el cuento.

Bill tiene 16 uvas. 10 están en la vid y 6 están en el suelo.

Bill come 9 uvas de la vid. ¿Cuántas uvas le quedan a Bill?

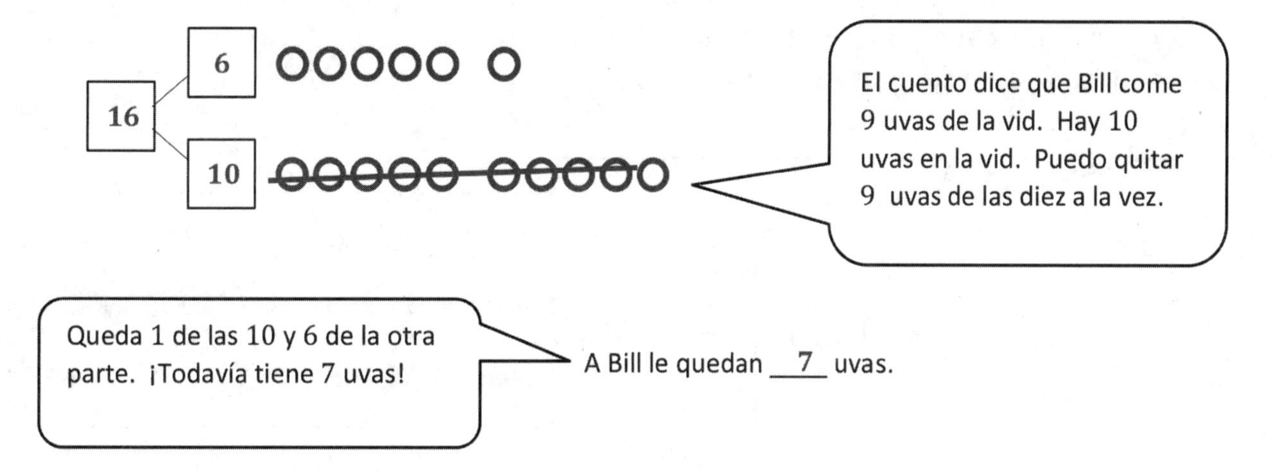


2. Usa el vínculo numérico para rellenar el cuento matemático. Haz un dibujo matemático simple. Tacha algunos de los 10 elementos o la otra parte para reflejar lo que sucede.

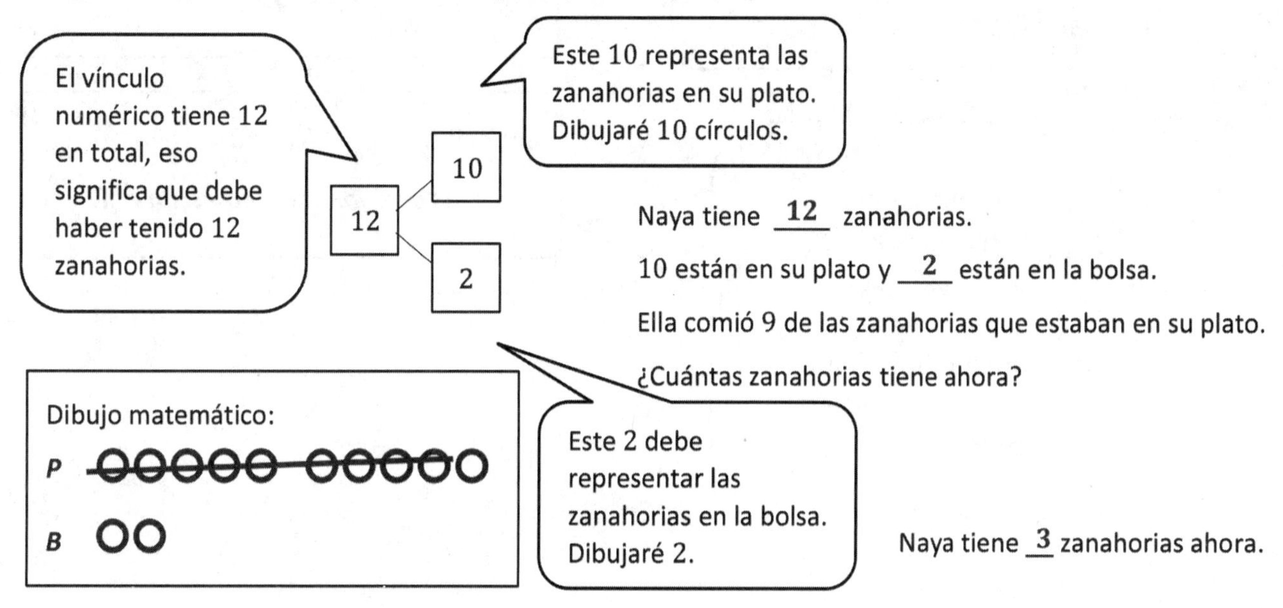

3. Uso el vínculo numérico a continuación para crear tu propio cuento matemático. Incluye un dibujo matemático simple. Tacha los 10 elementos para mostrar lo que sucede.

Puedo contar un cuento que coincida con este vínculo numérico: "En mi clase de kárate, hay 12 amigos. Diez son niñas. Dos son niños. Nueve de las niñas se fueron. ¿Cuántos amigos todavía están ahí?"

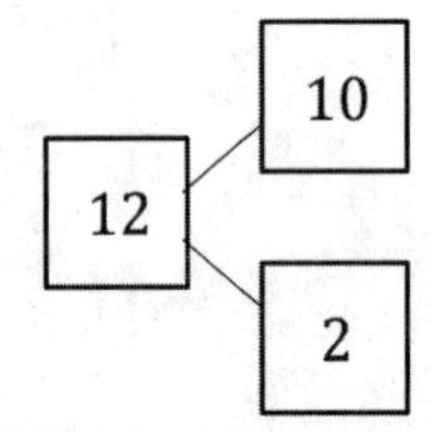


Dibujo matemático:

***Niñas*** OOOOO OOOOO

***Niños*** OO

Al comienzo, había 12 amigos, y luego, 9 partieron, entonces mi enunciado numérico es $12 - 9 = 3$.

Enunciado numérico:

$$12 - 9 = 3$$

Mi enunciado es una "oración con palabras" que responde a la pregunta: "¿Cuántos amigos todavía están ahí?".

Enunciado:

***Tres amigos todavía están ahí.***

Nombre ______________________________ Fecha ______________

Haz un dibujo matemático simple. Tacha de las 10 unidades para mostrar lo que sucede en las historias.

Yo tenía 16 uvas.
10 de ellas eran rojas
y 6 eran verdes.
Me comí 9 uvas rojas.
¿Cuántas uvas tengo
ahora?

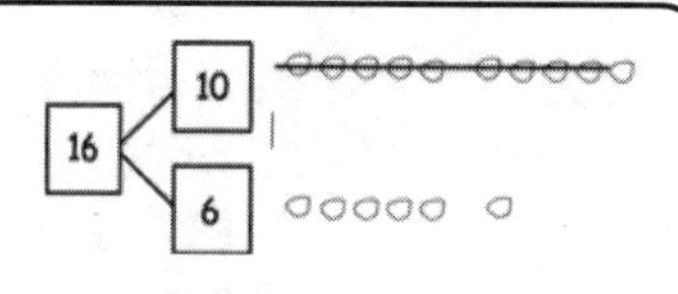


Ahora tengo 7 uvas.

1. Había 15 ardillas en un árbol. 10 de ellas estaban comiendo nueces. 5 ardillas estaban jugando. Un ruido fuerte asustó a 9 de las ardillas que comían nueces. ¿Cuántas ardillas quedaron en el árbol?

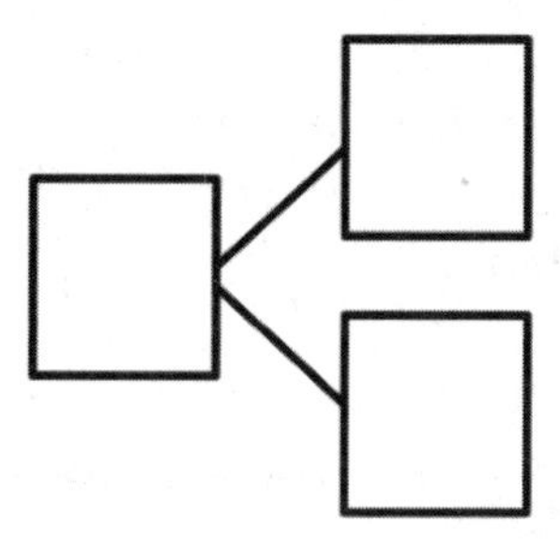

Quedaron _______ ardillas en el árbol.

---

2. Había 17 mariquitas en la planta. 10 de ellas están sobre una hoja y 7 de ellas sobre el tallo. 9 de las mariquitas sobre la hoja se marcharon arrastrándose. ¿Cuántas mariquitas quedan todavía sobre la planta?

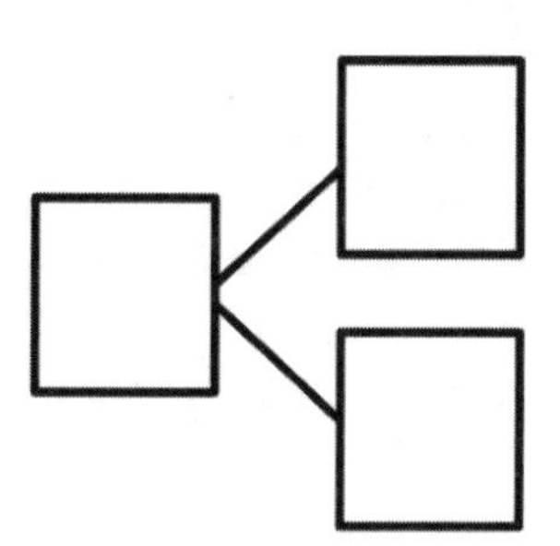

Quedan _______ mariquitas sobre la planta.

3. Usa el vínculo numérico para rellenar la historia de matemáticas. Haz un dibujo matemático simple. Tacha de las 10 unidades o algunas unidades para mostrar lo que sucede en las historias.

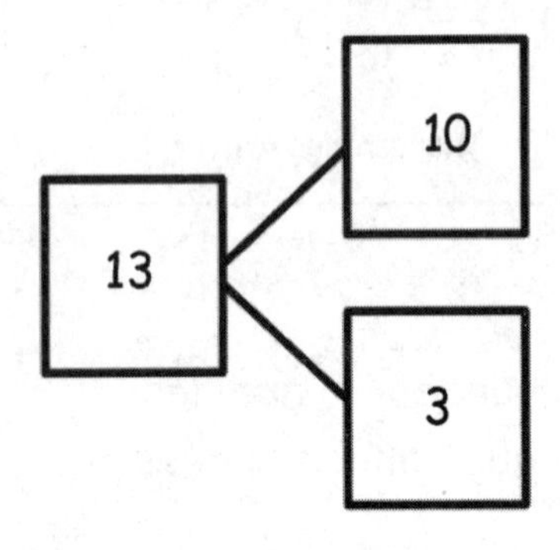


Había 13 hormigas en el hormiguero.

10 de las hormigas estaban durmiendo, y 3 de ellas se despertaron. 9 de las hormigas durmientes se despertaron y se marcharon.

Dibujo matemático:

Quedan _____ hormigas en el hormiguero.

---

4. Usa el siguiente vínculo numérico para elaborar tu propio cuento de matemáticas. Incluye un dibujo matemático simple. Tacha de las 10 unidades para mostrar lo que sucede.

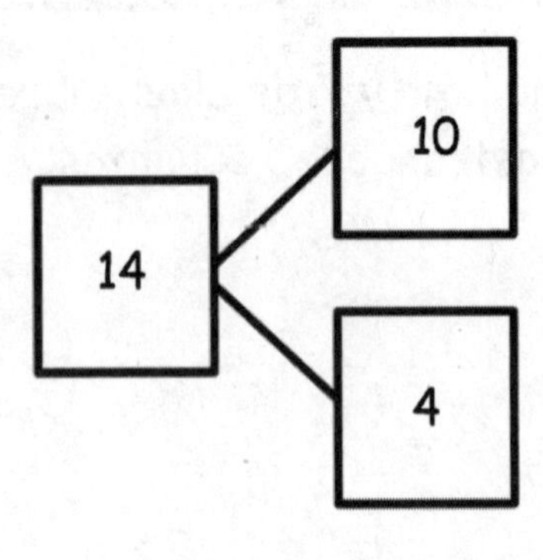


Dibujo matemático:

Enunciados numéricos:

Afirmación:

1. Resuelve. Usa filas de grupos de 5 y tacha lo que corresponda para mostrar tu trabajo. Escribe un enunciado numérico.

   10 patos están en el estanque y 7 patos están en la costa. 9 de los patos que están en el estanque son bebés y el resto son patos adultos. ¿Cuántos patos adultos hay?

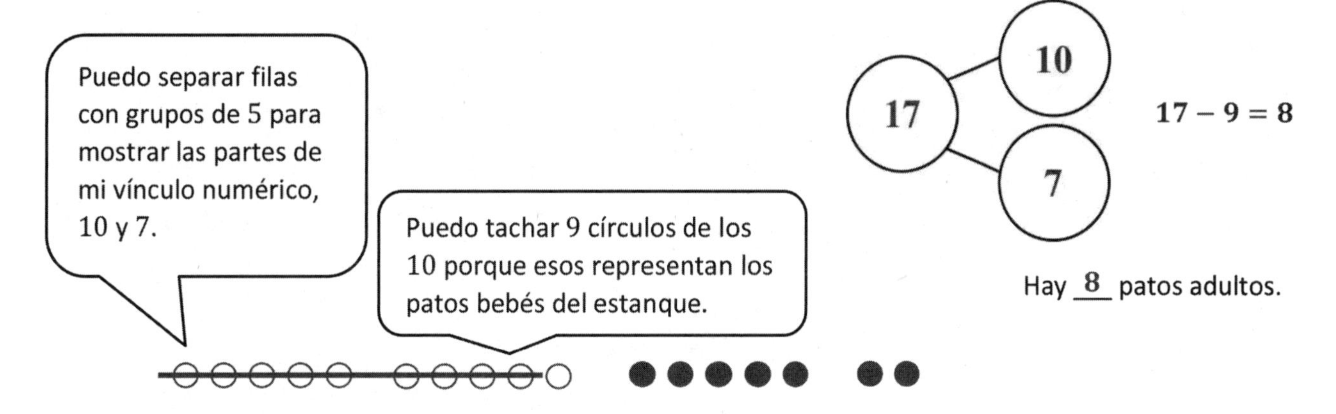


2. Completa el vínculo numérico y rellena el cuento matemático. Usa filas de grupos de 5 y tacha lo que corresponda para mostrar tu trabajo. Escribe un enunciado numérico.

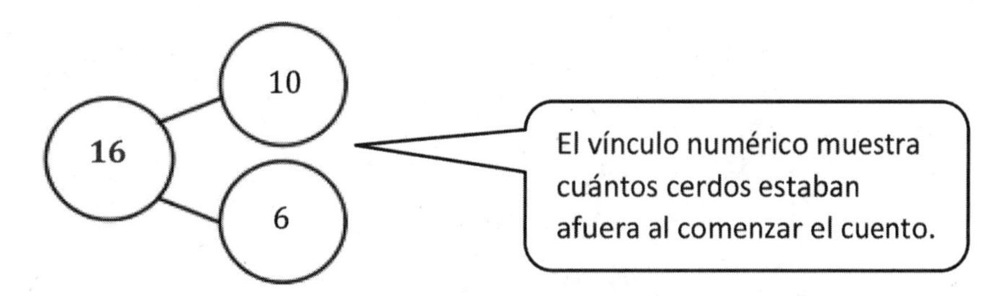


Había **10** cerdos descansando en el lodo y **6** cerdos comiendo junto al comedero afuera. 9 de los cerdos llenos de lodo entraron al establo. ¿Cuántos cerdos quedaron afuera?

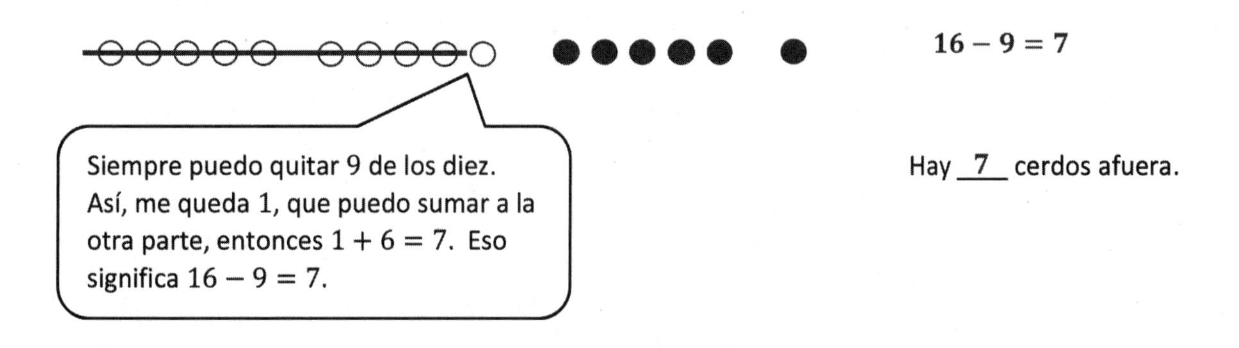

Nombre ______________________________ Fecha ______________

Resuelve. Usa filas de grupos de 5, y tacha para mostrar tu trabajo. Escribe enunciados numéricos.

13
10 3
13 - 9 = 4

1. En un parque, 10 perros están corriendo sobre la hierba, y 1 perro está durmiendo debajo del árbol. 9 de los perros que están corriendo salen del parque. ¿Cuántos perros quedan en el parque?

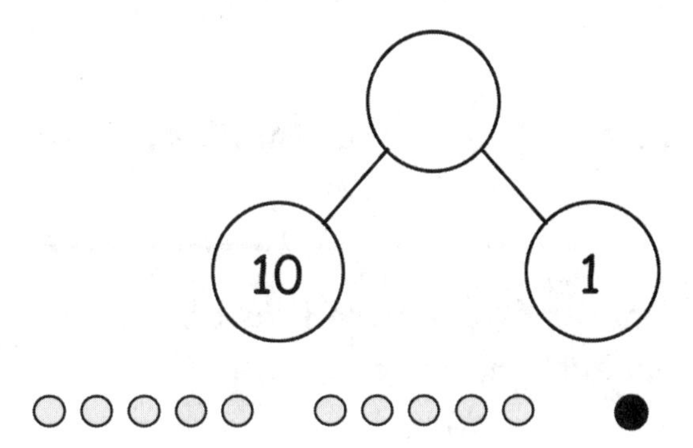


Quedan _______ perros en el parque.

---

2. Alejandro tenía 9 piedras en su patio y 10 piedras en su cuarto. 9 de las piedras en su cuarto son grises, y el resto de las piedras son blancas. ¿Cuántas piedras blancas tiene Alejandro?

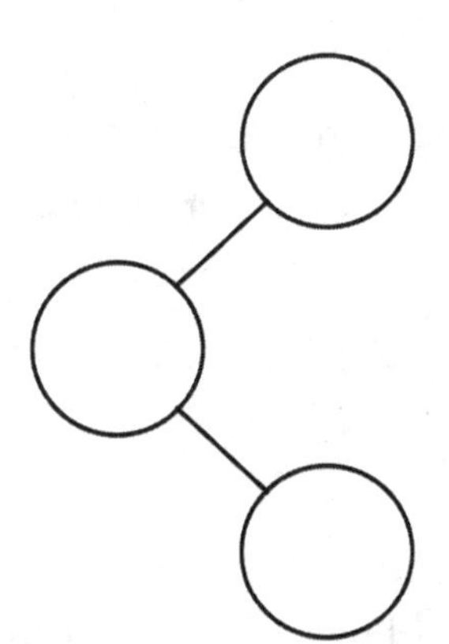

Alejandro tiene _______ piedras blancas.

3. Sophia tiene 8 automóviles de juguete en la cocina y 10 automóviles de juguete en su cuarto. 9 de los automóviles de juguete en el cuarto son azules. El resto de sus automóviles son rojos. ¿Cuántos automóviles rojos tiene Sophia?

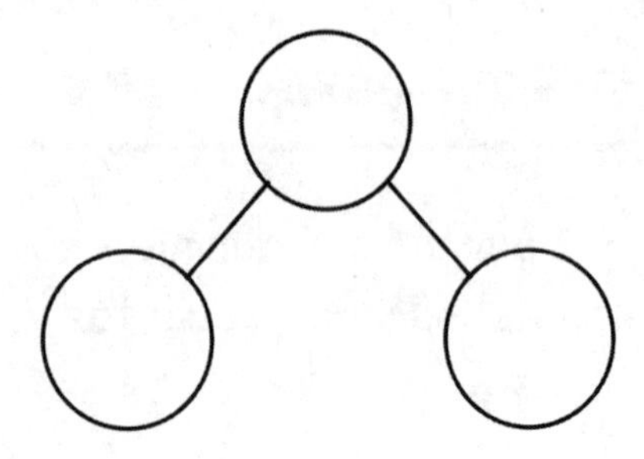

Sophia tiene _______ automóviles rojos.

---

4. Completa el vínculo numérico, y llena la historia de matemáticas. Usa filas de grupos de 5 y tacha para mostrar tu trabajo. Escribe enunciados numéricos.

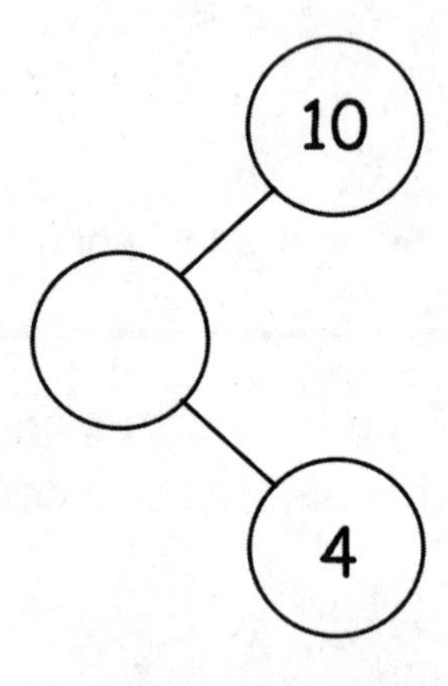


Había ______ pájaros salpicando agua en un charco y ______ pájaros caminando sobre la hierba seca. 9 de los pájaros que salpicaban en el agua se echaron a volar. ¿Cuántos pájaros quedan?

Quedan _______ pájaros.

1. Dibuja y haz un círculo alrededor de 10. Resta y haz el vínculo numérico.

$17 - 9 = \underline{8}$

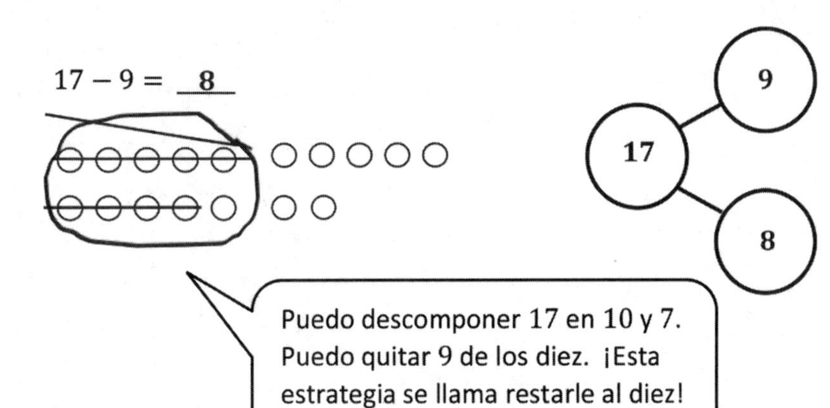


2. Completa el vínculo numérico y escribe el enunciado numérico que te ayudó.

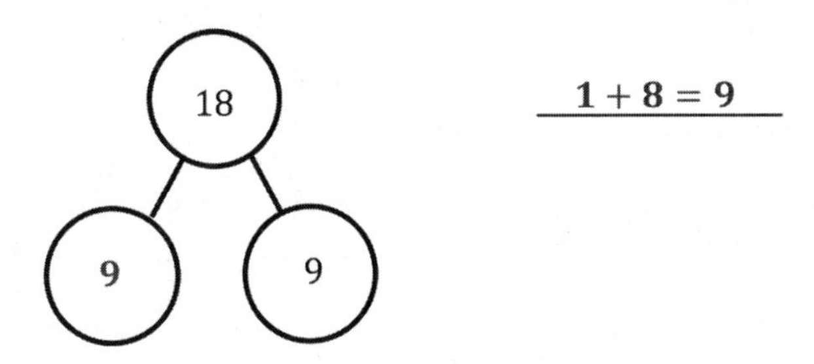

Nombre ______________________ Fecha ______________

Encierra en un círculo y resta.

Haz un vínculo numérico.

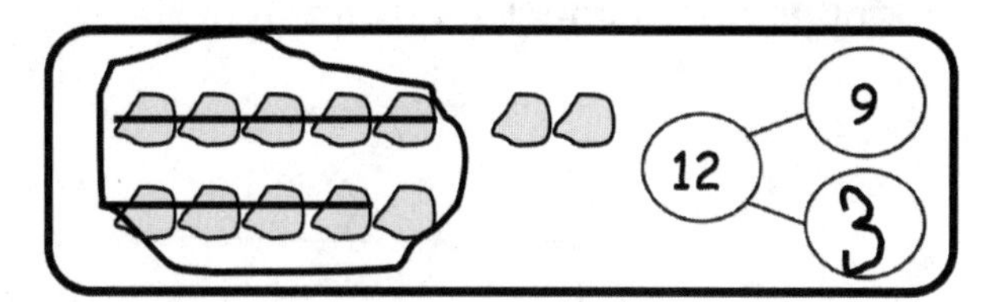


1. 15 - 9 = ______

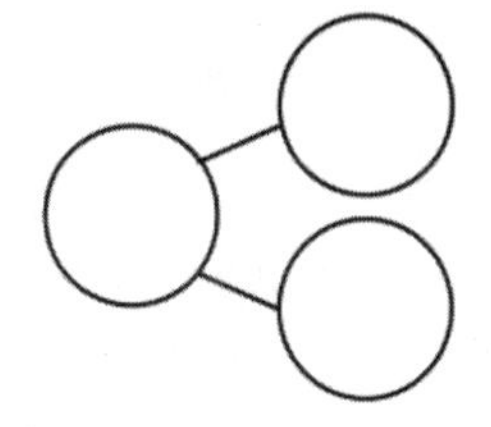

Dibuja y encierra 10 en un círculo. Resta y haz un vínculo numérico.

2. 14 - 9 = ____

3. 12 - 9 = ____

4. 13 - 9 = ____

5. 16 - 9 = ____

6. Completa el vínculo numérico, y escribe el enunciado numérico que te ayudó.

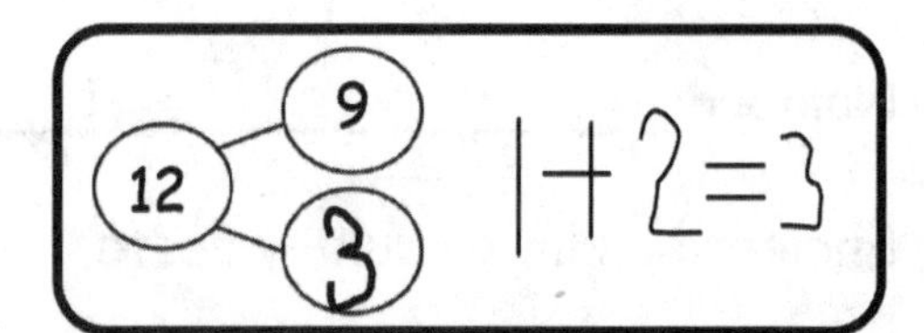


a. 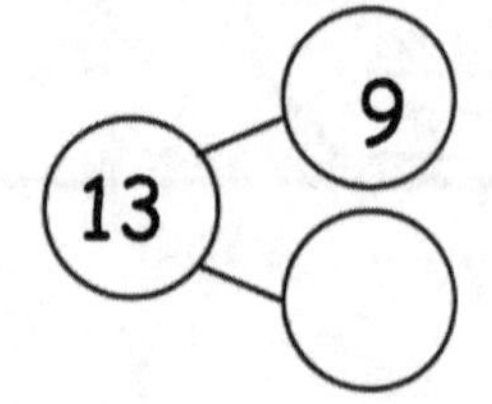


______________________

b. 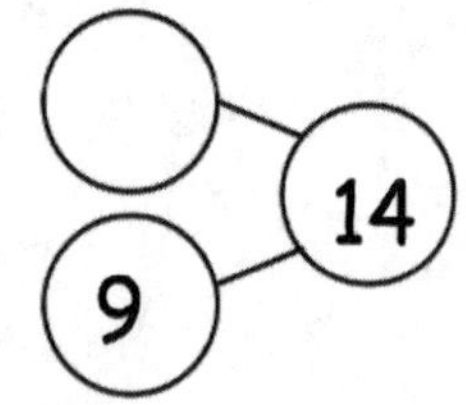


______________________

c. 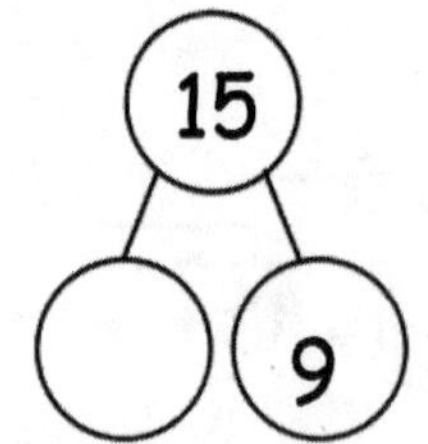


______________________

d. 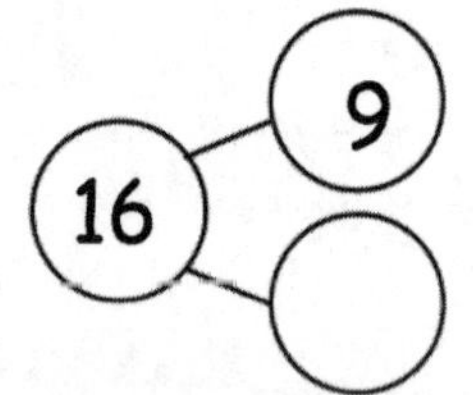


______________________

7. Relaciona el vínculo numérico que vendría a continuación, y escribe un enunciado numérico que coincida.

1. Escribe el enunciado numérico para el dibujo de la fila de grupos de 5.

Sé que 15 está compuesto por 10 y 5. Cuando quito 9 a 10, veo que me quedan 6 círculos.

$15 - 9 = 6$

2. Dibuja grupos de 5 para completar el vínculo numérico y escribe el enunciado numérico de 9.

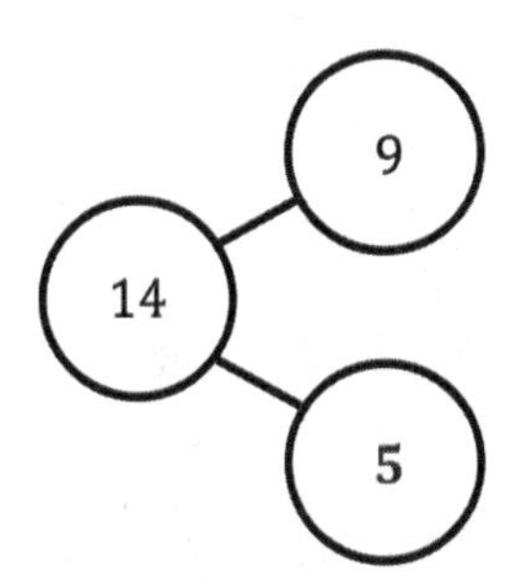


$14 - 9 = 5$

$9 + 5 = 14$

Puedo pensar que 14 es 10 y 4. Puedo quitar 9 de la decena dentro del cuadro. Queda 1 en el cuadro y 4 del otro lado, lo que da 5.

3. Dibuja grupos de 5 para armar una decena y quita una decena para resolver los dos enunciados numéricos. Haz un vínculo numérico y escribe dos enunciados numéricos adicionales que podrían tener este vínculo numérico.

$7 + 9 =$ ____

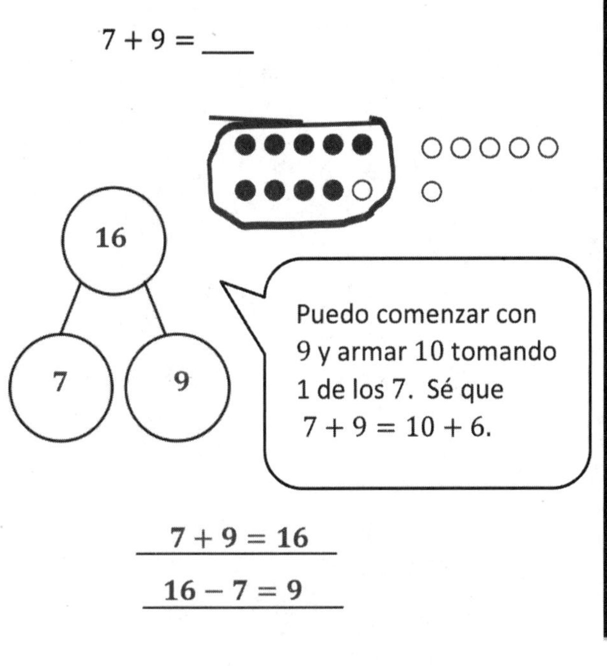


$7 + 9 = 16$

$16 - 7 = 9$

$16 - 9 =$ ____

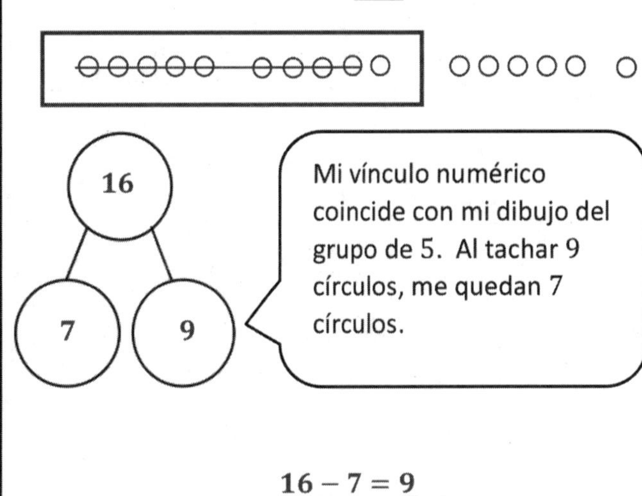


$16 - 7 = 9$

$9 + 7 = 16$

Nombre ______________________________ Fecha ______________

Escribe el enunciado numérico para cada dibujo de filas de grupos de 5.

1.

$13 - 9 = 4$

Dibuja grupos de 5 para completar el vínculo numérico y escribe el enunciado numérico de 9.

2.

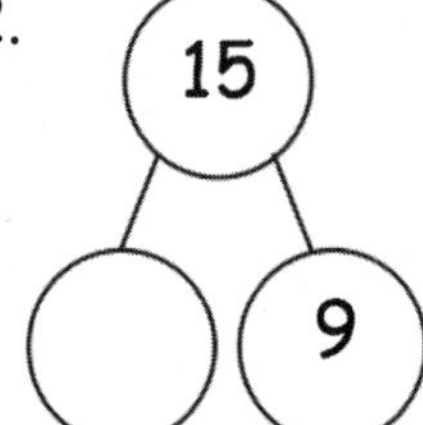


3.

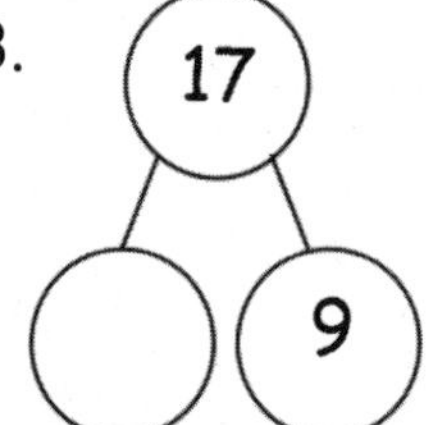

Dibuja grupos de 5 para completar el vínculo numérico y escribe el enunciado numérico de 9.

4.

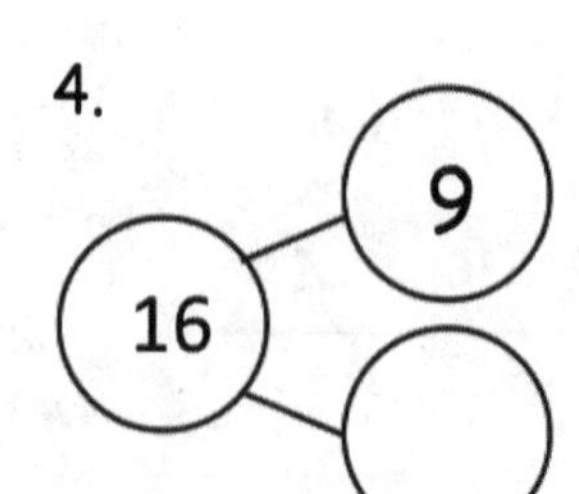


Dibuja grupos de 5 para mostrar cómo hacer diez y tomar desde diez para resolver los dos enunciados numéricos. Haz un vínculo numérico y escribe dos enunciados numéricos adicionales que tendrían este vínculo numérico.

5. $8 + 9 =$ ______

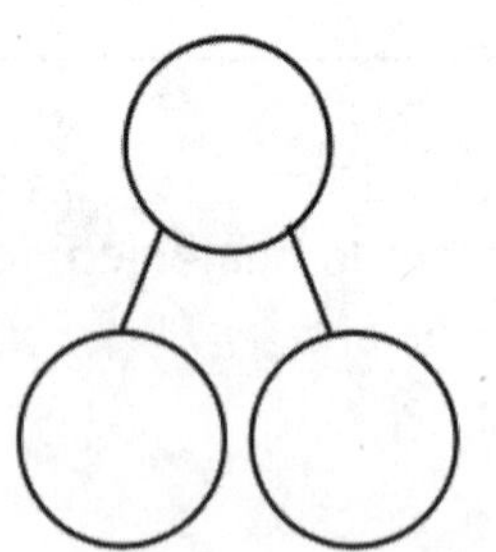

______________________

______________________

6. $17 - 9 =$ ______

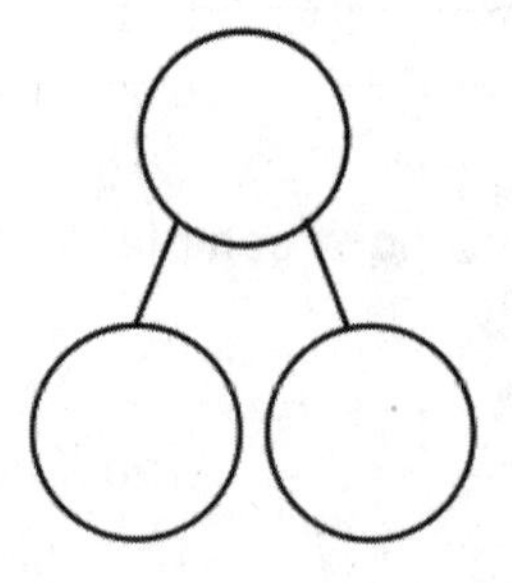

______________________

______________________

1. Completa los enunciados de resta usando el conteo o la estrategia de restar por decenas. Indica qué estrategia usaste.

$11 - 9 = \underline{2}$

(9) 10 11

Ya que 9 está tan cerca de 11, puedo empezar a contar en 9 y seguir contando... nueeeve, 10, 11.

☐ restar por decenas
☒ seguir contando

---

$15 - 9 = \underline{6}$

| ⊖⊖⊖⊖⊖ ⊖⊖⊖⊖○ | ○○○○○ |
|---|---|

Puedo descomponer 15 en 10 y 5. Luego, puedo quitar 9 de la decena. $1 + 5 = 6$

☒ restar por decenas
☐ seguir contando

---

2. Shelley coleccionó 12 piedras. Pintó 9 de ellas. ¿Cuántas de sus piedras no están pintadas? Elige la estrategia de seguir contando o restar por decenas para resolver.

(9) 10 11 12

$9 + \underline{3} = 12$

***3 de las piedras de Shelley no están pintadas.***

Elijo esta estrategia:

☐ restar por decenas
☒ seguir contando

3. La panadería tiene 16 hogazas de pan. Se venden 9 hogazas antes del almuerzo. ¿Cuántas hogazas les quedan? Elige la estrategia de seguir contando o restar por decenas para resolver.

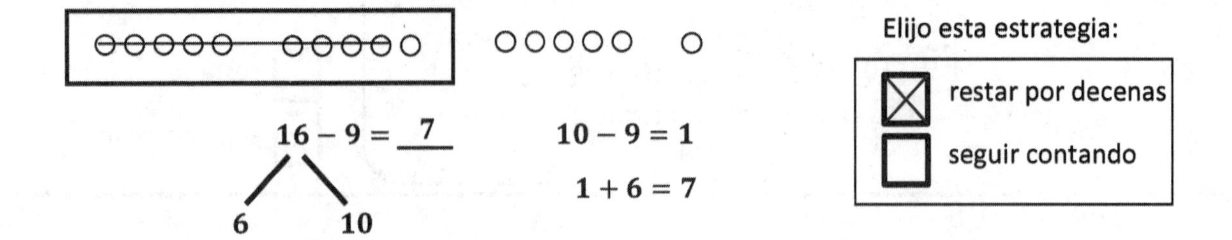


4. Al igual que hiciste en la clase hoy, piensa cómo podrías resolver los siguientes problemas y conversa con tu padre, madre o guardián sobre esas ideas.

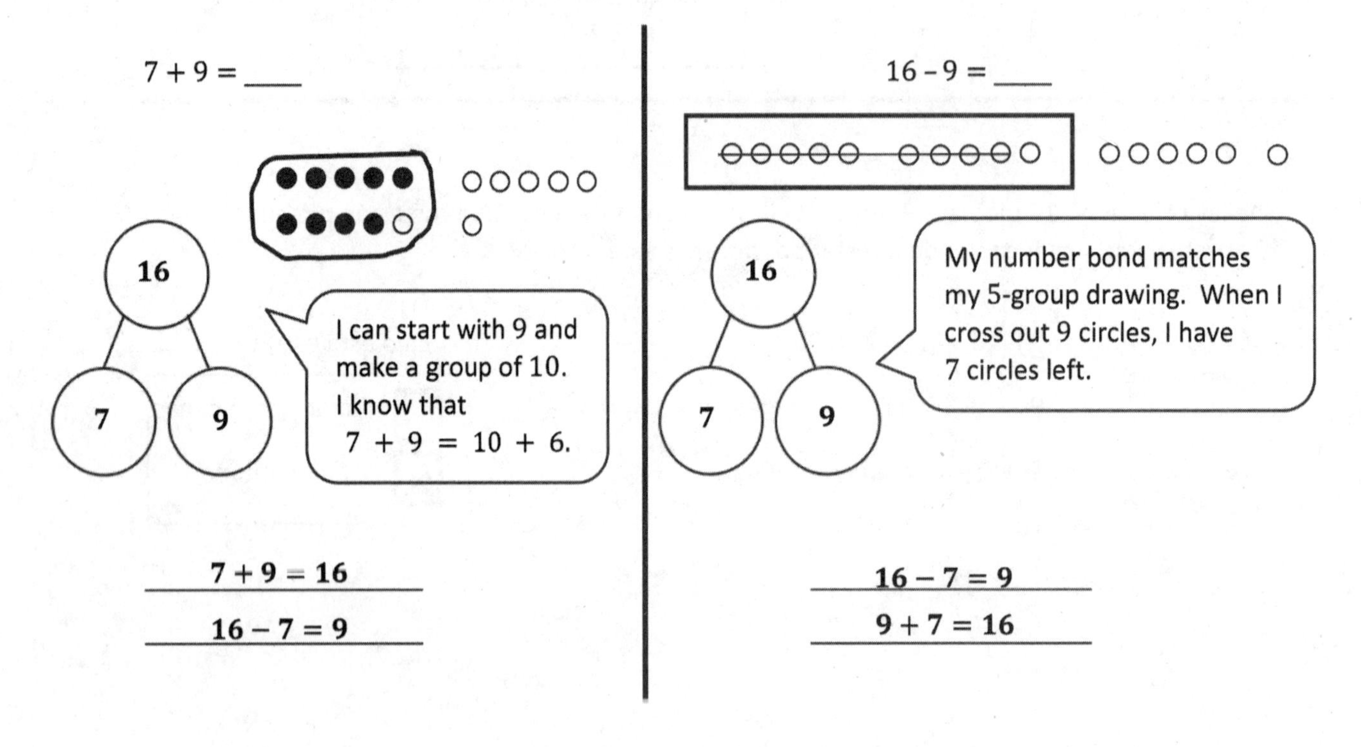


7 + 9 = 16

16 – 7 = 9

16 – 7 = 9

9 + 7 = 16





EUREKA MATH

Nombre ________________________ Fecha ____________

Completa los enunciados de resta usando el conteo a partir de o la estrategia de quitarle al diez. Di cuál estrategia usaste.

1. 17 - 9 = ______

☐ quitarle al diez

☐ contar a partir de

---

2. 12 - 9 = ______

☐ quitarle al diez

☐ contar a partir de

---

3. 16 - 9 = ______

☐ quitarle al diez

☐ contar a partir de

---

4. 11 - 9 = ______

☐ quitarle al diez

☐ contar a partir de

---

5. Nicholas recogió 14 hojas. Pegó 9 en su cuaderno. ¿Cuántas de sus hojas no fueron pegadas en su cuaderno? Elijan la estrategia de contar a partir de o quitarle al diez para resolver.

Yo elegí esta estrategia:

☐ quitarle al diez

☐ contar a partir de

6. Sheila tenía 17 naranjas. Ella dio 9 naranjas a sus amigos. ¿Cuántas naranjas le quedan a Sheila? Elige la estrategia de contar a partir de o quitarle al diez para resolver.

Yo elegí esta estrategia:

☐ quitarle al diez

☐ contar a partir de

7. Paul tiene 12 canicas. Lisa tiene 18 canicas. Cada uno hizo rodar 9 canicas por una colina. ¿Cuántas canicas le queda a cada estudiante? Di cuál estrategia escogiste para cada estudiante.

A Paul le quedan ______ canicas.     A Lisa le quedan ______ canicas.

8. Tal como lo hiciste hoy en clase, piensa cómo resolver los siguientes problemas y hablen con tus padres o cuidador acerca de tus ideas.

| | | |
|---|---|---|
| 15 - 9 | 13 - 9 | 17 - 9 |
| 18 - 9 | 19 - 9 | 12 - 9 |
| 11 - 9 | 14 - 9 | 16 - 9 |

Encierra en un círculo los problemas que crees son más fáciles de resolver contando a partir de 9. Coloca un cuadro rectangular alrededor de los que son más fáciles de resolver usando la estrategia de quitarle al diez. Recuerda, algunos podrían ser igual de fáciles usando cualquier método.



EUREKA MATH

Puedo quitar 8 de los diez. $10 - 8 = 2$. Luego, puedo agregar 2 a la otra parte 7. $2 + 7 = 9$.

1. Empareja el enunciado numérico con la imagen o con el vínculo numérico.

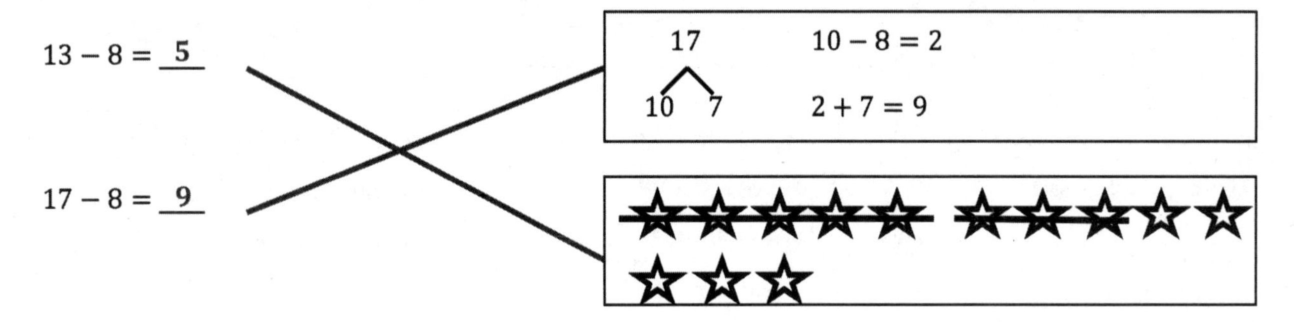


2. Dibuja y haz un círculo alrededor de 10. Luego, resta.

Kiera tiene 14 trozos de masa para modelar. Le da 8 trozos a su hermano. ¿Cuántos trozos de masa para modelar guardó Kiera?

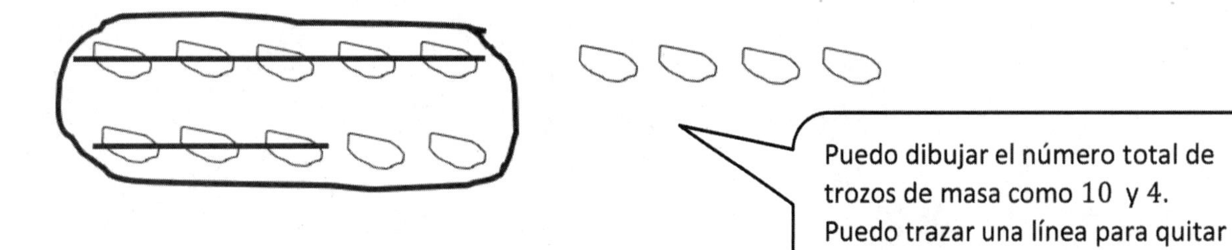


Kiera guarda __6__ trozos de masa para modelar.

3. Usa la imagen para completar el cuento matemático. Presenta un enunciado numérico.

Puedo verificar esto con mis dedos. Tengo 10 dedos y 6 dedos simulados. Al quitar 8 dedos de los diez, todavía me quedan 2. Ahora puedo agregarlos a mis 6 dedos simulados. Ahora tengo 8.

El dibujo del grupo de 5 muestra un total de 16 tenedores. Sé que se usaron 8 tenedores para la cena porque los taché.

Había __16__ tenedores sobre la mesa. Se usaron __8__ tenedores para la cena. ¿Cuántos tenedores quedaron para el postre?

$16 - 8 = 8$

***Quedaron 8 tenedores para el postre.***

¡Inténtalo! ¿Puedes mostrar cómo resolver este problema con un vínculo numérico?

16

10 6

$10 - 8 = 2$

$2 + 6 = 8$





EUREKA MATH

Nombre ______________________ Fecha ______________

1. Relaciona el enunciado numérico con la imagen o con el vínculo numérico.

a. 13 - 7 = ______

13
10 3

10 - 7 = 3
3 + 3 = 6

b. 16 - 8 = ______

c. 11 - 8 = ______

13
10 3

10 - 8 = 2
2 + 3 = 5

d. 13 - 8 = ______

2. Muestra cómo resolverían 14 - 8, ya sea con un vínculo numérico o con un dibujo.

Encierra 10 en un círculo. Luego resta.

3. Milo tiene 17 piedras. Él arroja 8 de ellas a un estanque. ¿Cuántas le quedan?

A Milo le quedan ______ piedras.

Dibuja y encierra 10 en un círculo. Luego resta.

4. Lucy tiene $12. Ella gasta $8. ¿Cuánto dinero tiene ella ahora?

Lucy tiene $ _______ ahora.

---

Dibuja y encierra en un círculo 10 o usa un vínculo numérico para separar el número del 13 al 19 y resta.

5. Sean tiene 15 dinosaurios. Él da 8 a su hermana. ¿Cuántos dinosaurios guarda él?

Sean guarda _______ dinosaurios.

---

6. Usa la imagen para completar el cuento de matemáticas. Muestra un enunciado numérico.

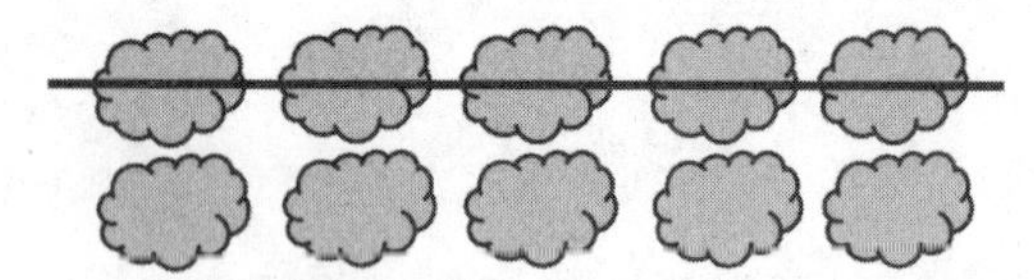

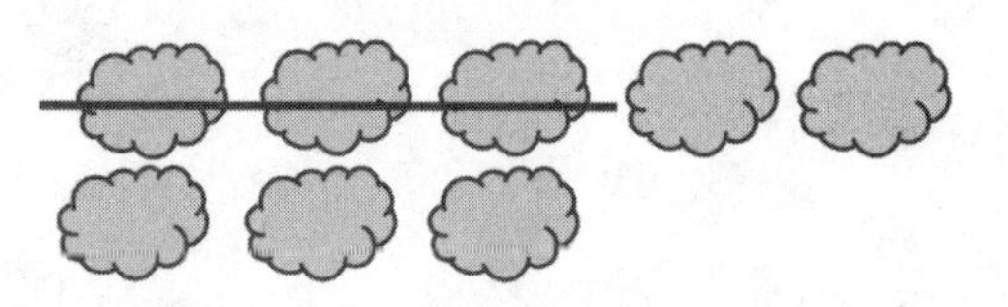

| Olivia vio _______ nubes en el cielo. _______ nubes se alejaron. ¿Cuántas nubes quedaron? | ¡Inténtalo! ¿Puedes mostrarme cómo resolver este problema con un vínculo numérico? |
|---|---|

1. Dibuja filas de grupos de 5, y tacha lo que corresponda para resolver. Escribe el enunciado de suma 2 + que te ayudó a sumar las dos partes.

Sam tenía 17 marcadores sobre su escritorio. Usó 8 marcadores en su proyecto de arte. ¿Cuántos marcadores le quedan a Sam?

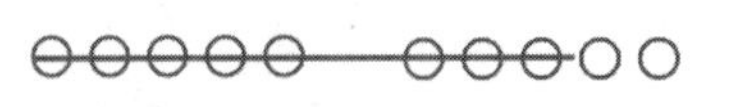

Mis filas de grupos de 5 son como 10 dedos de verdad y 7 dedos simulados. Puedo dibujar un rectángulo rodeando los diez.

$17 - 8 = \underline{9}$

$2 + 7 = 9$

Puedo dibujar filas de grupos de 5. Diecisiete es 10 y 7. Puedo tachar 8 círculos, igual que de la misma manera que cuando escondo 8 dedos. Ahora, puedo ver un enunciado de suma en mi imagen, $2 + 7 = 9$.

A Sam le quedan __9__ marcadores.

2. Muestra armando grupo de diez o restando de diez para resolver los enunciados numéricos.

$5 + 8 = \underline{13}$

3 2

$8 + 2 = 10$

$10 + 3 = 13$

$13 - 8 = \underline{5}$

10 3

$10 - 8 = 2$

$2 + 3 = 5$

Cuando tengo diez con 8, necesito descomponer el otro número para poder sumar 2 al 8. $8 + 2 = 10$. Luego, agrego la otra parte, entonces $10 + 3 = 13$.

Cada vez que resto 8, de una decena, agrego 2 a la otra parte, $2 + 3 = 5$.

Nombre ______________________________ Fecha ______________

Dibuja filas de grupos de 5, y tacha para resolver. Escribe el enunciado de suma de 2 + que les ayudó a sumar las dos partes.

1. Annabelle tenía 13 carpas doradas. Ocho carpas doradas no comieron comida para peces. ¿Cuántas carpas doradas no comieron comida para peces?

| _____ carpas doradas no comieron comida para paces. |
|---|

2. Sam recogió 15 cubos de agua de lluvia. Él usó 8 cubos para regar sus plantas. ¿Cuántos cubos de agua de lluvia le quedan a Sam?

| A Sam le quedan _____ cubos de agua de lluvia. |
|---|

3. Había 19 tortugas nadando en el estanque. Algunas tortugas subieron a las rocas secas, y ahora solo hay 8 tortugas nadando. ¿Cuántas tortugas hay en las rocas secas?

| Hay _____ tortugas en las rocas secas. |
|---|

Muestra hacer diez o quitarle al diez para resolver los enunciados numéricos.

4. 7 + 8 = ______

5. 15 - 8 = ______

Encuentra el número que falta dibujando filas de grupos de 5.

6. 11 - 9 = ______

7. 14 - 9 = ______

8. Dibuja filas de grupos de 5 para mostrar el cuento. Tacha o usa vínculos numéricos para resolver. Escribe un enunciado numérico para mostrar como resolvieron el problema.

Había 14 personas en una casa. Diez personas estaban observando un juego de fútbol. Cuatro personas estaban jugando un juego de mesa. Ocho personas se marcharon. ¿Cuántas personas permanecieron?

______ personas permanecieron en casa.

1. Completa el enunciado de resta usando la estrategia de restar por decenas y la de seguir contando.

Puedo usar la recta numérica para seguir contando completando la primera decena.

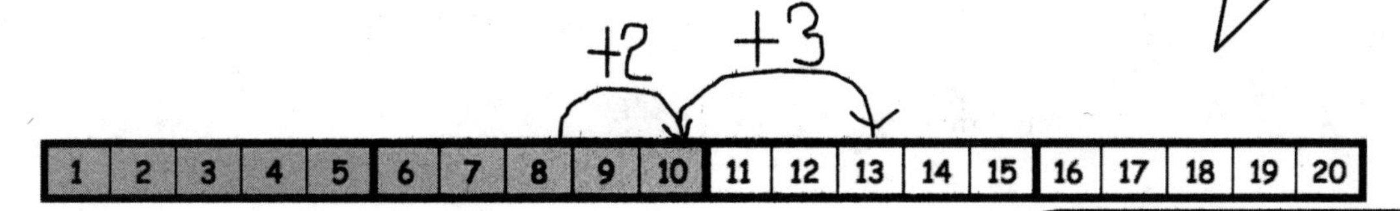


$13 - 8 = \underline{5}$

10 3

$8 + \underline{5} = 13$

Puedo empezar en 8 y saltar 2 para llegar a 10, y luego saltar 3 más para llegar a 13.

$2 + 3 = 5.$

¡De la misma manera que cuando resto de diez!

$10 - 8 = 2$

$2 + 3 = 5.$

2. Elige la estrategia de seguir contando o la de restar por decenas para resolver.

$15 - 8 = \underline{7}$

10 5

$12 - 8 = \underline{4}$

8 9 10 11 12

Sé que 8 necesita 2 para llegar a diez. 12 es $10 + 2$. Necesito 2 más para llegar a 12. Puedo agregar el 2 que necesito para llegar a diez y luego, el 2 que necesito para llegar a 12 para encontrar la respuesta.

$2 + 2 = 4$

3. Usa el vínculo numérico para mostrar cómo resolviste usando la estrategia de restar por decenas.

Benny comió 8 trozos de manzana. Si comenzó con 17, ¿cuántos trozos de manzana le quedan?

$17 - 8 = \underline{9}$

10 7

$10 - 8 = 2$

$2 + 7 = 9$

A Benny le quedan __9__ trozos.

4. Empareja el enunciado numérico de suma con el enunciado numérico de resta. Rellena los números que faltan.

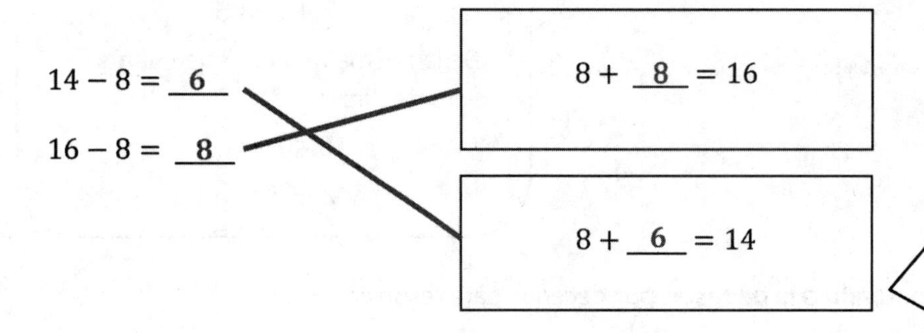


Puedo comenzar en 8 en la recta numérica y saltar 2 casillas para llegar a 10, y luego, 4 casillas más y llego a 14.

$2 + 4 = 6$





EUREKA MATH

Nombre ______________________ Fecha ____________

Completa los enunciados de resta usando la estrategia de quitarle al diez y contar a partir de.

1. a. 12 - 8 = ___ b. 8 + _______ = 12

2. a. 15 - 8 = ___ b. 8 + _______ = 15

Elige la estrategia de contar a partir de o la estrategia de quitarle al diez para resolver.

3. 11 - 8 = _____

4. 17 - 8 = _____

Usa un vínculo numérico para mostrar cómo resolviste usando la estrategia de quitarle al diez.

5. Elise contó 16 gusanos sobre el pavimento. Ocho gusanos se arrastraron sobre la tierra. ¿Cuántos gusanos pudo ver Elise todavía sobre el pavimento?

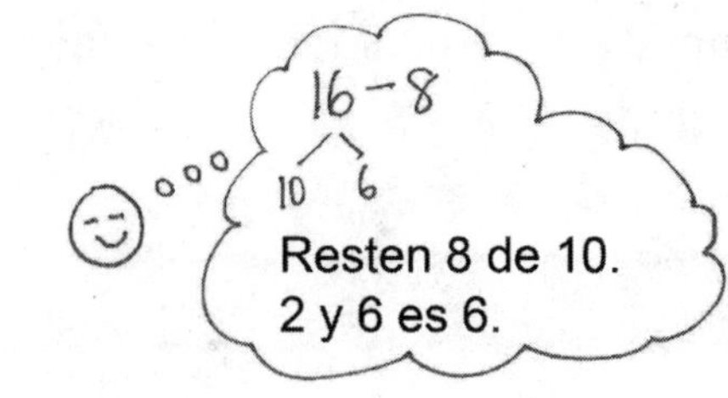


16 - 8 = _____

Elise todavía pudo ver _____ gusanos sobre el pavimento.

---

6. John se comió 8 rebanadas de naranja. Si él empezó con 13, ¿cuántas rebanadas de naranja le quedan?

A John le quedan _____ rebanadas de naranja.

---

7. Relaciona el enunciado numérico de suma con el enunciado numérico de resta. Completa los números que faltan.

a. 12 - 8 = _______ | 8 + _______ = 11

b. 15 - 8 = _______ | 8 + _______ = 18

c. 18 - 8 = _______ | 8 + _______ = 12

d. 11 - 8 = _______ | 8 + _______ = 15

1. Completa los enunciados numéricos para que sean verdaderos.

$14 - 9 = \underline{5}$ $14 - 8 = \underline{6}$ $14 - 7 = \underline{7}$

Puedo imaginarlo en mi mente. Puedo quitar 9 del diez y luego, sumar 1 y 4. $1 + 4 = 5$

Puedo pensar en la recta numérica y seguir contando hasta llegar primero a diez. Puedo imaginar que empiezo a contar en 8 y salto 2 casillas hasta llegar a diez. Luego, puedo saltar 4 casillas más para llegar a 14. $2 + 4 = 6$

Puedo usar la estrategia de restar por decenas con mis dedos. Puedo esconder 7 dedos y me quedan 3 dedos. Agrego esos 4 dedos a mis dedos simulados. $3 + 4 = 7$

2. Lee el cuento matemático. Usa un dibujo o un vínculo numérico para mostrar cómo sabes quién está en lo correcto.

Emma dice que las expresiones $16 - 7$ y $17 - 8$ son iguales. Jordan dice que no lo son. ¿Quién tiene la razón?

***Emma tiene la razón.***

$16 - 7 = \underline{9}$

10 6

$10 - 7 = 3$

$3 + 6 = 9$

$17 - 8 = \underline{9}$

10 7

$10 - 8 = 2$

$2 + 7 = 9$

Cuando quito de diez en cada problema, tengo enunciados numéricos más fáciles, $3 + 6 = 9$ y $2 + 7 = 9$. Ambas expresiones son iguales 9, entonces, Emma tiene razón; ¡las expresiones son iguales!

Jordan y Emma están tratando de encontrar enunciados numéricos de resta que comiencen con números mayores que 10 y tienen una respuesta de 8. Ayúdalos a descubrir enunciados numéricos. Comenzaron el primero.

| | |
|---|---|
| $17 - 9 = \underline{\ 8\ }$ | $18 - 10 = 8$ |
| $16 - 8 = 8$ | $15 - 7 = 8$ |

Si resto 1 a los números en 17 − 9, tendré 16 − 8. La diferencia no cambia; continúa siendo 8.

Si sumo 1 a los números en 17 − 9, tendré 18 − 10. La diferencia no cambia; continúa siendo 8.

Nombre ______________________ Fecha ____________

Completa los enunciados **numéricos para hacer** que sean verdaderos.

1. 15 - 9 = ______
2. 15 - 8 = ______
3. 15 - 7 = ______

4. 17 - 9 = ______
5. 17 - 8 = ______
6. 17 - 7 = ______

7. 16 - 9 = ______
8. 16 - 8 = ______
9. 16 - 7 = ______

10. 19 - 9 = ______
11. 19 - 8 = ______
12. 19 - 7 = ______

13. Relaciona las **expresiones iguales**

a. 19 - 9 12 - 7

b. 13 - 8 18 - 8

14. Lee el relato de matemáticas. Usa un dibujo o un vínculo numérico para mostrar cómo sabes quién está en lo correcto.

a. Elsie dice que las expresiones 17 - 8 y 18 - 9 son iguales. John dice que no son iguales. ¿Quién está en lo correcto?

b. John dice que las expresiones 11 - 8 y 12 - 8 no son iguales. Elsie dice que sí lo son. ¿Quién está en lo correcto?

c. Elsie dice que para resolver 17 - 9, ella puede tomar uno de 17 y darlo a 9 para hacer 10. Entonces, 17 - 9 es igual a 16 - 10. John cree que Elsie cometió un error. ¿Quién está en lo correcto?

d. John y Elsie están tratando de encontrar varios enunciados numéricos de resta que comienzan con números más grandes que 10 y que tienen una respuesta de 7. Ayúdales a descifrar los enunciados numéricos. Comenzaron a hacer el primero.

16 - 9 = ____

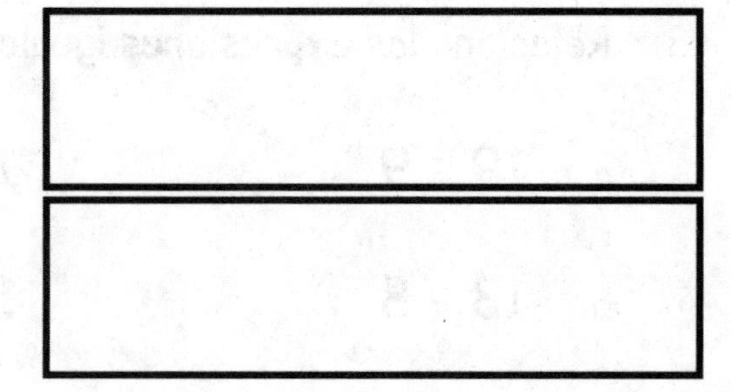





EUREKA MATH

Óscar y Jayla resolvieron el problema con palabras.
Escribe la estrategia utilizada en su trabajo.
Verifica su trabajo.
Si es incorrecto, resuélvelo correctamente.
Si es correcto, resuélvelo con otra estrategia.

Estrategias:

- Quitar de 10
- Hacer 10
- Seguir contando
- Yo simplemente sabía

Había 16 barritas de granola en el horno.
7 de ellas tenían nueces.
El resto no tenía nueces.
¿Cuántas barritas de granola no tenían nueces?

Jayla usó una buena estrategia, pero no comenzó en el número correcto 7. Debería haber contado a partir de 3 para llegar a 10 (ver a continuación).

Trabajo de Óscar

$3 + 6 = 9$

Trabajo de Jayla

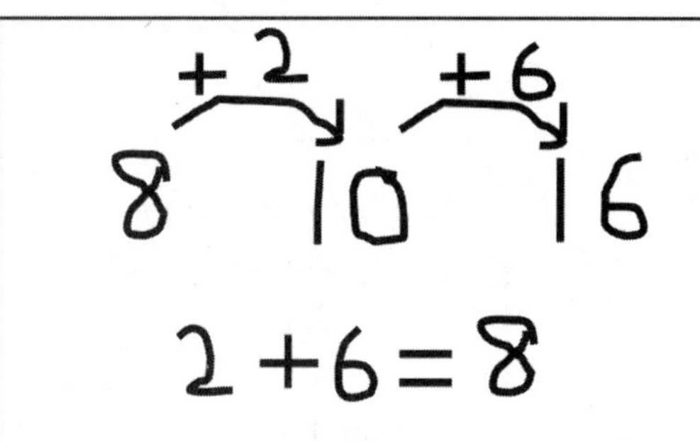


¡Óscar está correcto! Dibujó el total, 16, en filas con grupos de 5. Luego, tachó 7. Mira, quedan 3 y 6 .

a. Estrategia: ***Restar con decenas***

$16 - 7 = 9$

$7 + 3 = 10$

$10 + 6 = 16$

$3 + 6 = 9$

También se puede usar la estrategia de formar 10. 7 necesita 3 para formar 10. 10 necesita 6 para formar 16.
$3 + 6 = 9$

b. Estrategia: ***Seguir contando***

+3 +6

7 10 16

$3 + 6 = 9$

Nombre ______________________________ Fecha ________________

Olivia y Jake resolvieron problemas escritos.
Escribe la estrategia usada debajo de su trabajo.
Verifica su trabajo. Si es incorrecto, resuelve correctamente.
Si resolvieron correctamente, resuelve usando una estrategia diferente.

Estrategias:

- Quitarle al 10
- Hacer 10
- Contar a partir de
- Simplemente lo sabía

1. Un tazón de frutas tenía 13 manzanas. Mike comió 6 manzanas del tazón de frutas. ¿Cuántas manzanas quedaron?

Trabajo de Olivia

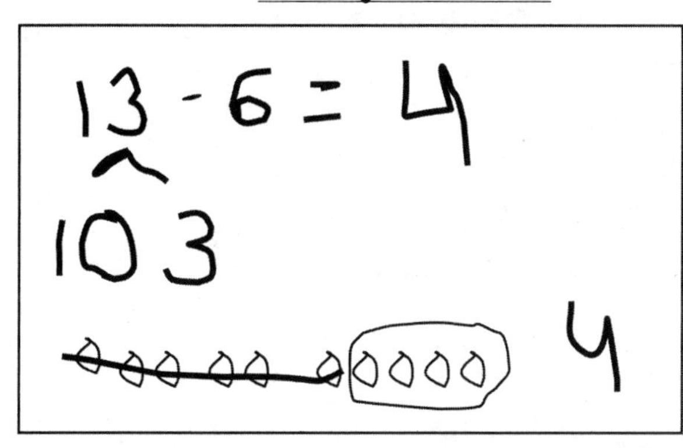

Trabajo de Jake

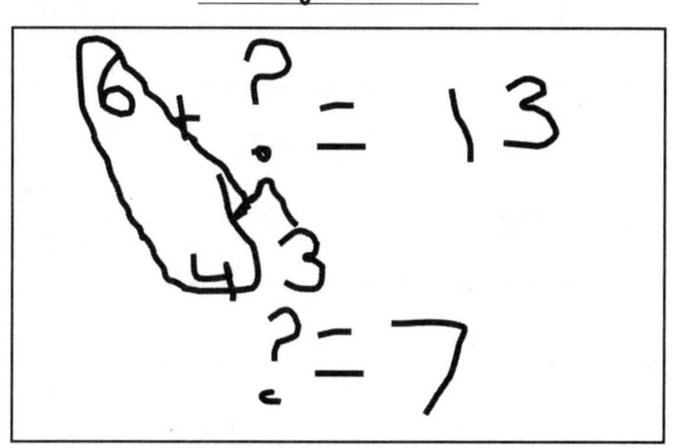

a. Estrategia: ____________________

b. Estrategia: ____________________

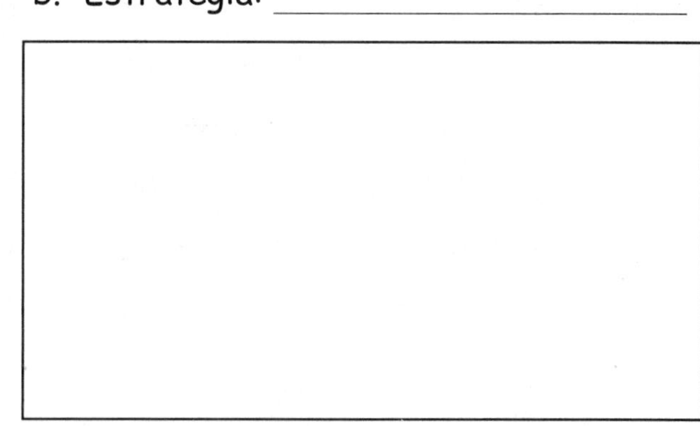

c. Explica a continuación su estrategia.

2. Drew tiene 17 tarjetas de béisbol en una caja. Tiene 8 tarjetas con jugadores de los Red Socks, y el resto son jugadores de los Yankees. ¿Cuántas tarjetas de jugadores de los Yankees tiene Drew en su caja?

Trabajo de Olivia

17 - 8 = 9

Trabajo de Jake

a. Estrategia: ____________________

b. Estrategia: ____________________

c. Explica tu elección de estrategia abajo.







EUREKA MATH

Lee el problema. Dibuja y coloca etiquetas. Escribe un enunciado numérico y un enunciado que coincidan con el cuento. Recuerda hacer una caja alrededor de tu solución en el enunciado numérico.

Lee tiene 16 lápices. 7 de los lápices son rojos y el resto es verde. ¿Cuántos lápices verdes tiene Lee?

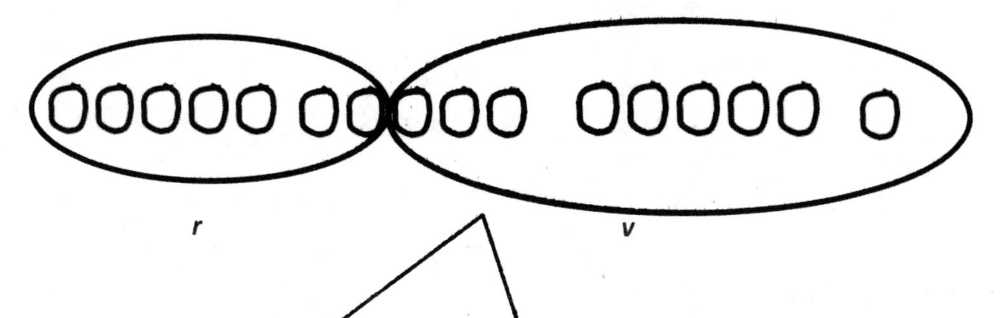


Puedo dibujar 16 puntos en filas de grupos de 5 para los 16 lápices. Puedo hacer círculos alrededor de 7 puntos y etiquetar esta parte $r$ porque hay 7 lápices rojos. Puedo hacer un círculo alrededor de la parte restante y etiquetar esto $v$ porque el resto de los lápices es verde. Puedo ver rápidamente que la parte con etiqueta $v$ es 9. Hay 9 lápices verdes.

$16 - 7 = \boxed{9}$

Puedo restar 7 a 16 para obtener la respuesta. Mi enunciado numérico es $16 - 7 = 9$. Dibujo una caja alrededor de 9 porque ese fue el número que no sabía en el cuento.

También podría escribir $7 + 9 = 16$. Es otra manera de resolver el problema. Pondría una caja alrededor de 9, ya que ese es el número desconocido en el cuento.

*Lee tiene 9 lápices verdes.*

Mi enunciado para responder a la pregunta es "Lee tiene 9 lápices verdes".

Nombre ______________________ Fecha ____________

Leer el problema escrito.
Dibujar e identificar.
Escribir un enunciado numérico y una afirmación que coincida con la historia.

Recuerda dibujar una casilla alrededor de tu solución en el enunciado numérico.

Estrategias:

- Quitarle al 10
- Hacer 10
- Contar a partir de
- Simplemente lo sabía

1. Michael y Anastasia recogieron 14 flores para su mamá. Michael recoge 6 flores. ¿Cuántas flores recoge Anastasia?

2. Daquan compró 6 automóviles de juguete. También compró algunas revistas. Compró un total de 15 objetos. ¿Cuántas revistas compró Daquan?

3. Henry y Millie hornearon 18 galletas. Nueve de las galletas eran de chispas de chocolate. Las demás eran de avena. ¿Cuántas eran de avena?

4. Felix hizo 8 invitaciones de cumpleaños con corazones. Hizo las demás con estrellas. Hizo un total de 17 invitaciones. ¿Cuántas invitaciones tenían estrellas?

5. Ben y Miguel tienen un torneo de boliche. Ben gana 9 veces. Hacen 17 juegos en total. No hay juegos empatados. ¿Cuántas veces gana Miguel?

6. Kenzie fue a una práctica de soccer 16 días este mes. Solo 9 de sus prácticas son en días escolares. ¿Cuántas veces practicó en un fin de semana?

Lee el problema. Dibuja y coloca etiquetas. Escribe un enunciado numérico y un enunciado que coincidan con el cuento.

Sue dibujó 8 triángulos el lunes y otros triángulos el martes. Sue dibujó 14 triángulos en total. ¿Cuántos triángulos dibujó Sue el martes?

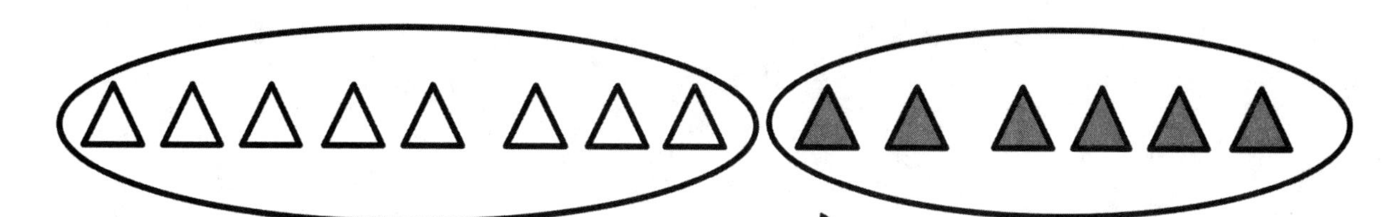

*L* *M*

Puedo dibujar 8 triángulos primero. Esos son los que Sue dibujó el lunes. Puedo escribir $L$ para identificarlos.

Luego, seguiré dibujando triángulos hasta llegar a 14 triángulos. Necesito 2 triángulos más para llegar a 10, y luego, dibujaré 4 más para tener 14 triángulos. Son los 6 triángulos que Sue dibujó el martes.

La $M$ representa al martes. Puedo pintarlos para poder decir qué triángulos agregué.

Haré un círculo alrededor de cada parte.

$8 + \boxed{6} = 14$

***Sue dibujó 6 triángulos el martes.***

Mi enunciado numérico es $8 + 6 = 14$. Dibujo una caja alrededor de 6 porque ese fue el número que no sabía en el cuento.

*Podría* escribir $14 - 8 = 6$ ya que es otra forma de obtener la respuesta. Podría también hacer una caja alrededor de 6.

Este es mi enunciado. Responde a la pregunta del problema.

Nombre ______________________ Fecha __________

Leer el problema escrito.
Dibujar e identificar.
Escribir un enunciado numérico y una afirmación que se relacione con la historia.

1. Micah recolectó 9 piñas de pino el viernes y algunas más el sábado. Micah recolectó un total de 14 piñas de pino. ¿Cuántas piñas de pino recolectó Micah el sábado?

2. Giana compró 8 calcomanías de estrella para agregar a su colección. Ahora, tiene un total de 17 calcomanías. ¿Cuántas calcomanías tenía Giana al principio?

3. Samil contó 5 palomas en la calle. Vinieron algunas palomas más. Había 13 palomas en total. ¿Cuántas palomas vinieron?

---

4. Claire tenía algunos huevos en la nevera. Compró 12 huevos más. Ahora, tiene un total de 18 huevos. ¿Cuántos huevos tenía Claire en la nevera en primer lugar?

Lee el problema. Dibuja y coloca etiquetas. Escribe un enunciado numérico y un enunciado que coincidan con el cuento.

Había 14 lápices sobre la mesa. Algunos estudiantes tomaron lápices prestados. Quedaron 14 lápices sobre la mesa. ¿Cuántos lápices tomaron prestados los estudiantes?

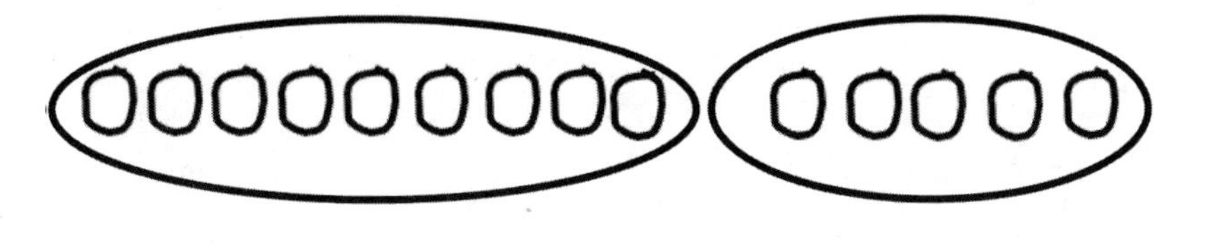

$l$ $p$

La $p$ representa los elementos PRESTADOS. Estos son los lápices que los estudiantes tomaron prestados.

La $l$ representa los LÁPICES que quedaron sobre la mesa.

Puedo dibujar 14 puntos para los 14 lápices. Puedo dibujar un círculo alrededor de 9 de ellos. Estos son los 9 lápices que quedaron sobre la mesa. El resto son los lápices que los estudiantes tomaron prestados, entonces, los estudiantes tomaron 5 lápices prestados. Puedo hacer un círculo alrededor de esta parte también. Esto permite ver ambas partes más fácilmente.

Mi enunciado numérico es $14 - 5 = 9$. Esto indica que había 14 lápices y que 5 fueron tomados prestados, de manera que quedaron 9 lápices sobre la mesa. Podría haber dicho $9 + 5 = 14$ o $14 - 9 = 5$. Esto también sería correcto. Por ese motivo, es importante hacer un rectángulo alrededor de mi respuesta en el enunciado numérico.

$$14 - \boxed{5} = 9$$

***Los estudiantes tomaron 5 lápices prestados.***

Mi enunciado para responder la pregunta será "Los estudiantes tomaron 5 lápices prestados".

Nombre ______________________________ Fecha ______________

Leer el problema escrito.
Dibujar e identificar.
Escribir un enunciado numérico y una afirmación que se relacione con la historia.

1. A Toby se le cayeron 12 crayones en el suelo del salón de clases. Toby recogió 9 crayones. Marnie recogió el resto. ¿Cuántos crayones recogió Marnie?

---

2. Había 11 estudiantes en el patio de juego. Algunos estudiantes regresaron al salón de clases. Si 7 estudiantes permanecieron afuera, ¿cuántos estudiantes estaban adentro?

3. En la obra, 8 estudiantes del salón de clases del Sr. Frank consiguieron asiento. Si había 17 niños en el salón de clases 24, ¿cuántos niños no consiguieron un asiento?

---

4. Simone tenía 12 bagels. Compartió algunos con los amigos. Ahora le quedan 9 bagels. ¿Cuántos compartió con los amigos?

1. Haz un círculo alrededor de "verdadero" o "falso."

| Ecuación | ¿Verdadero o falso? |
|---|---|
| $9 + 1 = 5 + 4$ | Verdadero / Falso (circled) |

Las dos ecuaciones deben tener las mismas cantidades.
$9 + 1 = 10$
$5 + 4 = 9$
No son iguales. Necesito hacer un círculo alrededor de *falso.*

2. Lola y Charlie están usando tarjetas de expresiones para crear enunciados numéricos verdaderos. Usa las imágenes y palabras para mostrar quién está en lo correcto.

Charlie agarró $11 - 8$, y Lola agarró $2 + 1$. Charlie dice que estas expresiones no son iguales, pero Lola no está de acuerdo. ¿Quién tiene la razón? Usa una imagen para explicar tu razonamiento.

Las dos expresiones deben tener la misma cantidad. Puedo resolver $11 - 8$ con la estrategia de restar por decenas $10 - 8 = 2$, y luego, sumar de nuevo el 1 adicional de 11. $2 + 1 = 3$, entonces $11 - 8 = 3$.

$\mathbf{11 - 8 = 3}$ **y** $\mathbf{2 + 1 = 3.}$

**10** **1**

$\mathbf{10 - 8 = 2}$
$\mathbf{2 + 1 = 3}$

***Lola tiene razón.*** $\mathbf{11 - 8 = 2 + 1}$

$2 + 1$ es fácil. Eso es 3. Considerando $11 - 8 = 3$ y $2 + 1 = 3$, ambas expresiones son iguales. Lola tiene la razón.

3. El siguiente enunciado numérico de suma es FALSO. Cambia un número en cada problema para hacer que el enunciado numérico sea VERDADERO y reescribe el enunciado numérico.

$10 + 5 = 8 + 6$ $\qquad$ $\underline{\mathbf{10 + 5 = 9 + 6}}$

$10 + 5 = 15$. Pero $8 + 6 = 14$ Puedo cambiar el 8 a 9 ya que $9 + 6 = 15$, al igual que $10 + 5$.

Podría cambiar el 5 por 4 para hacer $10 + 4 = 8 + 6$, si quisiera. Así sería otro enunciado numérico verdadero.

Nombre ______________________________ Fecha ______________

1. Encierra en un círculo como verdadero o falso.

| Ecuación: | ¿Verdadero o falso? |
|---|---|
| a. 2 + 3 = 5 + 1 | Verdadero / Falso |
| b. 7 + 9 = 6 + 10 | Verdadero / Falso |
| c. 11 - 8 = 12 - 9 | Verdadero / Falso |
| d. 15 - 4 = 14 - 5 | Verdadero / Falso |
| e. 18 - 6 = 2 + 10 | Verdadero / Falso |
| f. 15 - 8 = 2 + 5 | Verdadero / Falso |

2. Lola y Charlie están usando tarjetas de expresión para hacer que los enunciados numéricos sean verdaderos. Usa imágenes y palabras para mostrar quién está en lo correcto.

   a. Lola eligió 4 + 8, y Charlie eligió 9 + 3. Lola dice que estas expresiones son iguales, pero Charlie no está de acuerdo. ¿Quién está en lo correcto? Explica tu razonamiento.

b. Charlie eligió 11 – 4, y Lola eligió 6 + 1. Charlie dice que estas expresiones no son iguales, pero Lola no está de acuerdo. ¿Quién está en lo correcto? Usa una imagen para explicar tu razonamiento.

c. Lola eligió 9 + 7, y Charlie eligió 15 – 8. Lola dice que estas expresiones son iguales, pero Charlie no está de acuerdo. ¿Quién está en lo correcto? Usa una imagen para explicar tu razonamiento.

3. Los siguientes enunciados numéricos de suma son FALSOS. Cambia un número en cada problema para hacer que un enunciado numérico sea VERDADERO, y reescribe el enunciado numérico.

a. 10 + 5 = 9 + 5 ______________________________

b. 10 + 3 = 8 + 4 ______________________________

c. 9 + 3 = 8 + 5 ______________________________

1. Haz un círculo alrededor de diez elementos. Escribe el número. ¿Cuántas decenas y unidades hay?

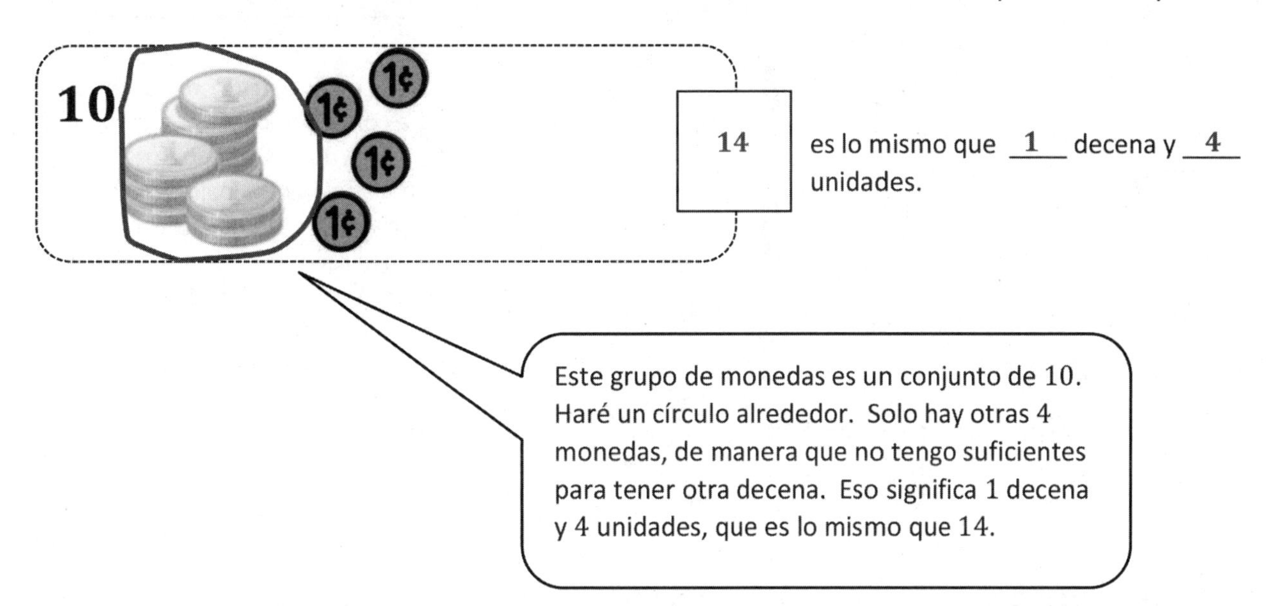


2. Usa las imágenes de Hide Zero y dibuja la decena y las unidades que muestran las tarjetas.

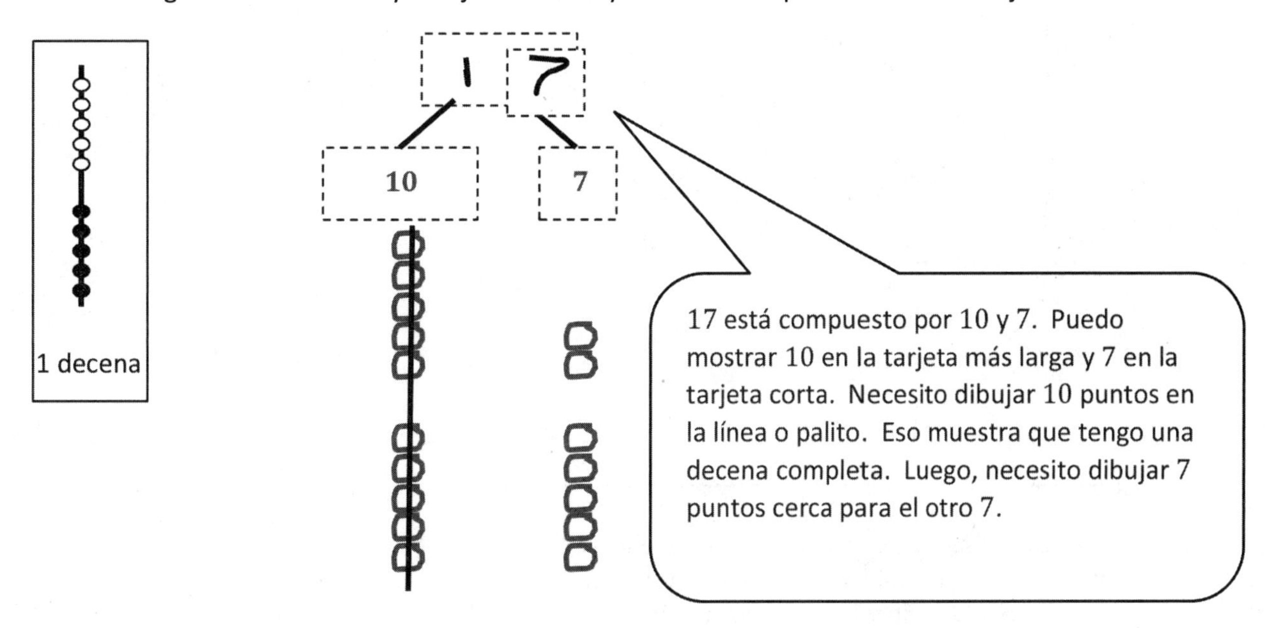

3. Dibuja usando las columnas de grupos de 5 para mostrar las decenas y unidades.

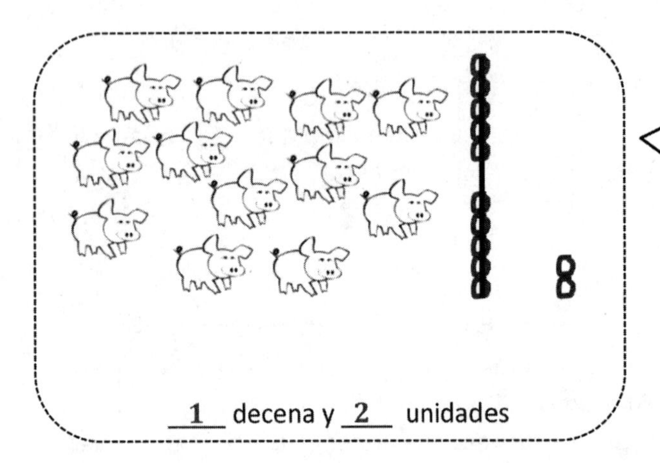


Este es como el problema anterior. Voy a contar los cerdos... Hmm, hay 12 cerdos. Agregaré los puntos a mi línea o palito, primero. Debería haber 10 en este ya que la línea nos recuerda que tenemos 1 conjunto completo de 10 para tener 1 decena. Luego, tengo que dibujar 2 más porque 12 es 2 más que 10. Eso es 1 decena y 2 unidades.

4. Dibuja tus propios ejemplos usando las columnas del grupo 5 para mostrar las decenas y unidades.

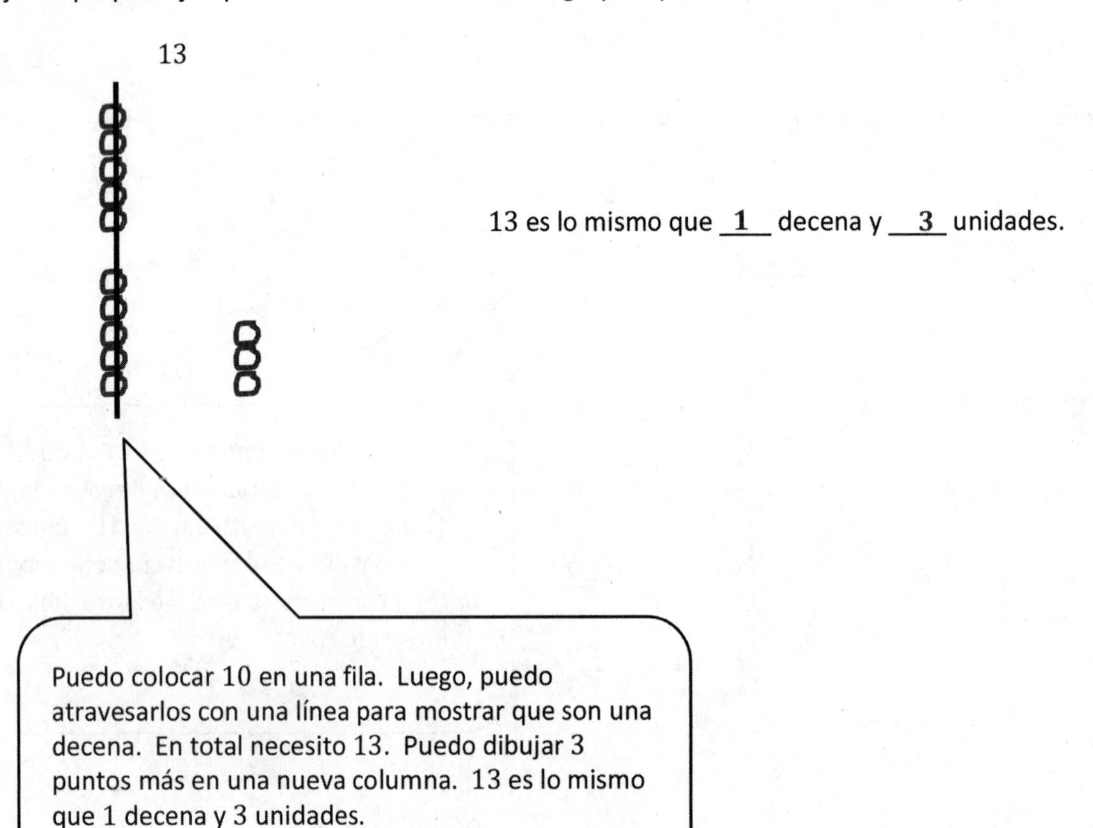

Nombre ______________________________ Fecha ______________

Encierra en un círculo **diez**. Escribe el número. ¿Cuántas **decenas** y **unidades**?

1. 10

[ ] es igual a

___ decena y ___ unidades.

2. 10

[ ] es igual a

___ unidades y ___ decena.

Usa las imágenes Hide Zero para dibujar la decena y unidades que se muestran en las tarjetas.

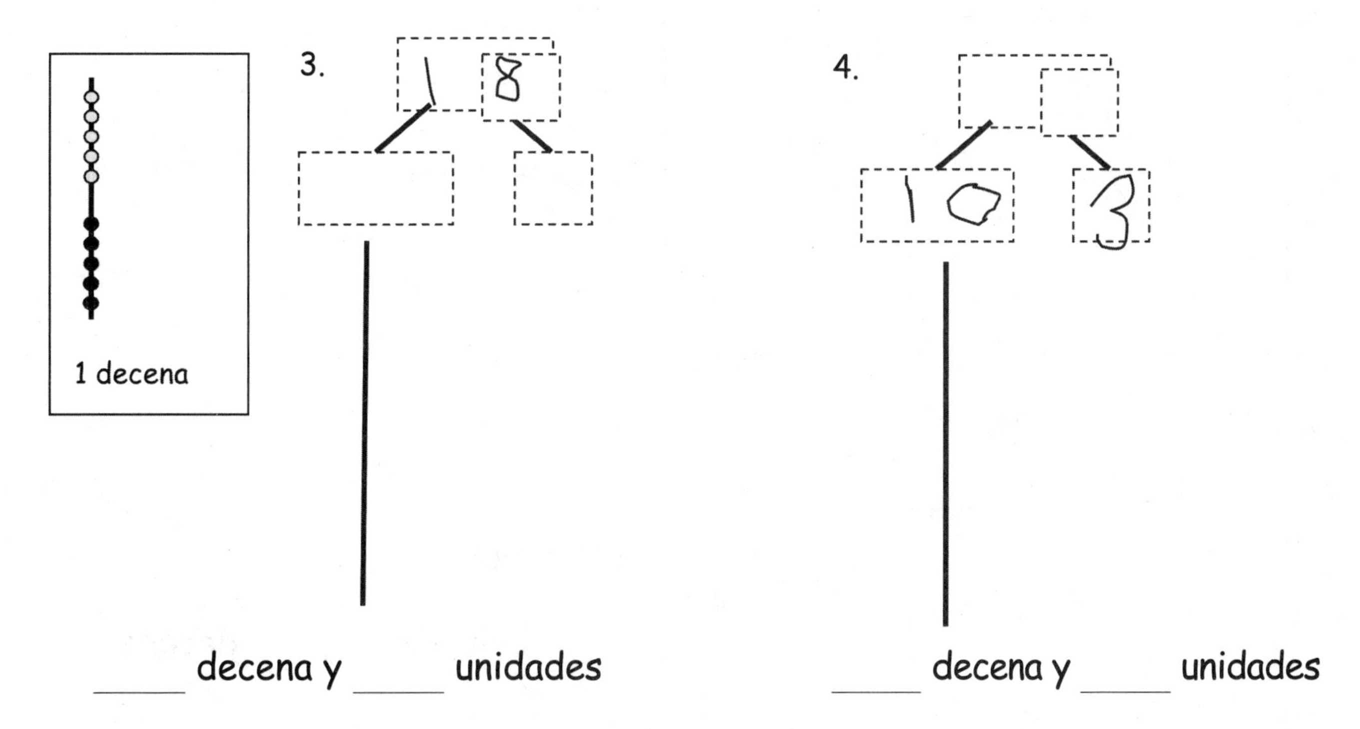

Dibuja usando columnas de grupos de 5 para mostrar las decenas y unidades.

5.

____ decena y ____ unidades.

6.

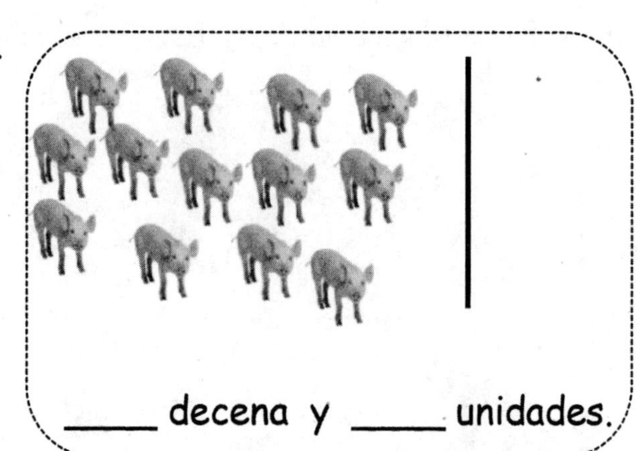


Dibuja tus propios ejemplos usando columnas de grupos de 5 para mostrar las decenas y unidades.

7. 16

16 es igual a

____ decena y ____ unidades.

8. 19

19 es igual a

____ unidades y ____ decena.

1. Resuelve los problemas. Escribe las respuestas para mostrar cuántas decenas y unidades hay. Si solo hay una decena, tacha las "s."

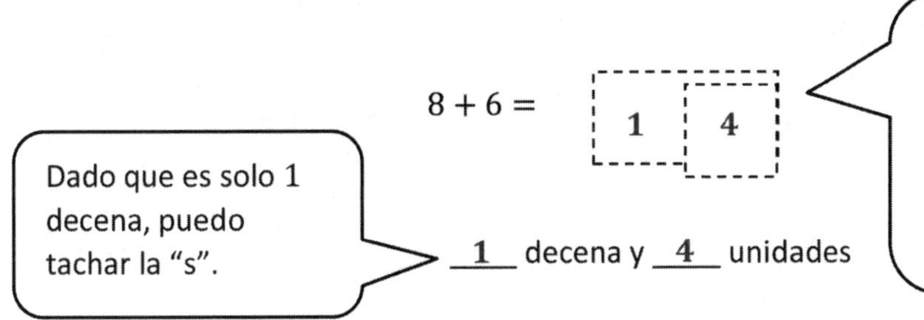


$8 + 6 = $ **1** **4**

__1__ decena y __4__ unidades

¿Cuántas más necesito para formar 10 de 8? 2. Cuando uso 2 de 6, todavía tengo que sumar 4 más. Eso es 1 decena y 4 unidades para formar 14.

Esta vez, dejo la "s". Lo llamamos 0 decenas.

$14 - 8 = $ **0** **6**

__0__ decenas y __6__ unidades

$10 - 8 = 2$
Si tomo 8 de 10, tendré 2 y quedarán 4. $2 + 4 = 6$

2. Lee el texto del problema. Dibuja y coloca etiquetas. Escribe un enunciado numérico y un enunciado que coincidan con el cuento. Reescribe tu respuesta para mostrar sus decenas y unidades. Si solo hay 1 decena, tacha la "s."

Jack ve 5 pájaros en la pajarera y 15 pájaros en el árbol. ¿Cuántos pájaros ve Jack?

Puedo dibujar 15 puntos para los pájaros en el árbol y 5 puntos más para los pájaron en la pajarera. En total, hay 20 pájaros

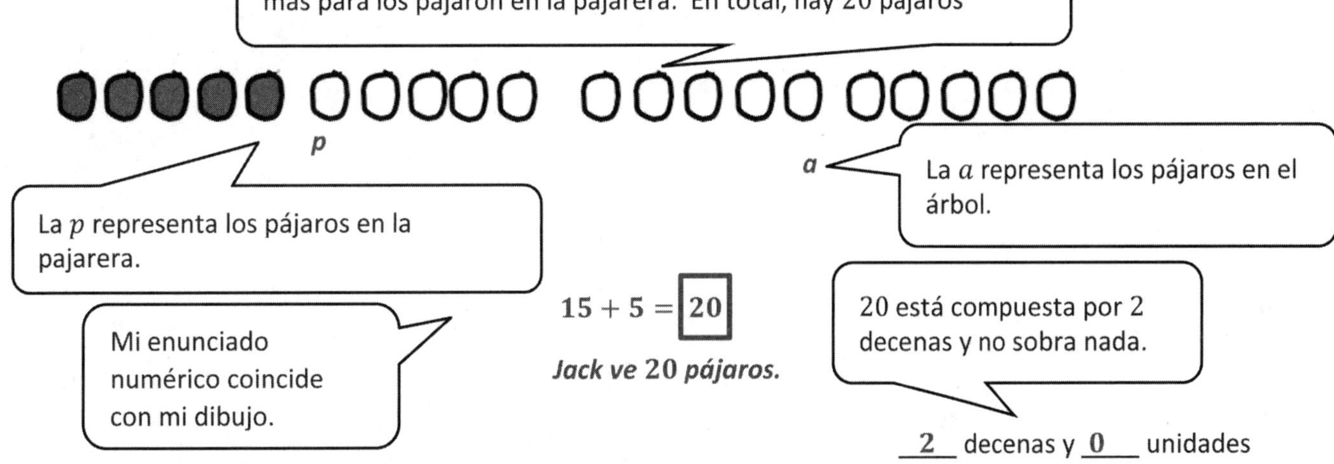


$15 + 5 = \boxed{20}$

***Jack ve 20 pájaros.***

__2__ decenas y __0__ unidades

Nombre ______________________________ Fecha ______________

Resuelve los problemas. Escribe las respuestas para mostrar cuántas decenas y unidades. Si hay solo una decena, tacha la "s."

1. 8 + 5 = ☐☐

_____ decenas y _____ unidades

2. 12 – 4 = ☐☐

_____ decenas y _____ unidades

3. 15 – 6 = ☐☐

_____ decenas y _____ unidades

4. 14 + 5 = ☐☐

_____ decenas y _____ unidades

5. 13 + 5 = ☐☐

_____ decenas y _____ unidades

6. 17 – 8 = ☐☐

_____ decenas y _____ unidades

Leer el problema escrito. Dibujar e identificar. Escribir un enunciado numérico y una afirmación que se relacione con la historia. Reescribe tu respuesta para mostrar tus decenas y unidades. Si hay solo 1 decena, tacha la "s."

7. Mike tiene algunos autos rojos y 8 autos azules. Si Mike tiene 9 autos rojos, ¿cuántos autos tiene en total?

_____ decenas y _____ unidades

---

8. Yani y Han tenían 14 pelotas de golf. Ellos perdieron algunas bolas. Les quedaron 8 pelotas de golf. ¿Cuántas bolas perdieron?

_____ decenas y _____ unidades

---

9. Nick usa su bicicleta durante 6 millas en el fin de semana. Recorre 14 millas durante la semana. ¿Cuantas millas recorre Nick en total?

_____ decenas y _____ unidades.

1. Resuelve el problema. Escribe tu respuesta para mostrar cuántas decenas y unidades.

$9 + 6 =$ [ 1 | 5 ]

9 necesita 1 más para formar una decena.
Entonces, necesito agregar 5 más.

$10 + 5 = 15.$

Eso es 1 decena y 5 unidades.

$\underline{9} + \underline{1} = \underline{10}$

$\underline{10} + \underline{5} = \underline{15}$

2. Resuelve. Escribe dos enunciados numéricos para cada paso para mostrar cómo formas una decena.

Ani tenía 9 flores. Ella recogió 5 nuevas flores. ¿Cuántas flores tiene Ani?

$\underline{9} + \underline{5} = \underline{14}$

$\underline{9} + \underline{1} = \underline{10}$

$\underline{10} + \underline{4} = \underline{14}$

9 necesita 1 más para formar 10.

$9 + 1 = 10$

Como tomé el 1 de 5, tengo que agregar 4 más.

$10 + 4 = 14$

Nombre ______________________ Fecha ____________

Resuelve los problemas. Escribe tus respuestas para mostrar cuántas decenas y unidades.

> $9 + 3 = $ [1][2]
>
> $9 + 1 = 10$
>
> $10 + 2 = 12$

1. $9 + 7 = $ [ ][ ]

   ___ + ___ = ___

   ___ + ___ = ___

2. $8 + 5 = $ [ ][ ]

   ___ + ___ = ___

   ___ + ___ = ___

---

Resuelve. Escribe los dos enunciados numéricos por cada paso para mostrar cómo formas una decena.

3. Boris tiene 9 juegos de mesa en su estante y 8 juegos de mesa en su armario. ¿Cuántos juegos de mesa tiene Boris en total?

   9 + 8 =

   ___ + ___ = ___

   ___ + ___ = ___

---

4. Sabra construyó una torre con 8 bloques. Yuri hizo otra torre con 7 bloques. ¿Cuántos bloques usaron?

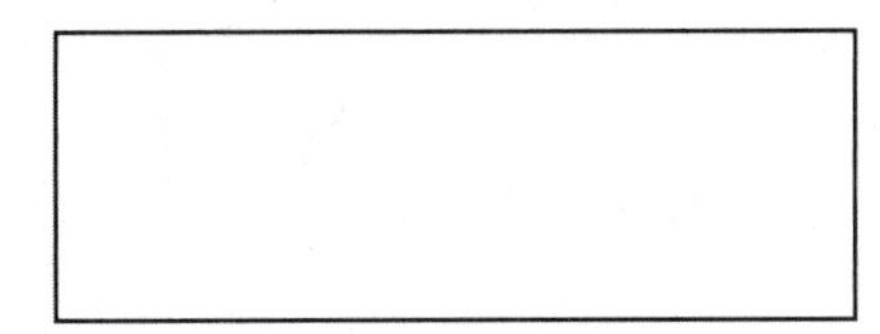

5. Camden resolvió 6 problemas escritos de suma. Ella resolvió 9 problemas escritos de resta. ¿Cuántos problemas escritos resolvió en total?

6. Minna hizo 4 pulseras y 8 collares con sus cuentas. ¿Cuántas piezas de joyería hizo Minna?

7. Coloqué 5 duraznos en mi bolsa en el mercado del agricultor. Si yo ya tenía 7 manzanas en mi bolsa, ¿cuántas piezas de fruta tenía yo en total?

Resuelve el problema. Escribe tu respuesta para mostrar cuántas decenas y unidades hay. Muestra tu solución en dos pasos:

Paso 1: Escribe un enunciado numérico para restar a diez.

Paso 2: Escribe un enunciado numérico al que haya que agregar las partes restantes.

$15 - 9 = 6$ (1 | 5)

$\underline{10} - \underline{9} = \underline{1}$

$\underline{1} + \underline{5} = \underline{6}$

15 está compuesto por 10 y 5. Puedo quitar 9 de 10 rápidamente. $10 - 9 = 1$

Luego, puedo agregar 1 a los 5 que no toqué. $1 + 5 = 6$

Nombre ______________________ Fecha ____________

Resuelve los problemas. Escribe tus respuestas para mostrar cuántas decenas y unidades.

| 1 | 2 | - 5 = 7

10 - 5 = 5
5 + 2 = 7

1. | 1 | 7 | - 8 = ____

____ - ____ = ____

____ + ____ = ____

2. | 1 | 6 | - 7 = ____

____ - ____ = ____

____ + ____ = ____

Resuelve. Escribe los dos enunciados numéricos para cada paso para mostrar cómo quitarle al diez. Recuerda dibujar un rectángulo alrededor de tu solución y escribir una afirmación.

3. Yvette contó 12 niños en el parque. Ella contó 3 en el patio de juegos y el resto jugando en la arena. ¿Cuántos niños contó jugando en la arena?

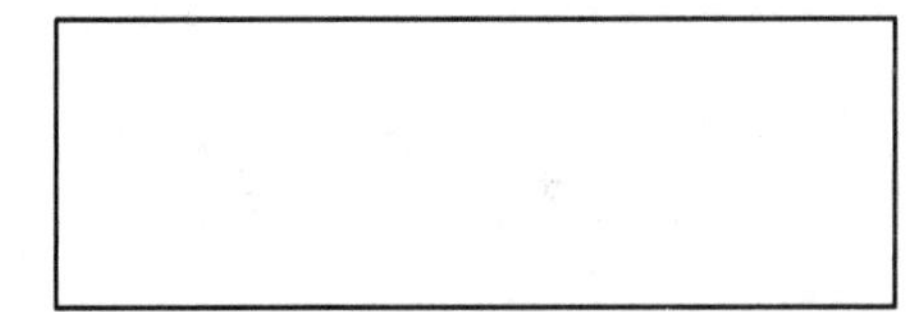


____ - ____ = ____

____ + ____ = ____

4. Eli leyó algunas revistas de ciencia. Luego, leyó 9 revistas deportivas. Si leyó un total de 18 revistas, ¿cuántas revistas de ciencia leyó Eli?

____ - ____ = ____

____ + ____ = ____

5. El lunes, Paulina sacó 6 libros sobre ballenas y algunos libros sobre tortugas de la biblioteca. Si sacó 13 libros en total, ¿cuántos libros sobre tortugas sacó Paulina?

_____ - _____ = _____

_____ + _____ = _____

---

6. Algunos niños están jugando fútbol en el parque. Siete de ellos visten camisetas blancas. Si hay un total de 14 niños jugando fútbol, ¿cuántos niños no tienen puestas camisetas blancas?

_____ - _____ = _____

_____ + _____ = _____

---

7. Dante tiene 9 animales de peluche en su cuarto. El resto de sus animales de peluche están en el cuarto de la TV. Dante tiene 15 animales de peluche. ¿Cuántos de los animales de Dante están en el cuarto de la TV?

_____ - _____ = _____

_____ + _____ = _____

# 1.$^{er}$ grado
# Módulo 3

1. Sigue las instrucciones. Completa la oración.

Haz un círculo alrededor del perro **más largo**.

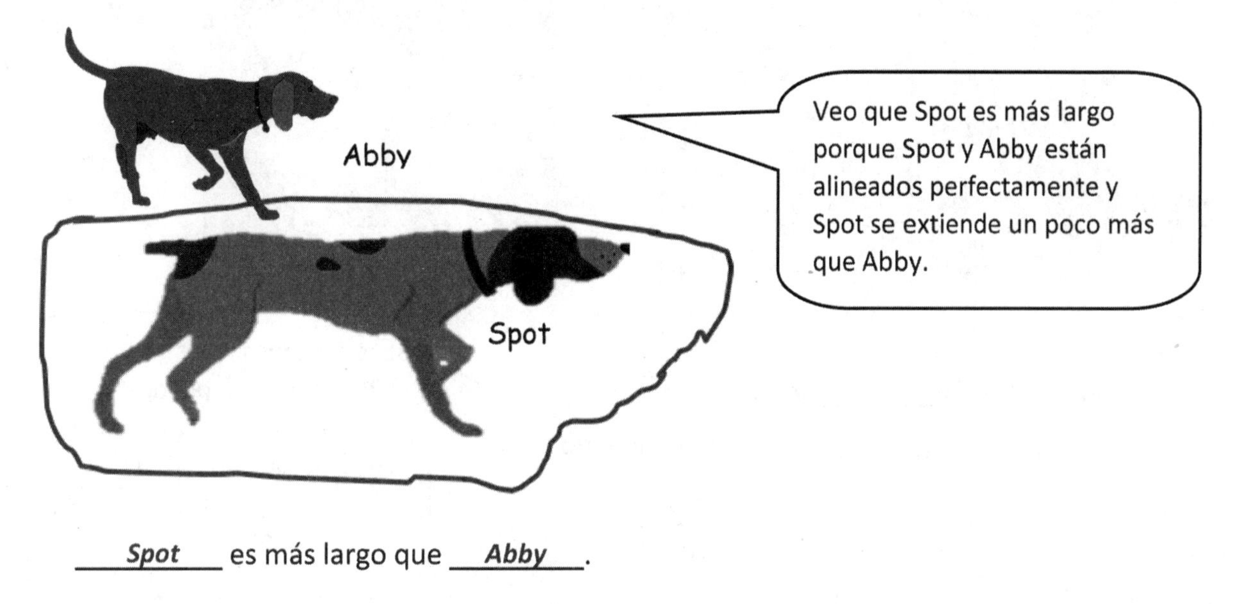


*Spot* es más largo que *Abby*.

2. Escribe las palabras **más largo que** o **más corto que** para que el enunciado sea verdadero.

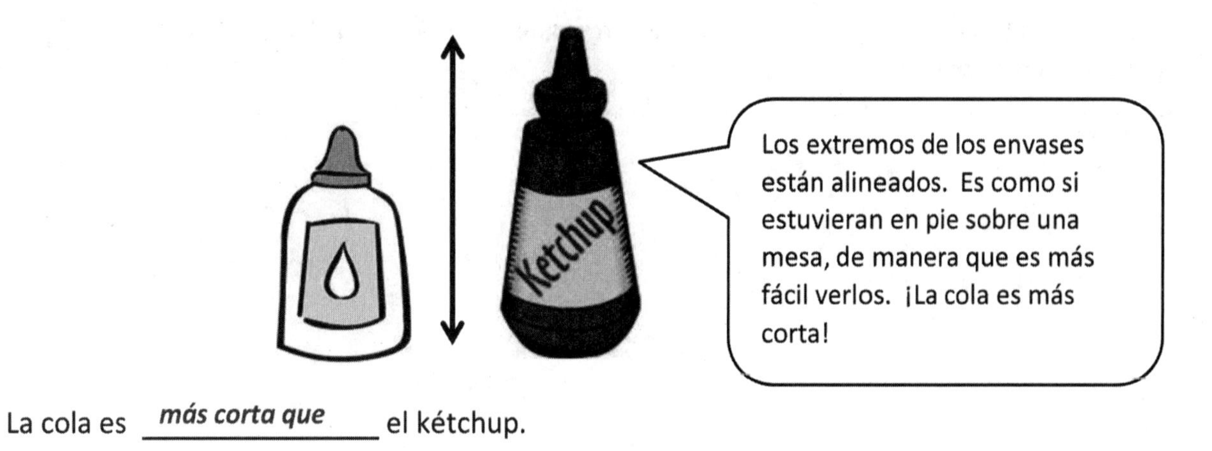


La cola es *más corta que* el kétchup.

3.

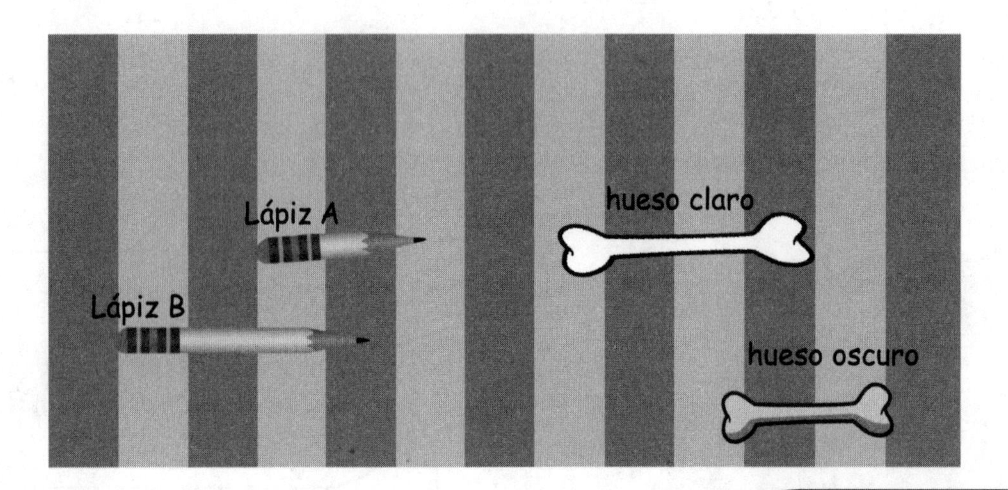


El lápiz B es ___*más largo que*___ el lápiz A.

El hueso oscuro es ___*más corto que*___ el hueso claro.

Los extremos no están alineados, pero puedo afirmar que el lápiz B es más largo porque atraviesa más de 3 rayas. El lápiz A solo cruza 2 rayas.

Haz un círculo alrededor de verdadero o falso.

El hueso claro es más corto que el lápiz A. **Verdadero** o **falso**

---

4. Encuentra 3 materiales escolares. Dibújalos aquí ordenados del **más corto** al **más largo.** Etiqueta cada material escolar.

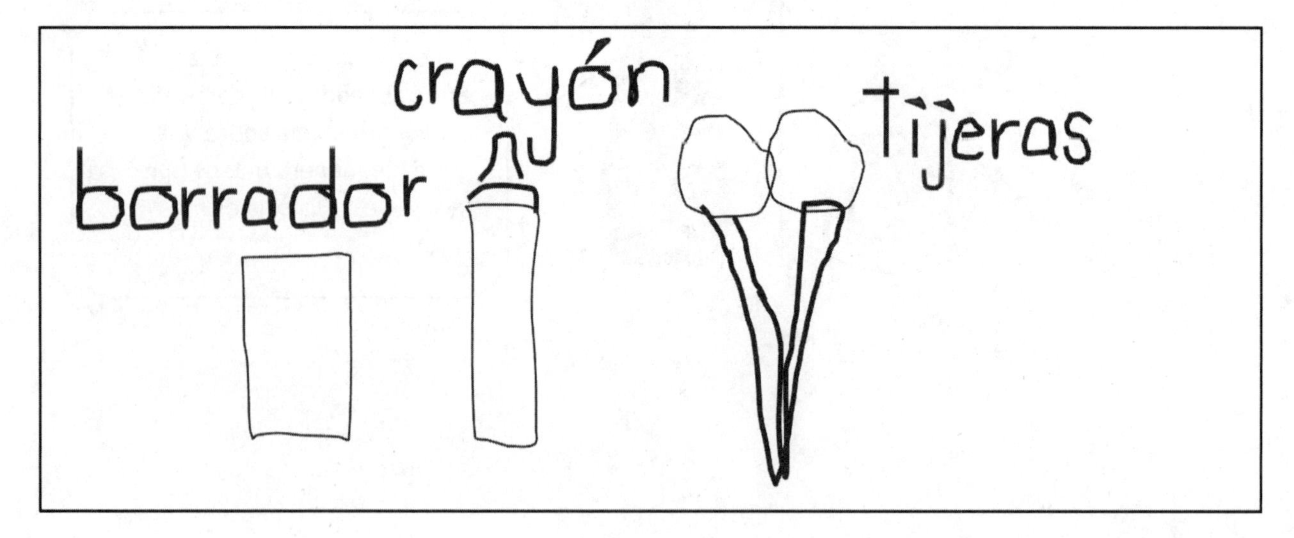

Nombre ________________________________ Fecha ______________

Sigue las instrucciones. Completa los enunciados.

1. Encierra en un círculo el conejo **más largo**.

Peter

Floppy

________ es más largo que

________.

2. Encierra en un círculo la fruta **más corta**.

A B

________ es más corto que

________.

Escribe las palabras **más largo que** o **más corto que** para hacer que los enunciados sean verdaderos.

3.

Ketchup

El pegamento

es ______________________________

la salsa de tomate.

4.

La envergadura del ala de la libélula

es ____________________

la envergadura del ala de la mariposa.

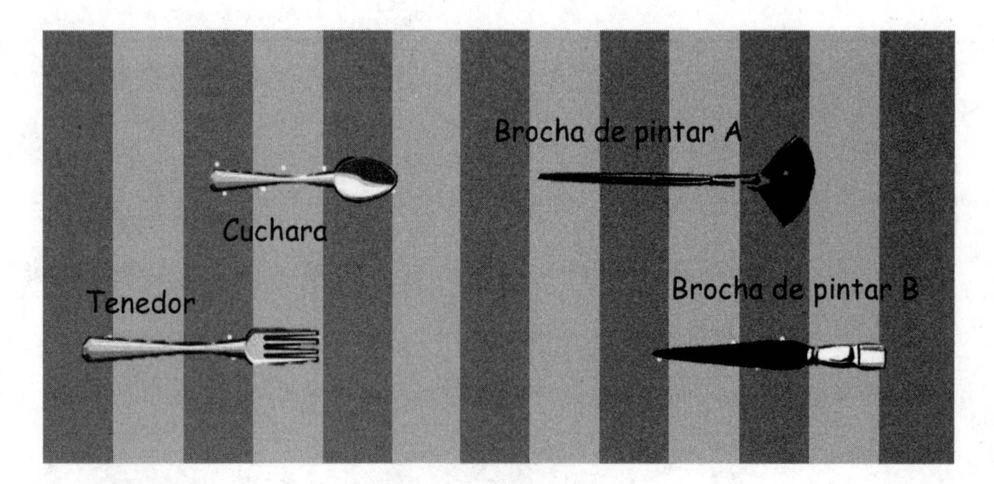


5. La brocha de pintar A es ______________________ la brocha de pintar B.

6. La cuchara es ______________________ el tenedor.

7. Encierra en un círculo como verdadero o falso.
   La cuchara es más corta que la brocha de pintar B. **Verdadero** o **Falso**

---

8. Encuentra 3 objetos en tu cuarto. Dibújalos aquí en orden desde el más corto hasta el más largo. Pon nombre a cada objeto.

EUREKA MATH

1. Usa la tira de papel que te entregó tu maestro para medir cada imagen. Haz un círculo alrededor de las palabras que necesitas para hacer que el enunciado sea verdadero. Luego, rellena el espacio en blanco.

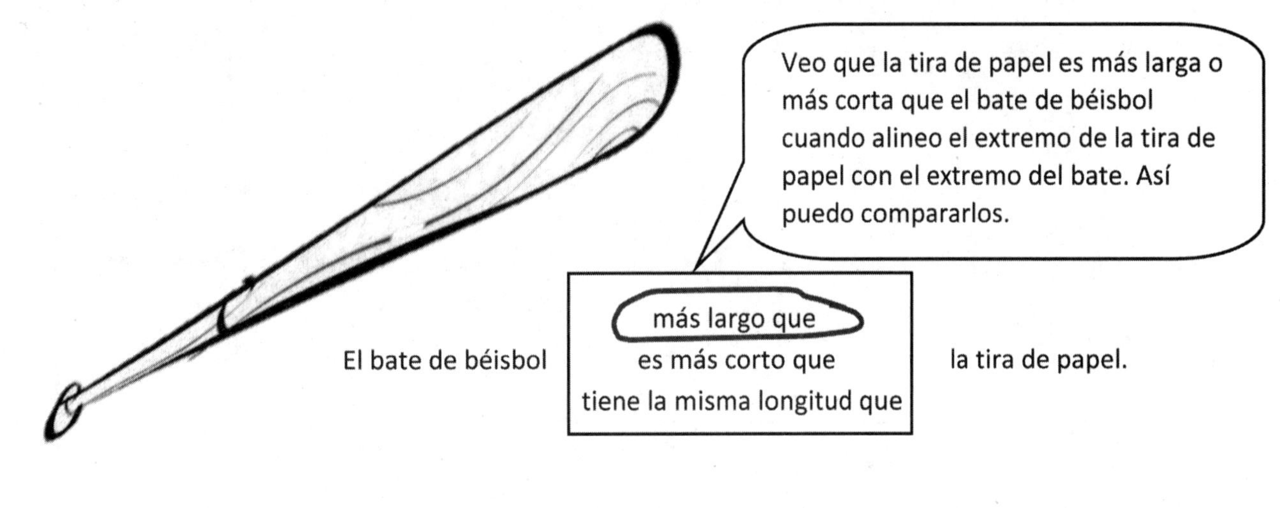


El bate de béisbol [ **más largo que** (circled) / es más corto que / tiene la misma longitud que ] la tira de papel.

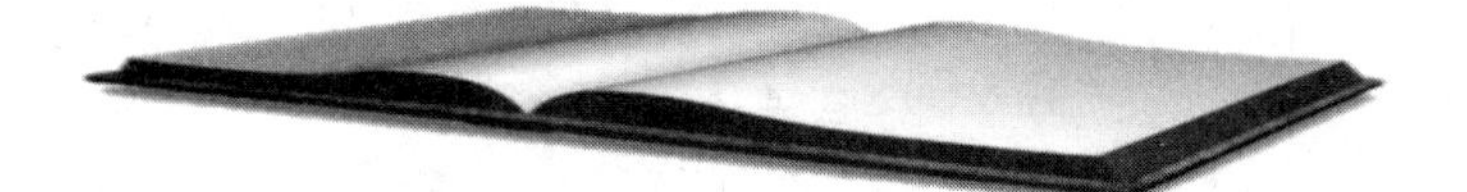

El libro [ es más largo que / **es más corto que** (circled) / tiene la misma longitud que ] la tira de papel.

Sé que el bate de béisbol es más largo que la tira de papel y que el libro es más corto que la tira de papel, entonces, ¡el bate de béisbol debe ser más largo que el libro!

El bate de béisbol es ___*más largo que*___ el libro.

2. Completa las oraciones con **más largo que**, **más corto que**, o **tiene la misma longitud que** para que las oraciones sean verdaderas.

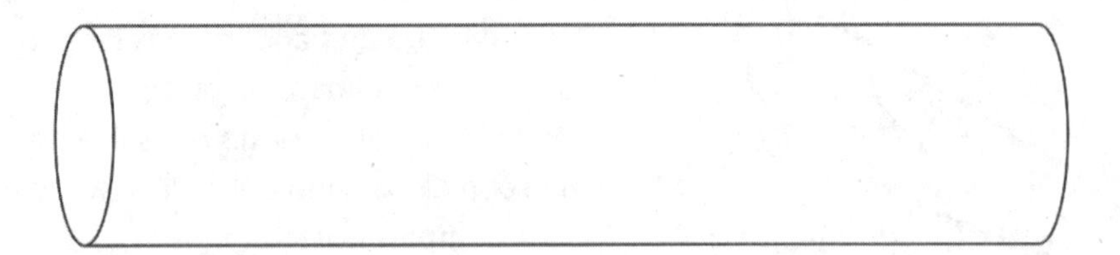

El tubo es *más largo que* el balde.

Usé mi tira de papel para medir. El tubo es más largo que la tira de papel. El balde es más corto que la tira de papel, entonces, sé que el tubo debe ser más largo que el balde.

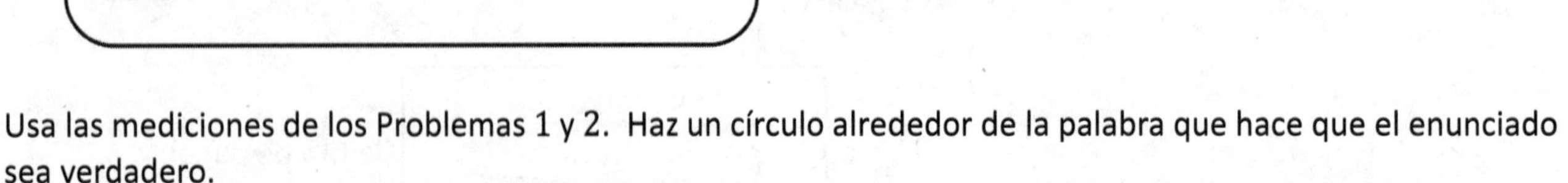

Usa las mediciones de los Problemas 1 y 2. Haz un círculo alrededor de la palabra que hace que el enunciado sea verdadero.

3. El bate de béisbol es (**más largo**/**más corto**) que el balde.

Si el bate de béisbol es más largo que la tira de papel y el balde es más corto que la tira de papel, entonces, ¡el bate es más largo que el balde!

4. Ordena estos objetos del más corto al más largo: balde, tubo y tira de papel.

*balde* *tira de papel* *tubo*

El balde es más corto que la tira de papel, y la tira de papel es más corta que el tubo, entonces, el balde es el más corto de todos y el tubo es el más largo.

5. Haz un dibujo para ayudarte a completar el enunciado de medición. Haz un círculo alrededor de las palabras que hacen que el enunciado sea verdadero.

Susie es más alta que Donnie.

Jason es más alto que Susie.

Donnie es (**más alto que**/**más bajo que**) Jason.

Primero dibujo a Susie y Donnie. Luego, dibujo a Jason. Dado que Donnie es más bajo que Susie, y Susie es más baja que Jason, ¡Donnie también es más baja que Jason!

Nombre ______________________________ Fecha ______________

Usa la tira de papel proporcionada por su maestro para medir cada **imagen**. Encierra en un círculo las palabras que necesitas para hacer que el enunciado sea verdadero. Luego, rellena el espacio en blanco.

1.

| **El sundae es** | más largo que<br>más corto que<br>la misma longitud que | **la tira de papel.** |
|---|---|---|

| **La cuchara es** | más largo que<br>más corta que<br>la misma longitud que | **la tira de papel.** |
|---|---|---|

La **cuchara** es ______________________________ el **sundae**.

2.

El **globo** es ______________________________ el **pastel**.

3.

La **bola** es más corta que la tira de papel.

Entonces, el **zapato** es ______________________________ la **bola**.

Usa las mediciones de los problemas 1 - 3. Encierra en un círculo la palabra que hace que los enunciados sean verdaderos.

4. La cuchara es (**más larga/más corta**) que el pastel.

5. El globo es (**más largo/más corto**) que el sundae.

6. El zapato es (**más largo/más corto**) que el globo.

7. Ordena estos objetos desde el más corto hasta el más largo:

   pastel, cuchara y tira de papel

   ____________________ ____________________ ____________________

Dibuja una imagen para ayudar a completar las afirmaciones sobre la medición. Encierra en un círculo la palabra que hace que cada enunciado sea verdadero.

8. El pelo de Marni es más corto que el pelo de Wesley.

   El pelo de Marni es más largo que el pelo de Bita.

   El pelo de Bita es (**más largo/más corto**) que el pelo de Wesley

9. Elliott es más corto que Brady.

   Sinclair es más corto que Elliott.

   Brady es (**más alto/más corto**) que Sinclair.

1. La línea que mide el camino desde la casa de muñecas al parque es más larga que el camino entre el parque y la tienda. Haz un círculo alrededor del camino más corto.

**casa de muñecas al parque**

**el parque a la tienda**

¡Si la línea es más larga quiere decir que el camino también es más largo!

Usa la imagen para responder las preguntas sobres los rectángulos.

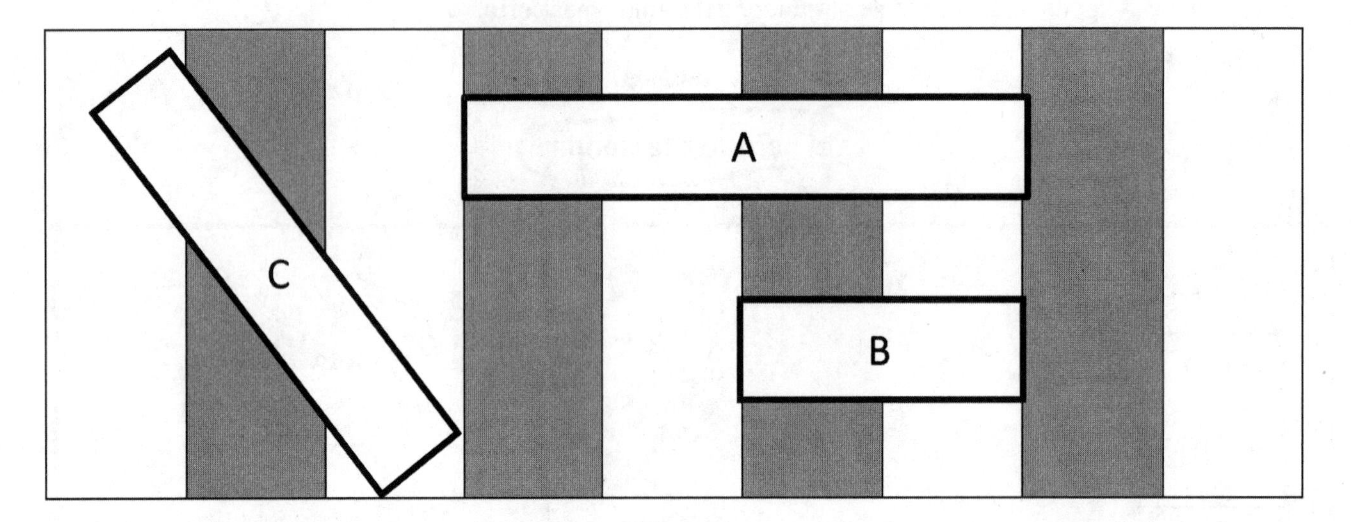


2. ¿Cuál es el rectángulo más corto? ***Rectángulo B***

3. Si el rectángulo A es más largo que el rectángulo C, el rectángulo más largo es el ***Rectángulo A***

4. Ordena los rectángulos del más corto al más largo:

***B*** ***C*** ***A***

Veo que el rectángulo B es el más corto y aquí dice que el rectángulo A es más largo que el rectángulo C, entonces, ¡el orden debe ser B, C y A!

Usa la imagen para responder las preguntas sobre los caminos que los estudiantes recorren para ir a la escuela.

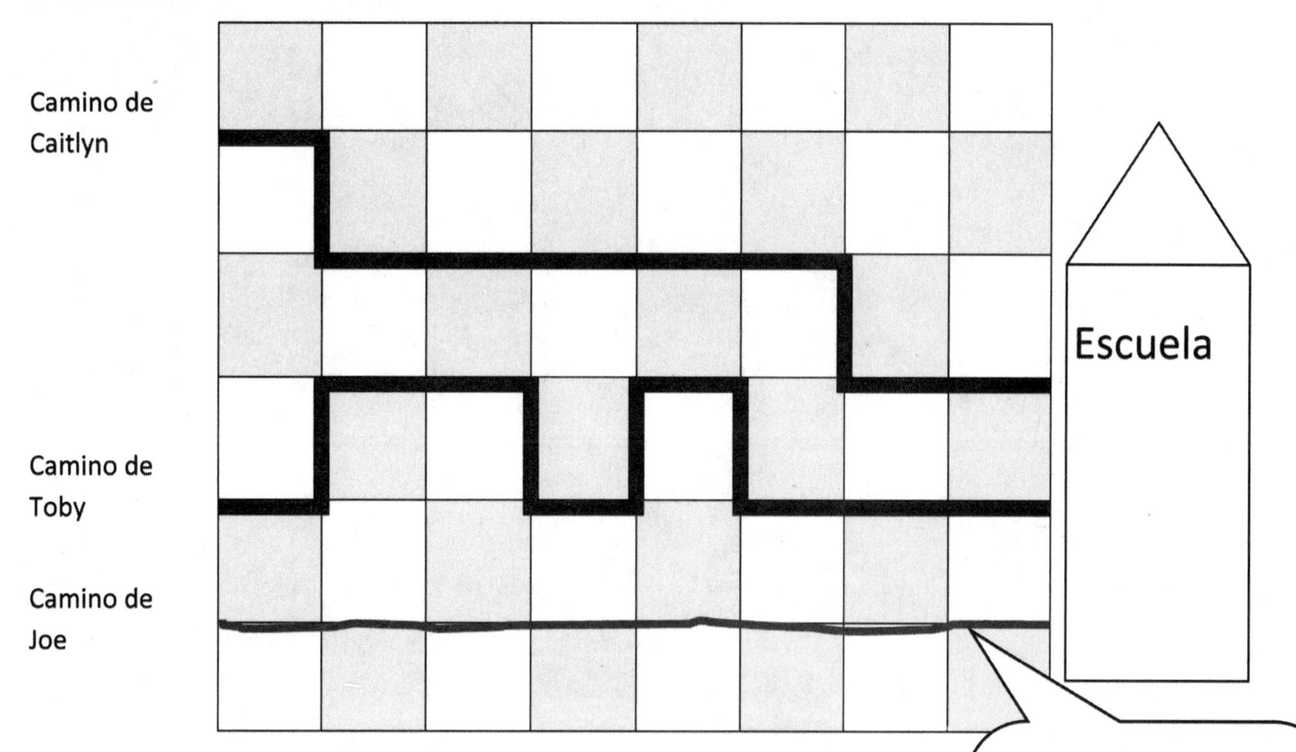


5. ¿Cuál es la longitud del camino de Caitlyn hasta la escuela? ___10___ cuadras

6. ¿Cuál es la longitud del camino de Toby hasta la escuela? ___12___ cuadras

7. El camino de Joe es más corto que el de Caitlyn. Dibuja el camino de Joe.

> El camino de Caitlyn es de 10 cuadras; entonces, el camino de Joe debe tener 9 cuadras o menos. Tracé una línea recta para el camino de Joe y eso resultó en 8 cuadras.

Haz un círculo alrededor de la palabra correcta para que el enunciado sea verdadero.

8. El camino de Toby es **más largo**/**corto** que el camino de Joe.

9. ¿Quién tomó el camino más corto hasta la escuela? ___*Joe*___

> El camino de Joe es el más corto. Apenas son 8 cuadras en línea recta hasta la escuela, sin giros. El camino de Toby es de 12 cuadras. Una caminata de 12 cuadras es más larga que una de 8 cuadras.

10. Ordena los caminos del más corto al más largo.

___*Joe*___ ___*Caitlyn*___ ___*Toby*___

Nombre ______________________________ Fecha ______________

1. La cuerda que mide la ruta desde el jardín hasta el árbol es más larga que la ruta entre el árbol y las flores. Encierra en un círculo la ruta más corta.

**el jardín hasta el árbol**

**el árbol hasta las flores**

Jardín

Árbol

Flores

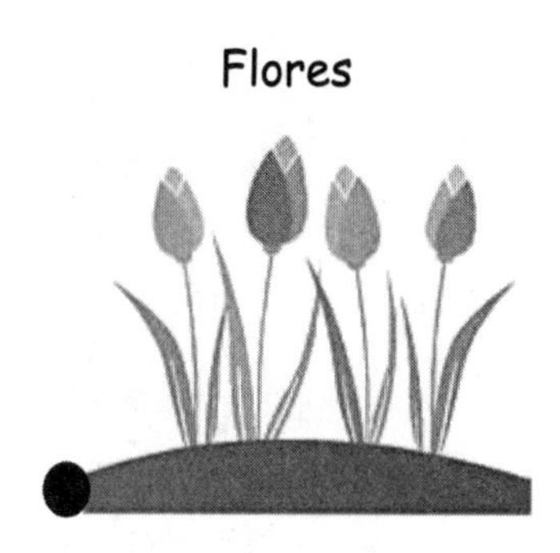

Usa la imagen para responder las preguntas sobre los rectángulos.

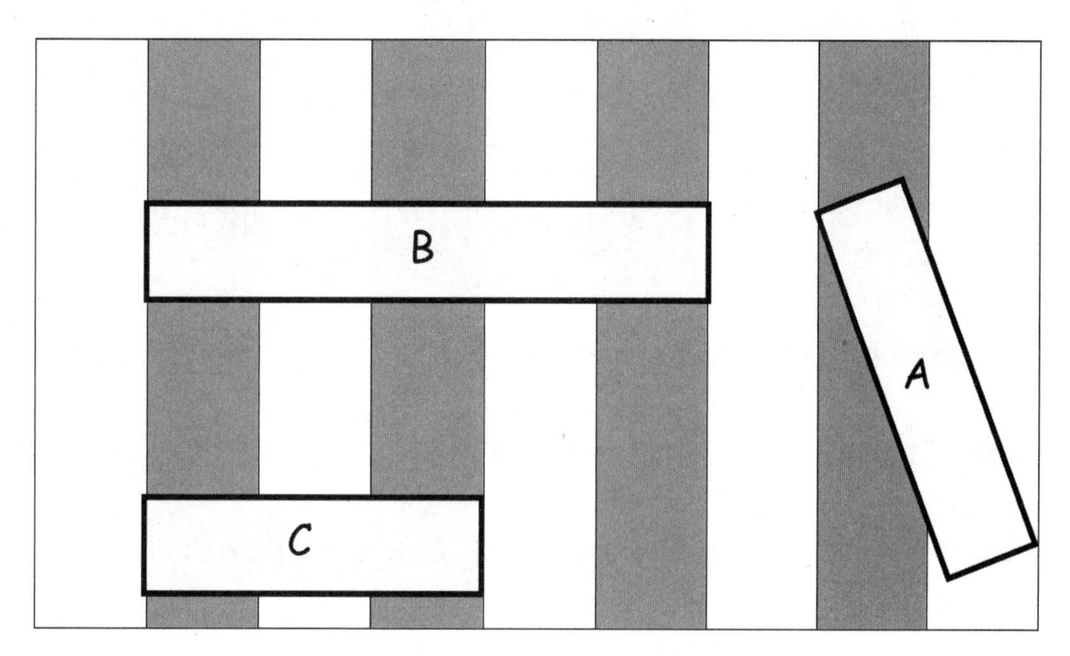


2. ¿Cuál es el rectángulo más largo? ________________

3. Si el rectángulo A es más largo que el rectángulo C, el rectángulo más corto es

________________.

4. Ordena los rectángulos desde los más cortos hasta los más largos.

_______________ _______________ _______________

Usa la imagen para responder las preguntas sobre las rutas de los niños hasta la playa.

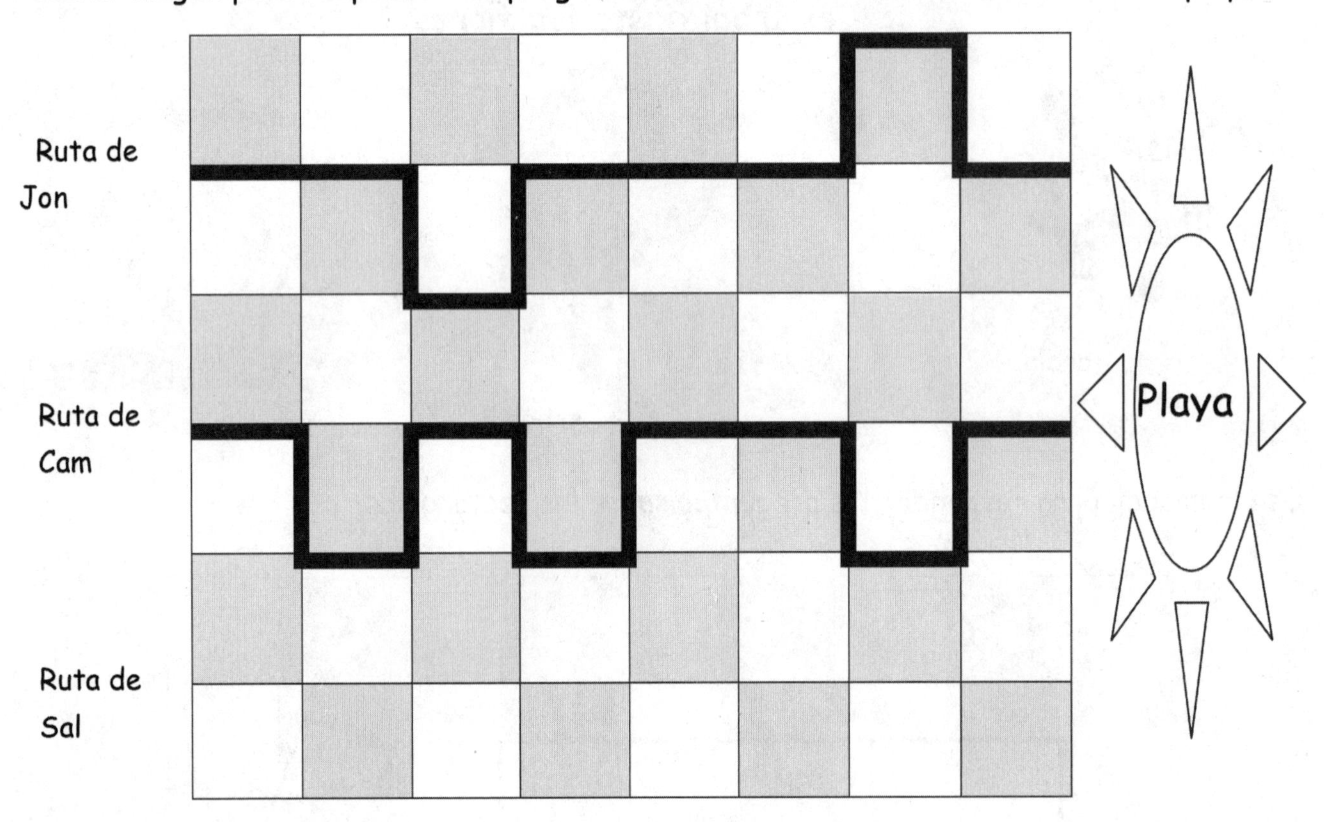


5. ¿Qué longitud tiene la ruta de Jon hasta la playa? _____________ manzanas

6. ¿Qué longitud tiene la ruta de Cam hasta la playa? _____________ manzanas

7. La ruta de Jon es más larga que la ruta de Sal. Dibuja la ruta de Sal.

Encierra en un círculo la palabra correcta para hacer que el enunciado sea verdadero.

8. La ruta de Cam es **más larga/más corta** que la ruta de Sal.

9. ¿Quién tomó la ruta más corta hasta la playa? ____________________

10. Ordena las rutas desde la más corta hasta la más larga.

____________________ ____________________ ____________________

Mide la longitud de la imagen con tus cubos. Completa el enunciado siguiente.

1. El lápiz mide __3__ cubos de un centímetro de longitud.

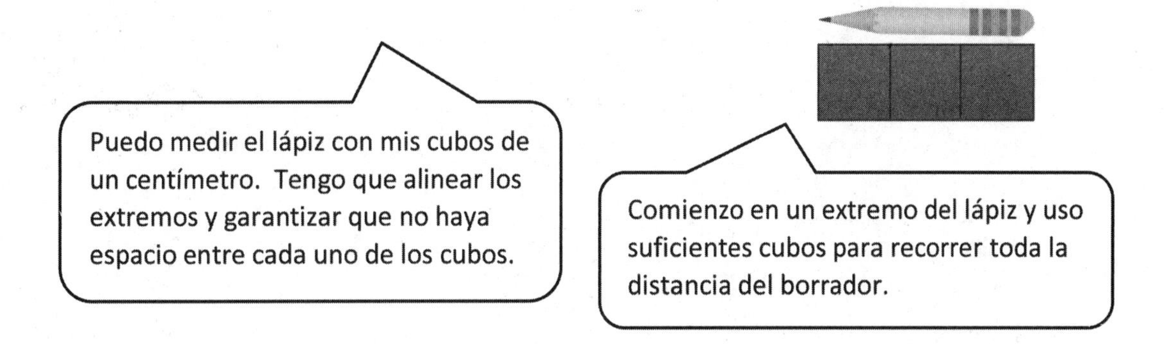


2. Haz un círculo alrededor de la imagen que muestra la manera correcta de hacer la medición.

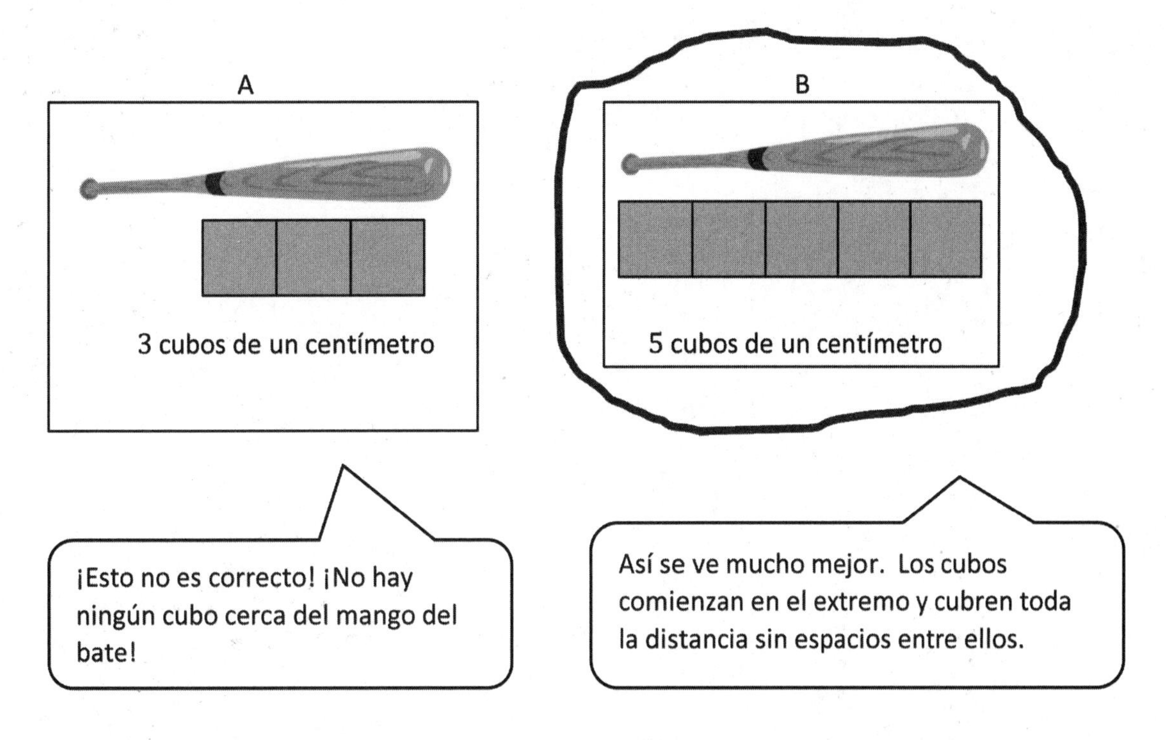


3. Explica qué es incorrecto en la medición de la imagen que NO marcaste con un círculo.

***La imagen que muestra una medición de 3 cubos es incorrecta porque los cubos no cubren todo el espacio hasta el bate. Los cubos no comienzan ni en el inicio ni en el extremo. ¡No hay suficientes cubos!***

Nombre ______________________________ Fecha ______________

Mide la longitud de cada imagen con tus cubos. Completa las siguientes afirmaciones.

1. La piruleta tiene una longitud de ______ cubos de un centímetro.

2. El sello tiene una longitud de ______ cubos de un centímetro.

3. La cartera tiene una longitud de ______ cubos de un centímetro.

4. La vela tiene una longitud de ______ cubos de un centímetro.

5. El arco tiene una longitud de ______ cubos de un centímetro.

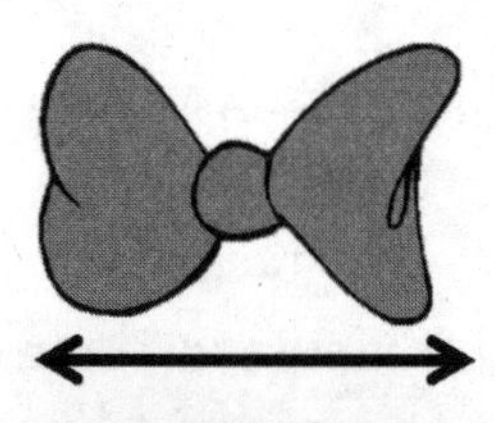

6. La galleta tiene una longitud de ______ cubos de un centímetro.

7. La taza tiene una longitud de ______ cubos de un centímetro.

8. La salsa de tomate tiene una longitud de ______ cubos de un centímetro.

9. El sobre tiene una longitud de ______ cubos de un centímetro.

10. Encierra en un círculo la imagen que muestre la forma correcta de medir.

A

3 cubos de un centímetro.

B

4 cubos
de un centímetro.

C

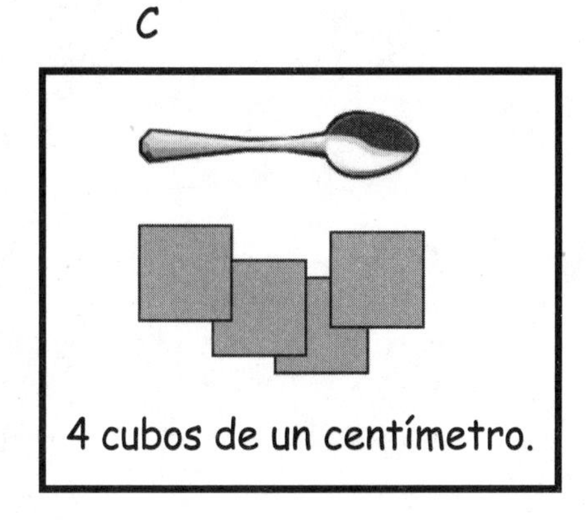

4 cubos de un centímetro.

D

4 cubos de un centímetro.

11. Explica en qué han fallado las mediciones para las imágenes que no encerraste en un círculo.

______________________________________________

______________________________________________

______________________________________________

1. Usa los cubos de un centímetro para medir las siguientes imágenes. Completa las oraciones.

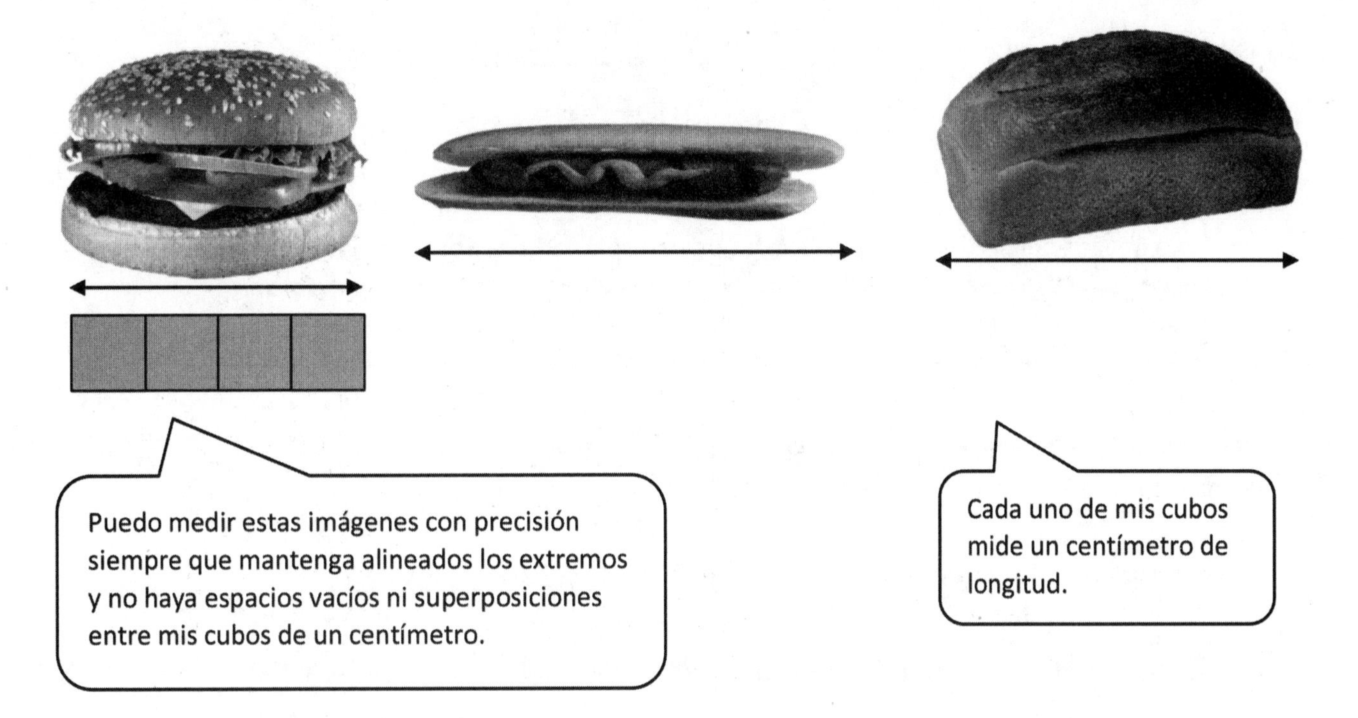


a. La imagen de la hamburguesa mide __4__ centímetros de longitud.

b. La imagen del perro caliente mide __6__ centímetros de longitud.

c. La imagen del pan mide __5__ centímetros de longitud.

La imagen del pan tiene 5 cubos de un centímetro de longitud. Eso significa 5 centímetros de longitud.

2. Usa las mediciones de las imágenes para ordenar las imágenes de la hamburguesa, el perro caliente y el pan del más largo al más corto. Puedes usar dibujos o nombres para ordenar las imágenes.

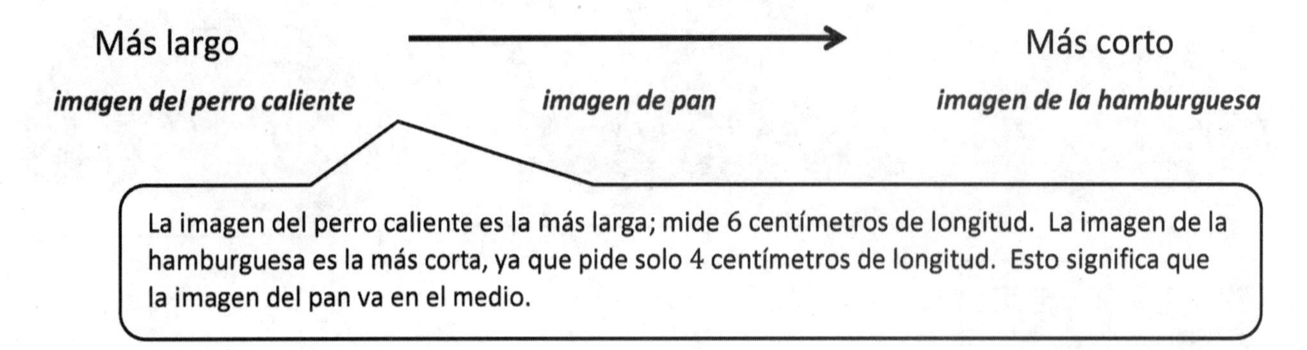


3. Rellena los espacios en blanco para hacer que los enunciados sean verdaderos. (Es posible que haya más de una respuesta correcta).

   a. La imagen de perro caliente es más larga que la imagen del ***pan*** .

   b. La imagen del pan es más larga que la imagen del ***hamburguesa*** y más corta que la imagen del ***perro caliente*** .

   c. Si se agregara una imagen de una banana que fuera más larga que la imagen del pan, ¿sería más larga que cuál de las otras imágenes? ***la hamburguesa***.

Nombre ______________________________ Fecha ______________

1. Justin recolecta adhesivos. Usa cubos de un centímetro para medir los adhesivos de Justin. Completa los enunciados sobre los adhesivos de Justin.

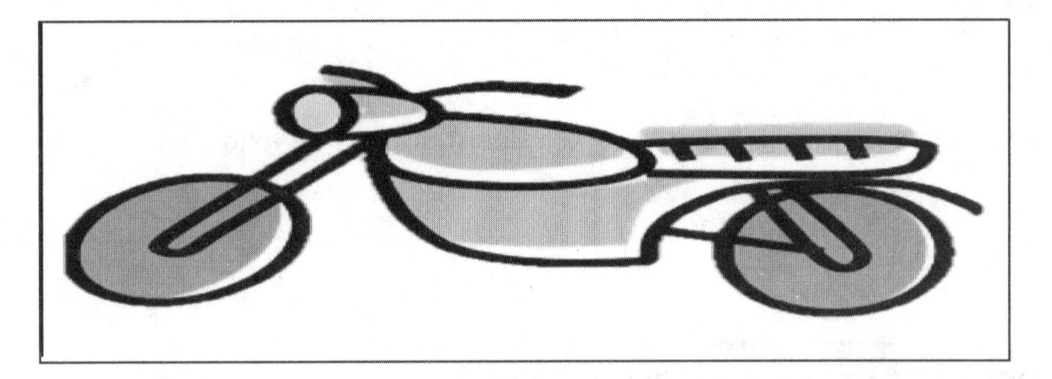

a. El adhesivo de la motocicleta tiene ________ centímetros de longitud.

b. El adhesivo del automóvil tiene ________ centímetros de longitud.

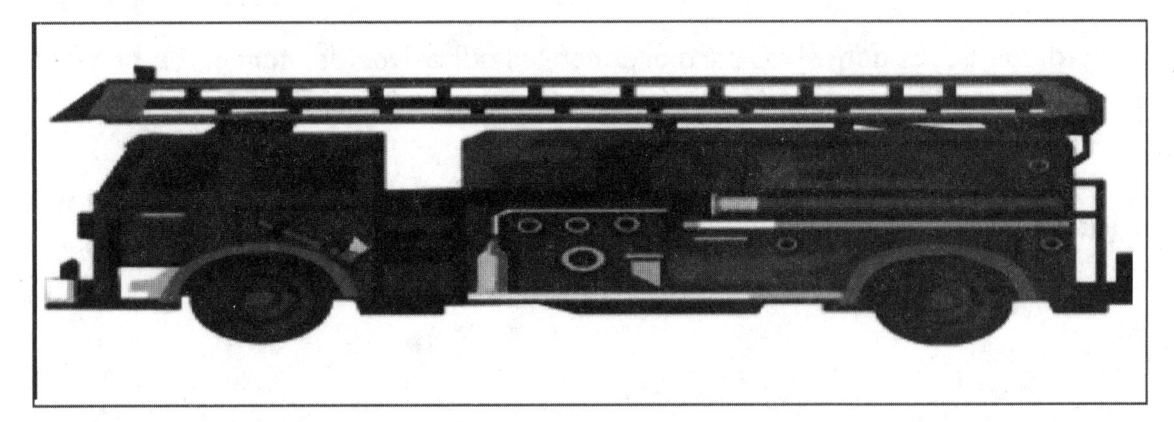

c. El adhesivo del camión de bomberos tiene ________ centímetros de longitud.

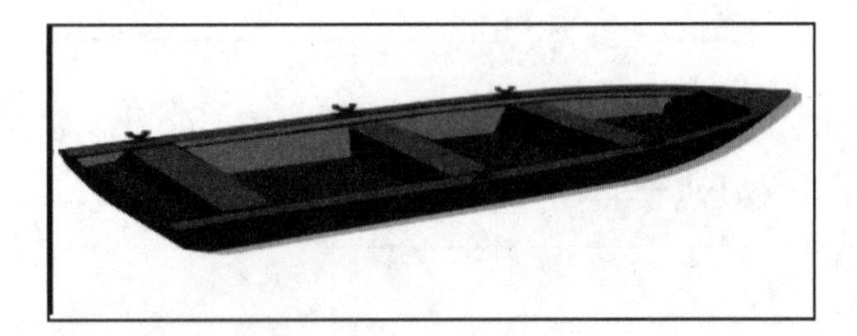

d. El adhesivo del bote de remos tiene _______ centímetros de longitud.

e. El adhesivo del avión tiene _______ centímetros de longitud.

2. Usa las medidas de los adhesivos para ordenar los adhesivos del camión de bomberos, el bote de remos y el avión desde el más largo hasta el más corto. Puedes usar dibujos o nombres para ordenar los adhesivos.

Más largo ⟶ más corto

3. Llena los espacios en blanco para hacer las afirmaciones verdaderas. (Puede haber más de una respuesta correcta).

   a. El adhesivo del avión es más largo que el adhesivo del _______________.

   b. El adhesivo del bote de remos es más largo que el adhesivo del _______________ y más corto que el adhesivo del _______________.

   c. El adhesivo de la motocicleta es más corto que el adhesivo de _______________ y más largo que el adhesivo de _______________.

   d. Si Justin obtiene un nuevo adhesivo que es más largo que el bote de remos, ¿también será más largo que cuál de sus otros adhesivos? _______________.

1. Escribe los nombres de los insectos en las líneas, ordenándolos del más largo al más corto. Usa los cubos de un centímetro para verificar tu respuesta. Escribe la longitud de cada insecto en el espacio a la derecha de las imágenes.

   Los insectos ordenados del más largo al más corto son:

   ***Oruga*** ***Libélula*** ***Abeja***

Libélula

5 centímetros

La oruga es el insecto más largo. ¡La oruga mide 7 centímetros de longitud!

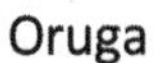

Oruga

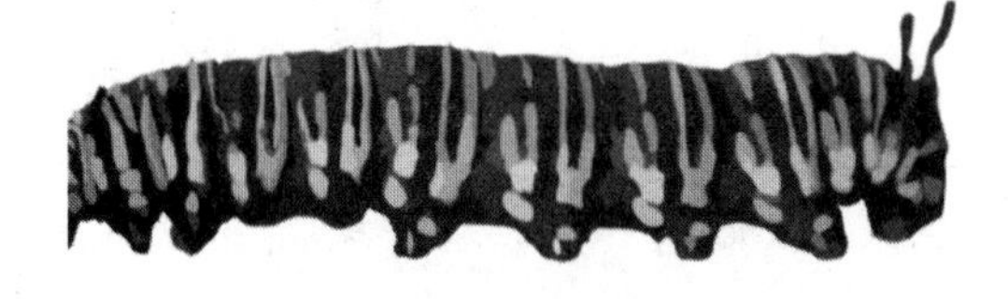

7 centímetros

La abeja es el insecto más corto. ¡La abeja mide solo 4 centímetros de longitud!

Abeja

4 centímetros

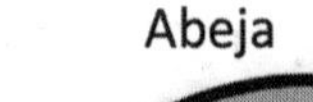

2. Usa todas las mediciones de los insectos para completar las oraciones.

   a. La libélula es más larga que la ***abeja*** y más corta que la ***oruga***.

   b. La ***abeja*** es el insecto más corto.

   c. Si se agregara otro insecto que fuera más corto que la abeja, enumera los insectos en relación a la longitud del nuevo insecto.

***Este nuevo insecto será más corto que la libélula y que la oruga.***

La abeja es el insecto más corto, de manera que si se agrega un insecto más corto que la abeja, este también será más corto que el resto de los insectos.

3. Tania construye una torre de cubos que es 3 centímetros más alta que la torre de Vince. Si la torre de Vince mide 9 centímetros de altura, ¿cuál es la altura de la torre de Tania?

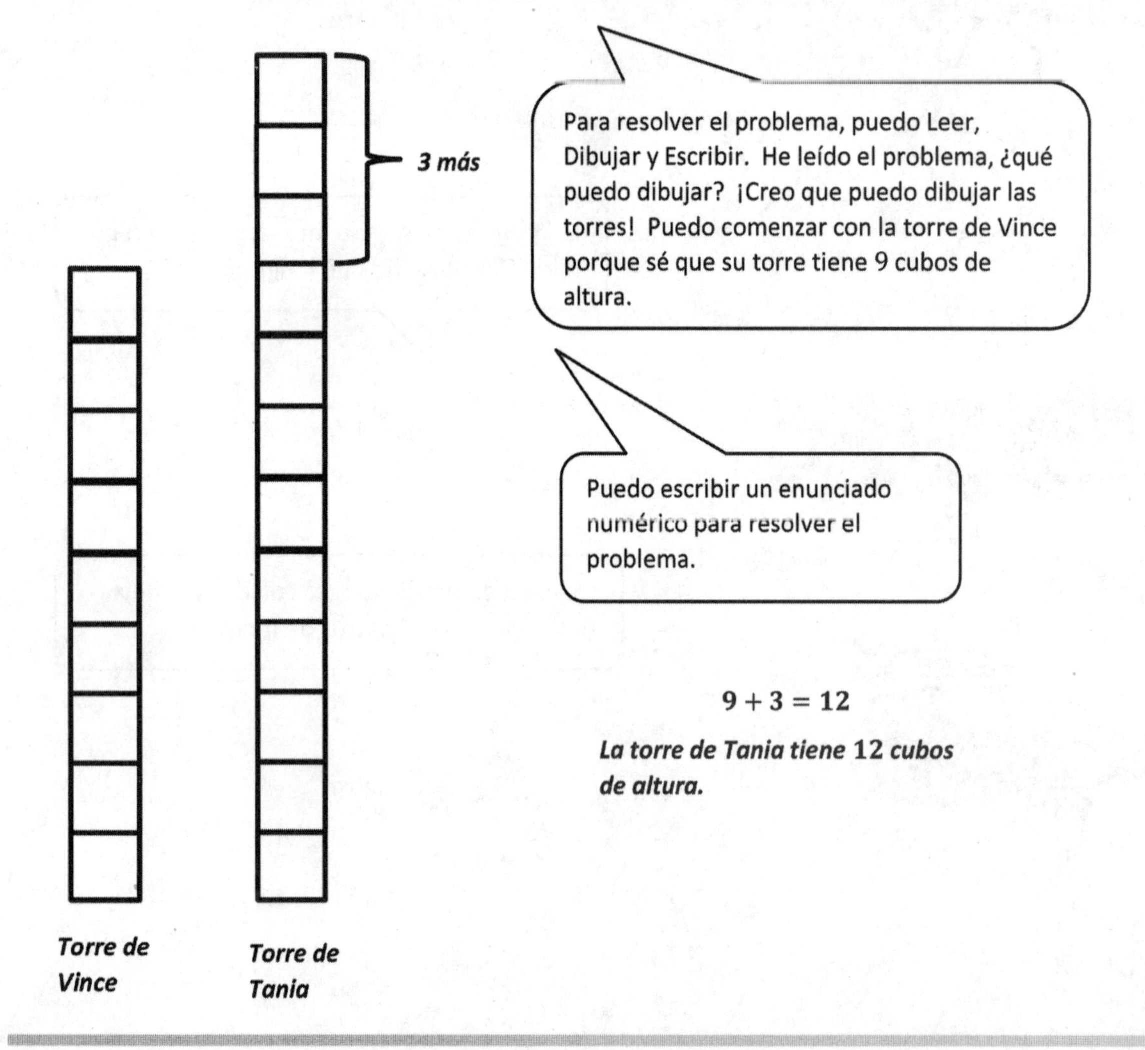


$9 + 3 = 12$

***La torre de Tania tiene 12 cubos de altura.***

Nombre ______________________________ Fecha ______________

1. El maestro de Natasha desea que ella coloque los peces en orden desde el más largo hasta el más corto. Mide cada pez con los cubos de centímetro que tu maestro te dio.

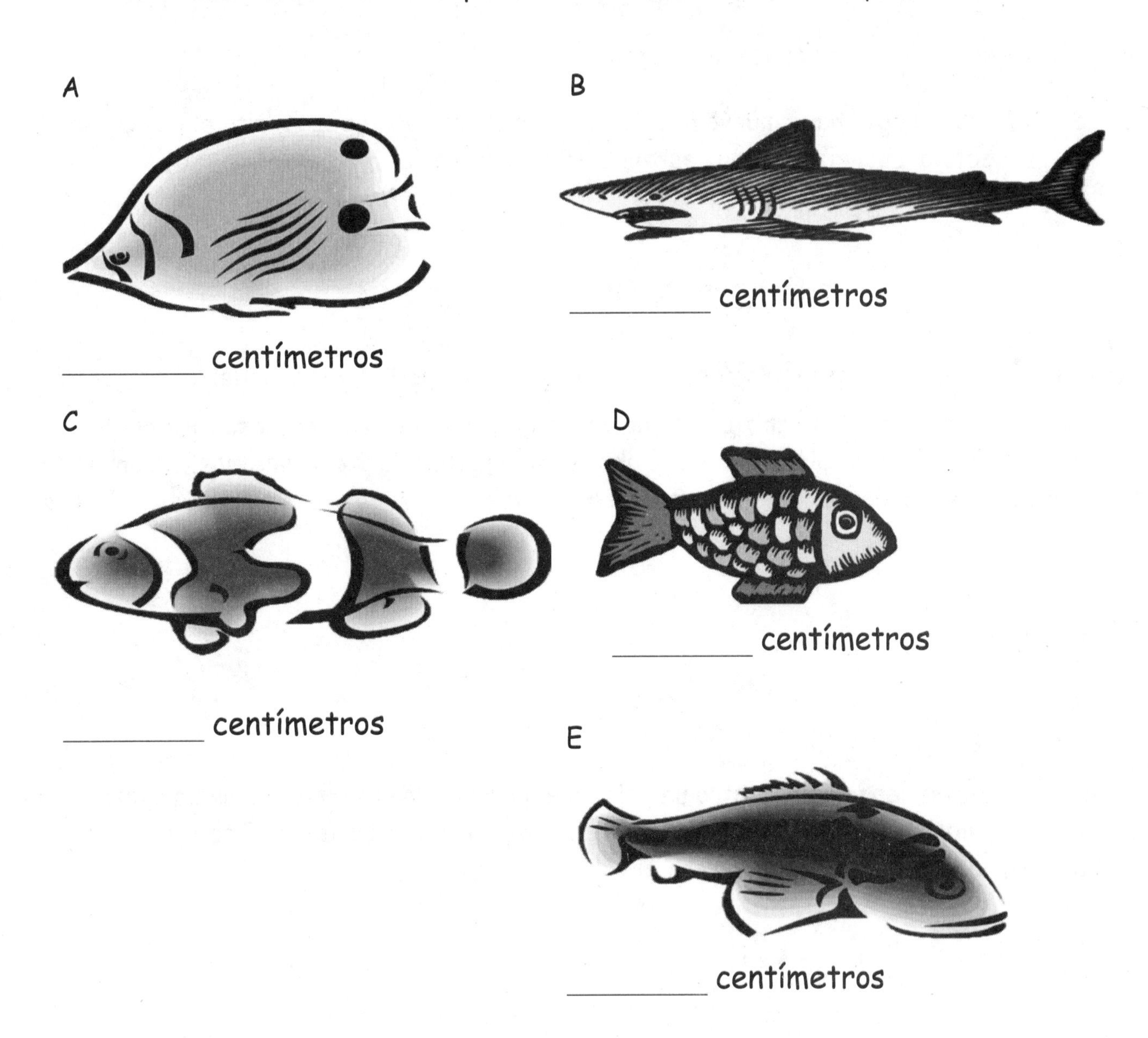


2. Ordena los peces A, B y C desde los más largos hasta los más cortos.

______________ ______________ ______________

3. Usa todas las mediciones de peces para completar los enunciados.

   a. El pez A es más largo que el Pez ________ y más corto que el Pez ________.

   b. El pez C es más corto que el pez ________ y más largo que el pez ________.

   c. El pez ________ es el pez más corto.

   d. Si Natasha obtiene un nuevo pez que es más corto que el pez A, cita el pez respecto al cual el nuevo pez es también más corto.

Usa tus cubos de un centímetro para representar cada longitud y responder la pregunta.

4. Henry obtiene un nuevo lápiz que tiene una longitud de 19 centímetros. Saca punta al lápiz varias veces. Si el lápiz tiene ahora una longitud de 9 centímetros, ¿cuánto más corto es el lápiz ahora que cuando era nuevo?

5. Malik y Jared cada uno encontró un palo en el parque. Malik encontró un palo que tenía 11 centímetros de longitud. Jared encontró un palo que tenía 17 centímetros de longitud. ¿Cuánto más largo era el palo de Jared?

Mide los objetos con una fila de clips de papel grandes (incluidos con la tarea) y después, haz la medida de nuevo pero ahora con una fila de clips de papel pequeños (incluidos con la tarea también).

Rellena la tabla en el reverso de la hoja con tus mediciones.

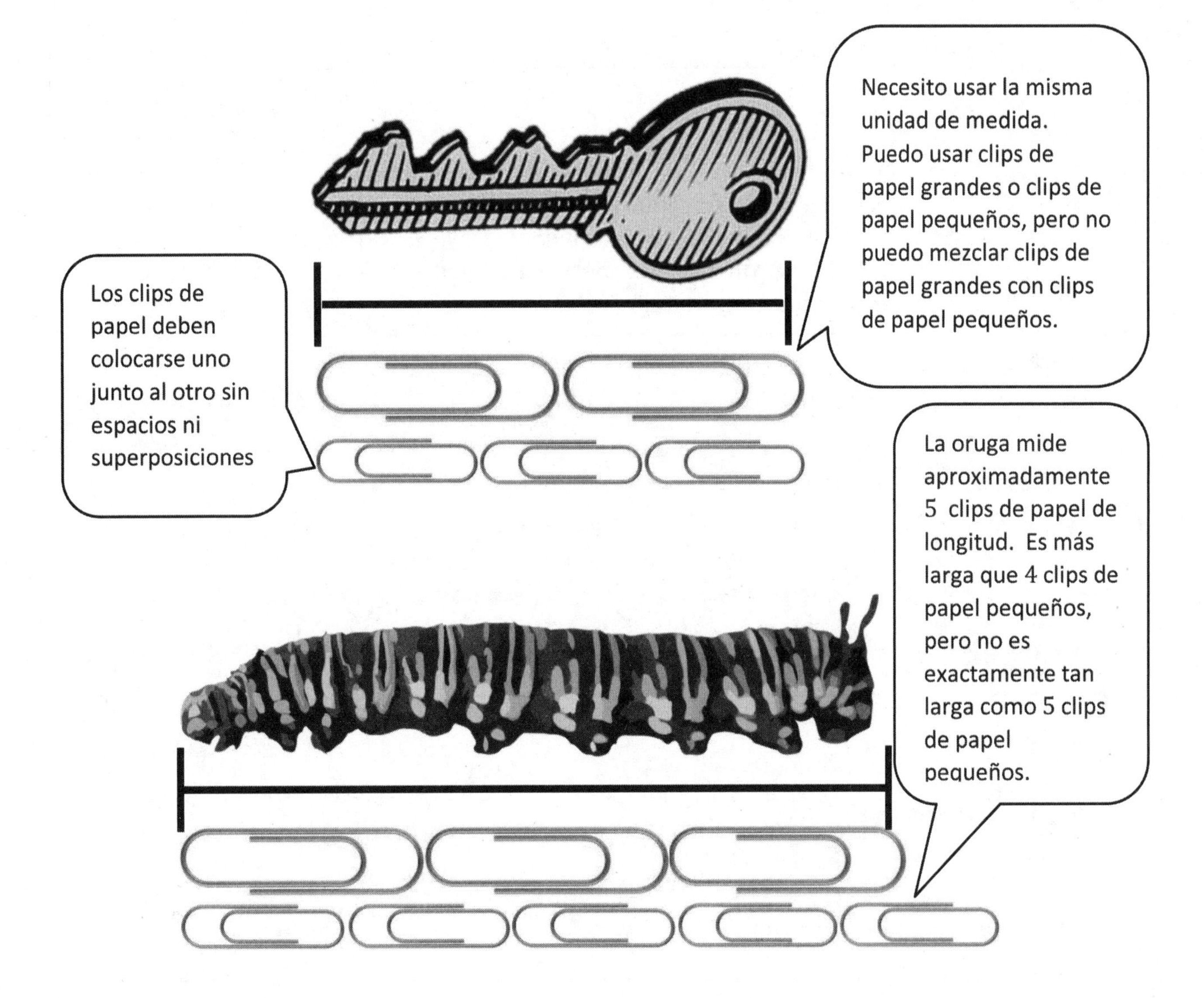

| Nombre del objeto | Longitud en clips de papel grandes | Longitud en clips de papel pequeños |
|---|---|---|
| a. llave | 2 | 3 |
| b. oruga | 3 | 5 |

Supe que la longitud medida con clips de papel pequeños sería un número mayor. ¡Cuanto menor es la unidad de medida, mayor es la medición!

Fila de clips de papel grandes

Fila de clips de papel pequeños

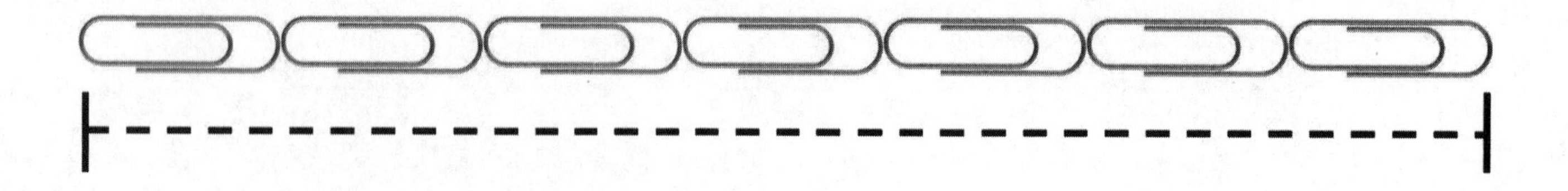

Nombre ______________________________ Fecha ____________

Corta la tira de sujetapapeles. Mide la longitud de cada objeto con los sujetapapeles **grandes** a la derecha. Luego, mide la longitud con los sujetapapeles **pequeños** en la parte trasera.

1. Rellena la tabla en la parte de atrás de la página con tus mediciones.

Brocha de pintar

Tijeras

Pegamento

Crayón

Borrador

| Nombre del objeto | Longitud en Sujetapapeles grandes | Longitud en Sujetapapeles pequeños |
|---|---|---|
| a. brocha de pintar | | |
| b. tijeras | | |
| c. borrador | | |
| d. crayón | | |
| e. pegamento | | |

2. Encuentra objetos alrededor de tu hogar para medir. Registra los objetos que encuentres y tus mediciones en la tabla

| Nombre del objeto | Longitud en Sujetapapeles grandes | Longitud en Sujetapapeles pequeños |
|---|---|---|
| a. | | |
| b. | | |
| c. | | |
| d. | | |
| e. | | |

1. Haz un círculo alrededor de la unidad de medida que usarás para medir. Usa la misma unidad de medida para todos los objetos.

Clips de papel pequeños

Palillos

Clips de papel grandes

Cubos de un centímetro

Mide cada uno de los objetos de la tabla y registra las mediciones. Agrega otros objetos del salón de clases y registra tus mediciones.

| Objeto de la clase | Medición |
|---|---|
| a. tubo de pegamento | **8 *cubos de un centímetro*** |
| b. marcador para pizarra | **12 *cubos de un centímetro*** |
| c. lápiz no afilado | **19 *cubos de un centímetro*** |
| d. ***crayón nuevo*** | **9 *cubos de un centímetro*** |

2. ¿Colocaste el nombre de la unidad de medida después del nombre? Sí No

Tengo que decir cubos de un centímetro. ¡De lo contrario, alguien podría pensar que estoy tomando medidas con algún otro tipo de cubo!

3. Selecciona 3 elementos de la tabla. Enumera tus elementos ordenados del más largo al más corto:

a. *lápiz no afilado*

b. *marcador para pizarra*

c. *tubo de pegamento*

Comencé con el elemento más largo que medí, el lápiz no afilado. Luego, incluí el más corto: la barra de pegamento. Luego, coloqué el marcador para pizarra en el medio porque es más corto que el lápiz no afilado, pero más largo que el tubo de pegamento.

Nombre ______________________ Fecha ______________

Encierra en un círculo la unidad de longitud que usarás para medir. Usa la misma unidad de longitud para todos los objetos.

Sujetapapeles pequeños

Sujetapapeles grandes

Mondadientes

Cubos de centímetro

1. Mide cada objeto enumerado en la tabla y registra la medición. Agrega los nombres de otros objetos en tu casa y registra sus mediciones.

| Objeto del hogar | Medición |
|---|---|
| a. tenedor | |
| b. marco de fotos | |
| c. sartén | |
| d. zapato | |

| Objeto del hogar | Medición |
|---|---|
| e. animal de peluche | |
| f. | |
| g. | |

¿ Te acordaste de agregar el nombre de la unidad de longitud después del número? Sí No

2. Escoge 3 objetos de la tabla. Enumera tus objetos desde el más largo hasta el más corto:

a. ______________________________

b. ______________________________

c. ______________________________

1. Observa la imagen a continuación. ¿Cuánto más larga es la guitarra A en relación con la guitarra B?

La guitarra A es 1 unidad(es) **más larga** que la guitarra B.

La guitarra A mide 4 unidades de longitud. La guitarra B mide 3 unidades de longitud. $4 - 3 = 1$, esto significa que la guitarra A es 1 unidades más larga.

2. Mide cada objeto con los cubos de un centímetro.

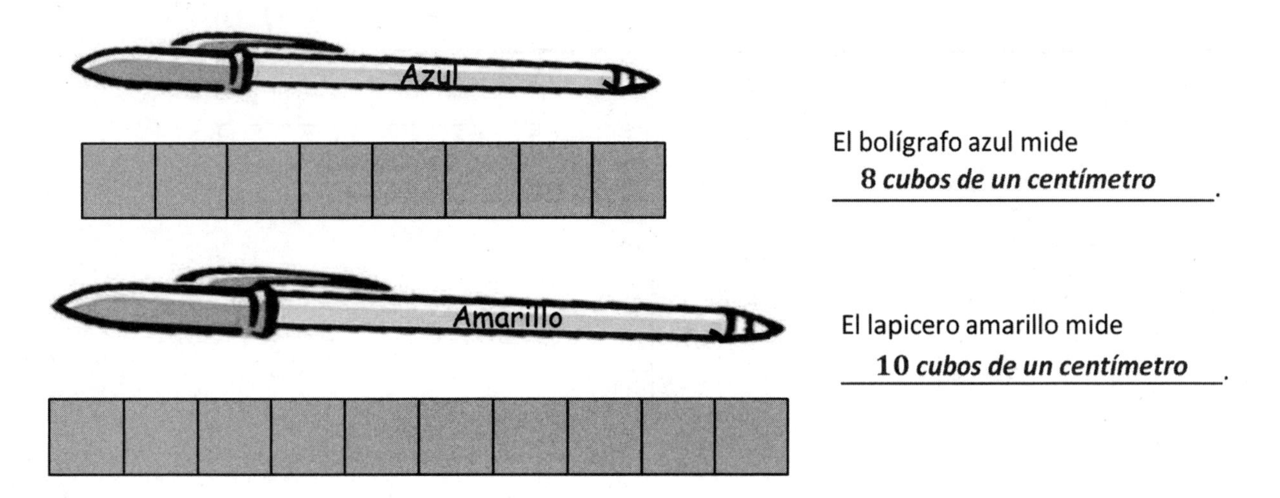


El bolígrafo azul mide 8 *cubos de un centímetro*.

El lapicero amarillo mide 10 *cubos de un centímetro*.

3. ¿Cuánto **más largo** es el lapicero amarillo que el lapicero azul?

   El lapicero amarillo es <u>2</u> centímetros más largo que el lapicero azul.

Usa tus cubos de un centímetro para representar el problema. Luego, resuelve con ayuda de un dibujo de tu modelo y escribe un enunciado numérico y un enunciado.

4. Austin quiere construir un tren que mida 13 centímetros de longitud. Si su tren ya mide 9 cubos de un centímetro de longitud, ¿cuántos cubos más él necesita?

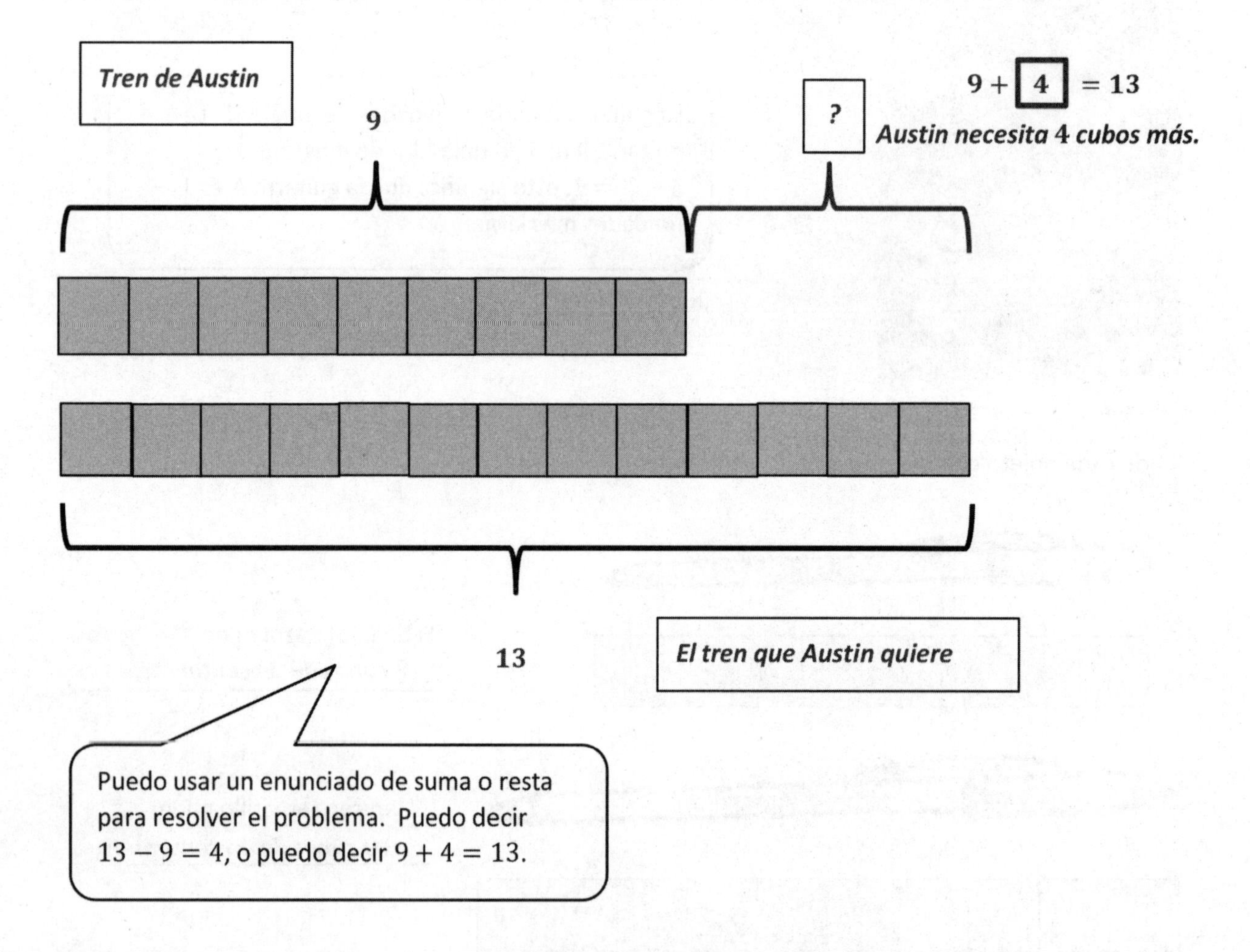

Nombre ______________________________ Fecha ______________

1. Observa la siguiente imagen. ¿Cuánto más **bajo** es el trofeo A que el trofeo B?

El trofeo A es ______ unidades más **bajo** que el trofeo B.

2. Mide cada objeto con cubos de centímetro.

La pala roja tiene _____ ______________________

La pala verde tiene _____ ______________________.

3. ¿Cuánto más **larga** es la pala verde que la pala roja?

La pala verde es _______ centímetros más **larga** que la pala roja.

Usa tus cubos de centímetro para representar cada problema. Luego, resuelve dibujando una imagen de tu modelo y escribiendo un enunciado numérico y una afirmación.

4. Susan creció 15 centímetros y Tyler creció 11 centímetros. ¿Cuánto más **creció** Susan que Tyler?

5. La pajita de Bob tiene 13 centímetros de longitud. Si la pajita de Tom tiene 6 centímetros de longitud, ¿cuánto más **corta** es la pajita de Tom que la pajita de Bob?

6. Una tarjeta morada tiene 8 centímetros de longitud. Una tarjeta roja tiene 12 centímetros de longitud. ¿Cuánto más **larga** es la tarjeta roja que la tarjeta morada?

7. La planta de frijoles de Carl creció hasta una altura de 9 centímetros. La planta de frijoles de Dan creció hasta una altura de 14 centímetros. ¿Cuánto más **alta** es la planta de Dan que la planta de Carl?

Se les preguntó a los estudiantes qué tipo de fruta que preferían. Usa los siguentes datos para responder las preguntas.

| Tipo de fruta | Marcas de conteo | Votos |
|---|---|---|
| Manzanas | \|\| | **2** |
| Fresas | \|\|\|\| | **4** |
| Bananas | ~~\|\|\|\|~~ \|\|\| | **8** |

1. Rellena los espacios en blanco de la tabla con el número de estudiantes que votó por cada fruta.

2. ¿Cuántos estudiantes eligieron la manzana como su fruta preferida?

   __2__ estudiantes

3. ¿Cuál es el número total de estudiantes a quienes les gustan más las manzanas o las fresas?

   __6__ estudiantes

   > Puedo resolver agregando $2 + 4$ ya que a 2 estudiantes les gustan las manzanas y a 4 estudiantes les gustan las fresas.

4. ¿Cuál fruta recibió la menor cantidad de votos? ***manzanas***

   > Mirando las marcas de conteo, es fácil ver que el menor número de estudiantes votó por las manzanas.

5. ¿Cuál es el número total de estudiantes a quienes les gustan más las bananas o las manzanas?

   __10__ estudiantes

6. ¿Cuáles tipos de frutas le gustan a un total de 12 estudiantes?

   ***fresas*** y ***bananas***

   > Tengo que pensar cuáles son los dos números que pueden sumar 12. Hay un 2, un 4, y un 8. $4 + 8 = 12$, eso significa que 12 estudiantes votaron que les gustaban las fresas y las bananas.

7. Escribe un enunciado de suma que muestre cuántos estudiantes votaron por su tipo de fruta preferida.

   $\mathbf{2 + 4 + 8 = 14}$

8. Se le preguntó a un grupo de estudiantes cuál era su color preferido. Organiza los datos usando marcas de conteo y responde las preguntas.

| Naranja | 卌 ll |
|---|---|
| Amarillo | llll |
| Púrpura | ll |

Puedo contar cada voto y hacer marcas de conteo. Es más difícil que como lo hice en clase porque no veo a quiénes ya conté, entonces los tacho a medida que cuento.

9. ¿Qué color recibió la menor cantidad de votos? *púrpura*

10. ¿Cuántos estudiantes más votaron por el amarillo que por el púrpura?
    2 estudiantes

Veo que el amarillo tiene dos marcas de conteo más que el púrpura.

11. ¿Cuál es el número total de estudiantes a quienes les gustan más el naranja y el púrpura?
    9 estudiantes

12. ¿Cuáles fueron los dos colores que recibieron un total de 11 votos?
    *naranja* y *amarillo*

A 7 estudiantes les gusta el naranja y a 4 estudiantes les gusta el amarillo. $7 + 4 = 11$

13. Escribe un enunciado de suma que muestre cuántos estudiantes votaron por su color preferido.
    $7 + 4 + 2 = 13$

Nombre ________________________________ Fecha ______________

A los estudiantes les preguntaron acerca del sabor de su helado favorito. Usa los siguientes datos para responder las preguntas.

| Sabor del helado | Marcas de conteo | Votos |
|---|---|---|
| Chocolate | \|\|\|\| | |
| Fresa | \|\|\| | |
| Masa de galletitas | ~~\|\|\|\|~~ ~~\|\|\|\|~~ | |

1. Llena los espacios en blanco escribiendo el número de estudiantes que votaron por cada sabor.

2. ¿Cuántos estudiantes eligieron masa para galletas como el sabor que les gustó **más?**

   ______ estudiantes

3. ¿Cuál es el número total de estudiantes a quienes **les gusta más** el chocolate o la fresa?

   ______ estudiantes

4. ¿Cuál sabor recibió **la menor** cantidad de votos?

5. ¿Cuál es el número total de estudiantes a quienes **les gusta más** la masa de galletitas o el chocolate?

   ______ estudiantes

6. ¿Cuáles dos sabores fueron más deseados por un **total** de 7 estudiantes?

   ______________________ y ______________________

7. Escribe un enunciado de suma que muestre cuántos estudiantes votaron por su sabor de helado favorito.

   ________________________________________________

Los estudiantes votaron sobre lo que les gusta leer más. Organiza los datos usando marcas de conteo y luego responde.

| | | | | |
|---|---|---|---|---|
| Tiras cómicas | Revista | Capítulo de libro | Tiras cómicas | Revista |
| Capítulo de libro | Tiras cómicas | Tiras cómicas | Capítulo de libro | Capítulo de libro |
| Capítulo de libro | Capítulo de libro | Revista | Revista | Revista |

| Lo que a los estudiantes les gusta leer más | Número de estudiantes |
|---|---|
| Libro de tiras cómicas | |
| Revista | |
| Capítulo de libro | |

8. ¿A cuántos estudiantes les gusta leer más capítulos de libros? _____ estudiantes

9. ¿Cuál objeto recibió **la menor** cantidad de votos? ________________

10. ¿A cuántos estudiantes más les gusta leer capítulos de libros que revistas?

_____ estudiantes

11. ¿Cuál es el número total de estudiantes que les gusta leer revistas o capítulos de libros?

_____ estudiantes

12. ¿Cuáles dos objetos les gusta leer a un total de 9 estudiantes?

______________________ y ______________________

13. Escribe un enunciado de suma que muestre cuántos estudiantes votaron.

________________________________________________

Reúne información sobre la cuadra donde vives. Usa marcas de conteo o números para organizar los datos en siguiente tabla.

| ¿Cuántos **edificios de ladrillos/casas** hay en tu calle? | ¿Cuántos **edificios/casas de dos pisos** hay en tu calle? | ¿Cuántos **edificios/casas de un piso** hay en tu calle? | ¿Cuántos **jardines con plantas** hay en tu calle? | ¿Cuántos **edificios/casas con un garaje** hay en tu calle? |
|---|---|---|---|---|
| \|\| | \|\|\|\| | 卌 | 卌 \|\|\|\| | 卌 \| |

- Completa los espacios en blanco de las oraciones para realizar preguntas sobre tus datos.
- Responde tus propias preguntas.

¡Es fácil saber que casi todas las casas tienen un jardín con plantas porque hay muchas marcas!

1. ¿Cuántos (as) *jardines con hierbas* hay? (Elije la categoría que tenga la **mayor cantidad**). 9

2. ¿Cuántos (as) ***edificio de ladrillos*** hay? (Elije el elemento que hay con **menor cantidad**). **2**

3. **En conjunto,** ¿cuántas casas de ladrillo y casas con garaje hay? **8**

4. Escribe y responde otras dos preguntas con los datos que reuniste.

   a. ***¿Hay más casas con un piso o casas con dos pisos.***? ***Hay más de una casa de un piso.***

   b. ***En conjunto, ¿cuántas casas de un piso y casas de dos pisos hay***? **9**

Los trabajadores votaron cuál es su refrigerio preferido de la cocina de la oficina. Cada trabajador pudo votar solo una vez. Responde las preguntas con los datos de la tabla.

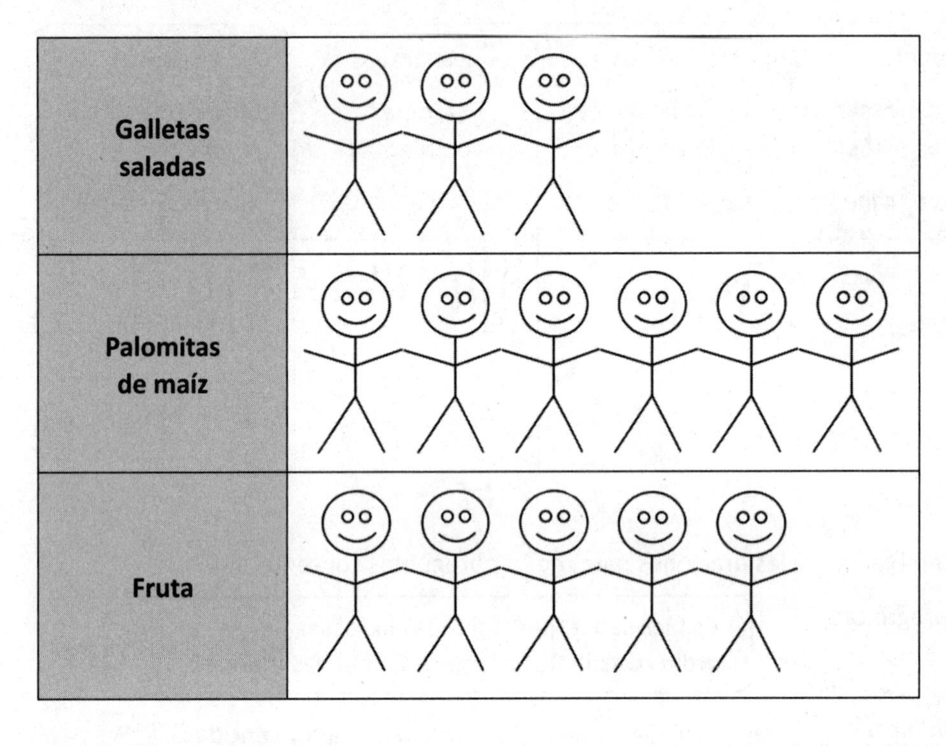


5. ¿Cuántos trabajadores eligieron palomitas de maíz? __6__ trabajadores

6. ¿Cuántos trabajadores eligieron fruta o galletas saladas?
   __8__ trabajadores

> 3 trabajadores eligieron galletas saladas y 5 eligieron fruta. $3 + 5 = 8$, eso significa que 8 trabajadores eligieron o fruta o galletas saladas.

7. A partir de estos datos, ¿podrías decir cuántos trabajadores hay en esta oficina? Explica tu razonamiento.

   ***Pienso que debe haber 14 trabajadores en la oficina porque conté cada una de las personas que votó. Sin embargo, podría haber más porque puede ser que alguien haya faltado el día o que no haya votado.***

> Sé que $3 + 6 = 9$,entonces, hay 5 más. $9 + 1 = 10$, y luego, agrego 4 más y obtengo 14.

Nombre ______________________________ Fecha ________________

Recolecta información sobre cosas que tengas. Usa marcas de conteo o números para organizar los datos en la siguiente tabla.

| ¿Cuántas **mascotas** tienes? | ¿Cuántos **cepillos de dientes** hay en tu casa? | ¿Cuántas **almohadas** hay en tu casa? | ¿Cuántos **frascos de salsa de tomate** hay en tu casa? | ¿Cuántos **marcos de fotos** hay en tu casa? |
|---|---|---|---|---|
| | | | | |

- Completa las estructuras de enunciado de pregunta para formular preguntas sobre tus datos.
- Responde tus propias preguntas.

1. ¿Cuántos ______________ tienes? (Escoge el objeto que tengas en menor cantidad).

2. ¿Cuántos ______________ tienes? (Escoge el objeto que tengas en mayor cantidad).

3. **Juntos**, ¿cuántos marcos de fotos y almohadas tienen?

4. Escribe y responde dos preguntas más usando los datos que recolectaste.

   a. ________________________________________________?

   b. ________________________________________________?

Los estudiantes votaron sobre su tipo favorito de museo a visitar. Cada estudiante pudo votar una sola vez. Responde las preguntas en base a los datos de la tabla.

| | |
|---|---|
| Museo de Ciencia | 🙂🙂🙂🙂🙂🙂 |
| Museo de Arte | 🙂🙂🙂🙂🙂🙂🙂🙂 |
| Museo de Historia | 🙂🙂🙂🙂🙂🙂 |

5. ¿Cuántos estudiantes escogieron museo de arte? _____ estudiantes

6. ¿Cuántos estudiantes eligieron el museo de arte o el museo de ciencia?

   ________ estudiantes

7. De estos datos ¿puedes decir cuántos estudiantes están en esta clase? Explica tu razonamiento.

Hay 20 estudiantes en la clase. 10 estudiantes van a la escuela de bicicleta, 7 toman el bus y 3 van en automóvil. Usa los cuadrados sin espacios ni superposiciones para organizar los datos. Alinea los cuadrados con cuidado.

Cómo los estudiantes vinieron a la escuela Número de estudiantes ☐ representa 1 estudiante

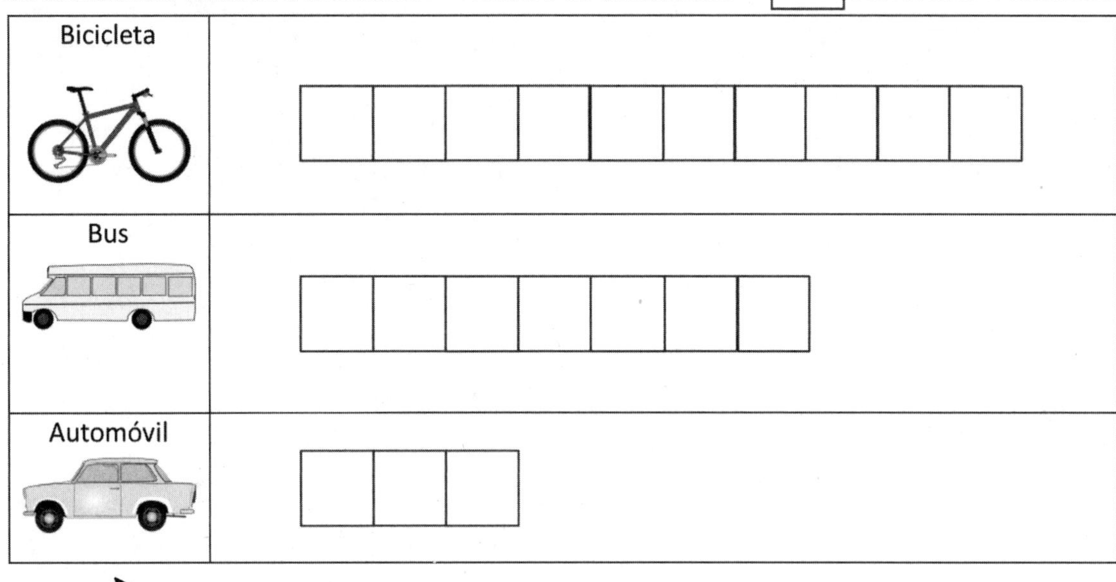


Alineo mis cuadrados con cuidado, sin espacios ni superposiciones entre ellos. Comencé en uno de los extremos.

Veo el número de estudiantes que vino en bicicleta y el número que tomó el bus. Puedo contar cuántos estudiantes más vinieron en bicicleta. ¡1, 2, 3 estudiantes!

1. ¿Cuántos más fueron los estudiantes que vinieron en bicicleta que los que tomaron un bus? __3__ estudiantes

¡Sumo el número de ciclistas, pasajeros de bus y pasajeros de automóvil!

2. Escribe un enunciado numérico para mostrar a cuántos estudiantes se les consultó sobre la manera en que vienen a la escuela.

   $10 + 7 + 3 = 20$

3. Escribe un enunciado numérico para mostrar cuántos menos fueron los estudiantes que vinieron en automóvil que los que vinieron en bus.

   $7 - 3 = 4$

Nombre ______________________________ Fecha ______________

La clase tiene 18 estudiantes. El viernes, 9 estudiantes llevaron puestas zapatillas, 6 llevaban puestas sandalias y 3 estudiantes llevaban puestas botas. Usa los cuadrados sin espacios ni superposiciones para organizar los datos. Alinea tus **cuadrados** cuidadosamente.

Zapatos usados el viernes | Número de estudiantes | ▢ = 1 estudiante

| Zapatos | |
|---|---|
| (zapatilla) | |
| (sandalia) | |
| (bota) | |

1. ¿Cuántos estudiantes más llevaban puestas zapatillas que sandalias?

   ____________ estudiantes

2. Escribe un enunciado numérico para saber a cuántos estudiantes se les preguntó sobre sus zapatos el viernes.

   ______________________________

3. Escribe un enunciado numérico para mostrar cuántos estudiantes menos llevaban botas que zapatillas.

   ______________________________

El jardín de nuestra escuela ha estado creciendo durante dos meses. La siguiente gráfica muestra los números de cada vegetal que ha sido cosechado hasta ahora.

**Vegetales cosechados**

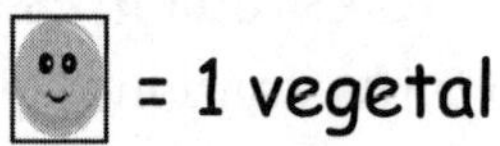


| remolacha | zanahorias | maíz |
|---|---|---|
| 😊😊😊😊 | 😊😊😊😊😊😊😊 | 😊😊😊 |

Número de vegetales

4. ¿Cuántos vegetales en total se cosecharon?

 ________vegetales

5. ¿Cuáles vegetales han sido cosechados más?

 ____________________________

6. ¿Cuántas remolachas más fueron cosechadas que el maíz?

 _______ más remolachas que maíz

7. Cuántas remolachas más se deberían cosechar para tener la misma cantidad que el número de zanahorias cosechadas?

 ________________________________________

Usa la gráfica para responder las preguntas. Rellena el espacio en blanco y escribe un enunciado numérico.

Público simulado por la clase — (cara) representa 1 persona

| Estudiantes | Maestros | Padres |
|---|---|---|
| 7 caras | 3 caras | 5 caras |

1. En la obra de teatro, ¿cuántos estudiantes más hay que maestros? $7 - 3 = 4$

   Hay __4__ más estudiantes que maestros.

2. ¿Cuántos padres menos que estudiantes hay en la obra? $7 - 5 = 2$

   Hay __2__ padres menos.

Veo quiénes son más y quiénes son menos al mirar los cuadrados. Puedo restar para saber cuántos más o cuántos menos.

3. Si 2 maestros más van a la obra de teatro, ¿cuántas personas habrá allí? $5 + 5 + 7 = 17$

   Habrá __17__ personas.

Puedo sumar 2 más maestros a los 3 maestros. Esto es igual a 5 maestros. Sé que 5 maestros más 5 padres es igual a 10 personas. Luego, puedo sumar los 7 estudiantes. $10 + 7 = 17$

Nombre ______________________________ Fecha ______________

Usa la gráfica para responder las preguntas. Llena el espacio en blanco y escribe un enunciado numérico.

= 1 estudiante

## Pedido de almuerzo escolar

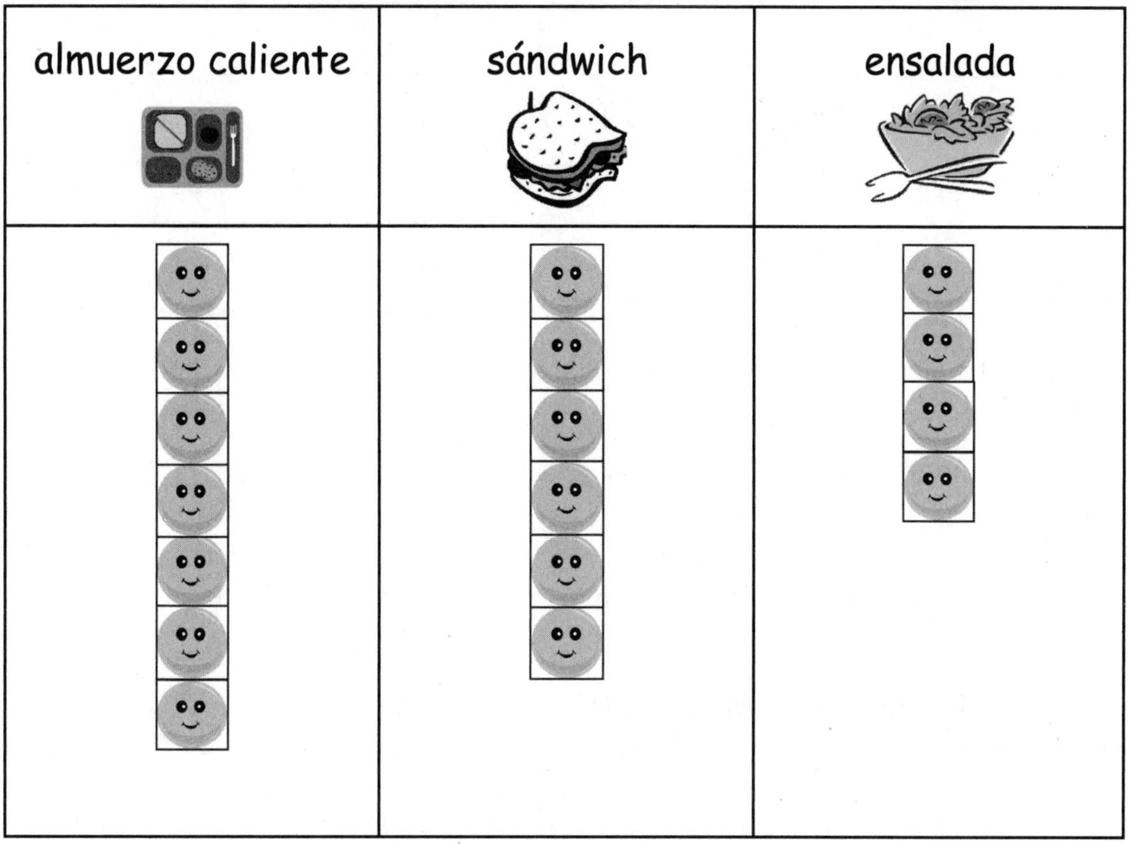

| almuerzo caliente | sándwich | ensalada |
|---|---|---|
| | | |

1. ¿Cuántos pedidos más de almuerzo caliente hubo que pedidos de sándwich?

   Hubo ______ pedidos más de almuerzo caliente.

   ______________________________

2. ¿Cuántos pedidos menos de ensalada hubo que pedidos de almuerzo caliente?

   Hubo ____ pedidos menos de ensalada.

   ______________________________

3. Si 5 estudiantes más piden almuerzo caliente, ¿cuántos pedidos de almuerzo caliente habrá?

   Habrá ____ pedidos de almuerzo caliente.

   ______________________________

Usa la tabla para responder las preguntas. Llena los espacios en blanco y escribe un enunciado numérico.

Tipo de libro favorito (𝍸 = 5)

| | |
|---|---|
| cuentos de hadas | 𝍸 𝍸 \| |
| libros de ciencia | 𝍸 \|\|\| |
| libros de poesía | 𝍸 𝍸 𝍸 |

4. ¿A cuántos estudiantes más les gustan los cuentos de hadas que los libros de ciencia?

   ______ estudiantes más les gustan los cuentos de hadas. ____________________

5. ¿A cuántos estudiantes menos les gustan los libros de ciencia que los libros de poesía?

   ______ estudiantes menos les gustan los libros de ciencia. ____________________

6. ¿Cuántos estudiantes eligieron cuentos de hadas o libros de ciencia en total?

   ______ estudiantes eligieron cuentos de hadas o libros de ciencia. ____________________

7. ¿Cuántos estudiantes más deberían escoger libros de ciencia para tener el mismo número de libros que los cuentos de hadas?

   ______ estudiantes más deberían escoger libros de ciencia. ____________________

8. Si 5 estudiantes más llegan tarde y todos escogen cuentos de hadas, será este el libro más popular? Usa un enunciado numérico para mostrar tu respuesta.

   ________________________________________

# Créditos

Great Minds® ha hecho todos los esfuerzos para obtener permisos para la reimpresión de todo el material protegido por derechos de autor. Si algún propietario de material sujeto a derechos de autor no ha sido mencionado, favor ponerse en contacto con Great Minds para su debida mención en todas las ediciones y reimpresiones futuras.